U0386767

中国深空测控技术丛书

“十四五”时期国家重点出版物出版专项规划项目

Design and Optimization
for the Information Transmission System
in Interplanetary Networks

行星际网络信息传输系统设计与优化

万鹏 詹亚锋 著

清華大学出版社
北 京

内 容 简 介

未来，人类将逐步实现对太阳系各大行星系统、小行星带以及太阳系边缘的探测，这些新的探测任务对行星际通信的服务质量提出了更高的需求。针对超远距离、超长时间、探测器发射功率受限等因素对行星际通信能力带来的制约，本书首先给出了行星际网络的体系结构设计，然后分别从行星际骨干网络、地外天体接入链路、地外天体表面设施三个层面系统性地给出了行星际网络信息传输性能提升方法，最后对信息传输技术未来发展趋势与行星际探测任务规划进行了展望。

本书可供航天工程领域尤其是深空探测工程相关技术人员阅读，也可以作为高等院校与科研机构从事空间信息传输领域研究工作人员的参考读物。

图书在版编目(CIP)数据

行星际网络信息传输系统设计与优化/万鹏，詹亚锋著．—北京：清华大学出版社，2024.5

(中国深空测控技术丛书)

ISBN 978-7-302-62101-0

Ⅰ．①行…　Ⅱ．①万…　②詹…　Ⅲ．①行星际探测器－互联网络－信息传输－系统设计　Ⅳ．①V476.4

中国版本图书馆 CIP 数据核字(2022)第 198322 号

责任编辑：戚　亚
封面设计：傅瑞学
责任校对：王淑云
责任印制：丛怀宇

出版发行：清华大学出版社
　　网　　址：https://www.tup.com.cn，https://www.wqxuetang.com
　　地　　址：北京清华大学学研大厦 A 座　　**邮　　编**：100084
　　社 总 机：010-83470000　　**邮　　购**：010-62786544
　　投稿与读者服务：010-62776969，c-service@tup.tsinghua.edu.cn
　　质量反馈：010-62772015，zhiliang@tup.tsinghua.edu.cn
印 装 者：三河市东方印刷有限公司
经　　销：全国新华书店
开　　本：153mm×235mm　**印　张**：13.75　**插　页**：3　**字　数**：243 千字
版　　次：2024 年 5 月第 1 版　**印　次**：2024 年 5 月第 1 次印刷
定　　价：99.00 元

产品编号：098314-01

“中国深空测控技术丛书”

编审委员会

“中国深空测控技术丛书” 序

对未知世界的探索，是人类发展的永恒动力；对茫茫宇宙的认知，是人类的不懈追求。人类对于深空的探索，会让人类更加懂得，要珍惜共同的家园——地球。进入21世纪以来，随着航天技术与空间科学的飞速发展，人类认识宇宙的手段越来越丰富，范围也越来越广；开展地月日大系统研究，进行太阳系边际探测，已成为人类航天活动的重要方向。无论是从技术难度、规模大小，还是科学贡献来看，深空探测都处于前沿领域。可以说，深空探测已经成为21世纪世界航天大国和空间组织进行科技创新的战略制高点。

深空测控具有作用距离远、信号微弱、信号时延大和信号动态大等特点，是实施深空探测任务需关注的首要问题，其技术含量高、难度大，被称为航天测控领域的“技术皇冠”。深空测控系统作为专用于深空航天器跟踪测量、监视控制和信息交换的系统，在深空探测任务中具有不可替代的重要地位和作用。通常，将地面的多个深空测控站组成的测控网称为“深空网”或“深空测控网”，特指专门用于深空航天器测控和数据通信的专用测控网，它配有大口径抛物面天线、大功率发射机、极高灵敏度接收系统、信号处理中心以及高精度高稳定度时间频率系统，能完成月球和深空探测器的测控通信任务。

自2004年启动实施探月工程以来，中国深空测控系统建设问题就提上了议事日程，先后历经了规划论证、关键技术攻关、系统建设应用三个阶段。2008年探月工程二期立项后，率先建设了国内喀什35m和佳木斯66m两个深空站，于2013年建成并成功支持了“嫦娥二号”拓展任务和“嫦娥三号”任务实施；2011年探月工程三期立项，又确定在南美洲建设第三个深空站，最终在2017年建成阿根廷35m深空站并投入使用，成功支持了“嫦娥四号”和“嫦娥五号”任务。中国深空测控网的研制建设前后历时十年，最终拥有了功能体系完备的深空测控能力，并成为与美国深空网和欧洲航天局深空网比肩的世界三大全球布局深空测控网之一，具备了独立支持月球和深空探测任务的能力。在我国首次火星探测任务中，又在喀什深空站建成了由四个35m口径天线组成的第一个深空测控天线阵系统，进一步增强了深空探测任务测控支持能力。未来中国深空测控网将面临更复杂的测控通信任务、更遥远的测控通信距离、更高的深空导航精度等诸多新的挑战。伴随着后续月球和深空探测工程的实施，中国深空测控网将向更高的频段、更高的测量精度、更强的通信能力发展，Ka 频段技术、深空光通信、射频光学一体化、百千瓦级超大功率发射、广域天线组阵等更尖端的测控通信技术将应用于深空测控网。

这套“中国深空测控技术丛书”由参与深空测控系统设计与研制建设的一线技术专家，对中国深空测控网系统设计、研制建设、工程应用和技术攻关所取得的技术成果和工程经验进行了系统性总结凝练而成，内容涵盖了深空测控网系统设计、深空无线电测量技术、深空通信技术、深空测控大口径天线、大功率发射、超高灵敏度接收以及信号处理等技术领域。

这是一套凝结了中国深空测控系统设计和研制建设一线专家十数年心血的集大成之作，汇集了专家们的智慧和经验；这是一套系统性总结中国深空测控技术领域创新发展的引领之作，蕴含着专家们的创新理念和思路；这是一套指引中国深空测控系统技术发展的启迪之作，透露出专家们对未来技术发展方向的思考和畅想。我们相信这套丛书会对我国从事深空测控技术领域的工程技术人员提供有益的借鉴和指导；这也是为立志投身深空探测事业的年轻读者提供的一套内容丰富的技术全书，为他们的成长提供充足的动力。

中国探月工程总设计师
中国工程院院士
吴伟仁
2022 年 4 月

前言

未来，人类将逐步实现对太阳系各大行星系统、小行星带以及太阳系边缘的探测，这些新的探测任务对行星际通信的服务质量提出了更高的要求。针对超远距离、超长时间、探测器发射功率受限等因素对行星际通信能力带来的制约，本书围绕行星际探测任务信息传输性能优化目标，以火星探测任务为背景，主要包含以下内容。

(1) 在行星际骨干网络扩容优化方面，本书针对现有地-火(指地球-火星，后同)通信网络拓扑结构设计中存在的骨干节点间通信链路超距特性、高速中继双层模型节点数庞大且构型单一等问题，提出了一种基于距离约束的太阳系公转轨道数据中继星座方案，构造了二维极坐标系下太阳系公转轨道星座结构化时变图，给出了不同优化目标下公转轨道中继星座的网络拓扑结构与端到端多跳中继链路通信容量边界。与目前的通信链路相比，本书所构造的多跳中继网络能提供全时段通信链路，可显著提升端到端信息传输容量，火星上合期间具有不低于 8dB 的性能增益。

(2) 在地外天体接入链路智能接入方面，本书首先针对现有火星中继通信技术存在的多用户接入缺乏公平性问题，提出了一种基于多属性决策的火星表面多用户接入优化方法，构造了“多漏桶＋令牌桶”的分布式串行数据调度结构，设计了基于队列均衡的比例公平调度算法，该算法在公平性、吞吐量、队列均衡性等方面的综合性能与现有算法相比至少提升 15%；其次，针对 CCSDS 近距无线链路协议存在的火星表面用户终端无法智能选择接入轨道器的问题，提出了一种基于改进双寡头博弈的多轨道器接入优选算法，可提高用户在近距无线链路方向的接入选择性，该算法单位系统功耗下信息传输容量较现有算法提高 29%；最后，针对地外天体接入链路资源配置缺乏全局性的问题，提出了一种基于接入偏好的多车多星双边匹配方法，通过少量操作即可获得稳定匹配结果，并能达到现有方法的性能上界。

(3) 在地外天体表面设施高效传输方面，本书针对巡视器平台遥测与航天员生理遥测数据冗余度较大的问题，以及现有无损压缩算法压缩率提升难度较大、未对不同参数进行分类处理等不足，提出了一种基于在轨自学习的遥测数据弹性传输方法，该方法可提高空间链路无线信道利用率且单参数压缩率较现有方法可提高25倍。

本书第1章介绍了行星际通信的发展历程、现状与面临的挑战及主流解决方案；第2章给出了行星际网络的体系结构设计；第3、4、5章分别从行星际骨干网络、地外天体接入链路、地外天体表面设施三个层面系统性地给出了行星际网络信息传输性能提升方法；第6章总结了本书的主要内容，明确了后续工作方向，并对行星际网络未来发展规划进行了展望。本书各章内容主要是在万鹏攻读博士学位期间研究工作的基础上，结合工作后的实际工程应用背景进行撰写。

在本书撰写过程中得到了北京跟踪与通信技术研究所各位同事的大力支持，包括李海涛研究员及其创新团队成员黄磊助理研究员等提供的技术支持，在此表示感谢；同时对清华大学出版社程洋编辑、戚亚编辑在本书出版过程中的热情支持和认真审校表示感谢。

本书涉及行星际探测信息传输前沿领域诸多学科与技术，加之笔者水平有限，疏漏谬误之处在所难免，不妥之处诚请读者不吝斧正。

作　者

2022年6月

中英文缩略语对照表

ACM	自适应编码调制(adaptive coding and modulation)
ADF	增广迪基-富勒(augmented Dickey Fuller)
ApEn	近似熵算法(approximate entropy)
Au	天文单位(astronomical unit)
AWGN	加性高斯白噪声(additive white Gaussian noise)
BWG	波束波导(beam wave-guide)
C_B	蓄电池储电容量(capacity of battery)
CBP	呼叫阻塞率(call blocking probability)
CCSDS	空间数据系统协商委员会(Consultative Committee for Space Data Systems)
CDP	呼叫丢失率(call dropping probability)
CNES	法国国家太空研究中心(Centre National d'Etudes Spatiales)
CP-WS	窗口步进优化分类概率(classification probability-window step)
CSMA/CA	带有冲突避免的载波侦听多路访问(carrier sense multiple access with collision avoid)
DAMA	按需分配多址接入(demand assigned multiple access)
DoD	放电深度(depth of discharge)
DSN	深空网(deep space networks)
DSR	动态源路由算法(dynamic source routing)
DTE	直接对地(direct to earth)
EDL	进入、下降及着陆阶段(entry, descent and landing)
EEMD	组合经验模态分解(ensemble empirical mode decomposition)
EIRP	等效全向辐射功率(effective isotropic radiated power)
EMD	经验模态分解(empirical mode decomposition)
EMTGO	火星痕迹气体轨道探测器(ExoMars Trace Gas Orbiter)
ESA	欧洲航天局(European Space Agency)
FDMA	频分多址(frequency division multiple access)
FF	公平性指标(fairness factor)
FFT	快速傅里叶变换(fast Fourier transform)
FoP	偏好适合度(fitness of preference)
GA	遗传算法(genetic algorithm)
GEO	地球静止轨道(geostationary earth orbit)
GPA	平均学分绩(grade point average)
IPN	行星际网络(inter-planetary network)

ISECG 国际空间探索协调工作组(International Space Exploration Coordination Group)
ITU 国际电信联盟(International Telecommunication Union)
JAXA 日本宇宙航空开发机构(Japan Aerospace Exploration Agency)
LZW 串表压缩编码(Lempel-Ziv-Welch encoding)
MAC 介质访问控制(medium access control)
MADM 多属性决策(multiple attribute decision making)
MAVEN 火星大气与挥发物演化任务(Mars atmosphere and volatile evolution)
MEX 火星快车(Mars Express)
MGS 火星环球探测者号(Mars Global Surveyor)
MRO 火星侦察轨道器(Mars Reconnaissance Orbiter)
MTBF 平均无故障工作时间(mean time between failures)
NASA 美国国家航空航天局(National Aeronautics and Space Administration)
ODY 火星奥德赛(Mars Odyssey)
ORB 火星轨道器(Mars Orbiter)
PermEn 排列熵算法(permutation entropy)
Prox-1 近距无线链路(CCSDS proximity-1 links)
PSO 粒子群算法(particle swarm optimization)
QE 队列均衡性(queue equilibrium)
RLE 行程编码(run length encoding)
ROV 火星巡视器(Mars Rover)
SampEn 样本熵算法(sample entropy)
SAP 服务接受概率(service acceptance probability)
SNR 信噪比(signal to noise ratio)
SSB 太阳系质心(solar system barycenter)
TDMA 时分多址(time division multiple access)
TOPSIS 逼近理想解排序(technique for order preference by similarity to an ideal solution)
TTC 最适交易循环算法(top-trading cycles)
UTC 协调世界时(coordinated universal time)

目录

第1章 绪论

1.1 行星际探测的发展历程

仰望星空、探索宇宙是人类永恒的追求与梦想。随着科学技术水平的发展，人类已经初步具备了通过航天活动来探索地球以外天体的能力。我国“嫦娥一号”月球探测任务的圆满成功，是继人造地球卫星、载人航天飞行取得成功之后我国航天事业发展的又一座里程碑，也开启了中国人走向深空、探索宇宙奥秘的新时代，标志着我国已经进入世界上具备深空探测能力的国家行列。随着我国探月工程“绕、落、回”三步走战略的有序推进，自主火星探测任务的顺利实施，对太阳系行星际探测的任务也已提上了议事日程[1]。

行星际探测，即深空探测，指的是脱离地球引力场，进入太阳系空间和宇宙空间的探测活动。国际电信联盟(International Telecommunication Union，ITU)的《无线电规则》中将深空的边界定义为距离地球大于或等于2.0×10^6km的空间，这一规定从1990年3月16日起生效[2]。空间数据系统协商委员会(Consultative Committee for Space Data Systems，CCSDS)在其建议标准中也将距离地球2.0×10^6km以远的航天活动定义为B类任务(深空任务)[3]。从1958年8月17日美国发射第一个月球探测器“先驱者0号”开始，人类迈向太阳系的深空探测活动距今已有60余年的历史。人类业已开展的深空探测活动基本覆盖了太阳系的各类天体，包括太阳、除地球以外的太阳系其他七大行星及其卫星、小行星和彗星等，实现了飞越、撞击、环绕、软着陆、巡视、采样返回等多种探测方式。美国在20世纪70年代发射的“先驱者10/11号”(Pioneer 10/11)[4]和“旅行者1/2号”(Voyager 1/2)[5]已飞出太阳系边缘，正在奔向更加遥远的星际空间，其中“先驱者10号”正在飞向银河系的中心，而“先驱者11号”正在朝相反的方向飞行，“旅行者1/2号”正在朝另外两个方向飞行。2013年9月12日，美国国家航空航天局(National Aeronautics and Space Administration，NASA)宣布“旅行者1号”已经飞出太阳系，进入了由等离子体和电离气体占主导的星际空间，成为目前离地球最远的人造飞行器，也是第一个进入星际空间的人造物体。2012年8月下旬，我国的“嫦娥二号”卫星与地球之间的距离突破了2.0×10^6km，进入了真正意义上的深空。2012年12月，“嫦娥二号”在距离地球约7.0×10^6km远的深空，对4179号小行星进行了飞越观测，并成功对其进行拍照。2020年11月24日，我国首次月球无人采样返回任务实施，“嫦娥五号”探测器发射升空并进入预定轨道后，于11月30日完成组合体分离；12月1日，“嫦娥五号”在月球正面预选着陆区着陆；12月2日，“嫦娥五号”着陆器和上升器组合体完成了月球钻取采样及封装；12月17日凌晨，“嫦娥五号”返回器携带月球样品着陆地球，任务圆满成功。2020年7月23日，我国首次自主火星探测任务实施，“天问一号”于2021年2月到达火星附近实施火星捕获；2021年5月成功实施降轨，着陆巡视器与环绕器分离，软着陆火星表面，火星车驶离着陆平台，目前其正接续开展巡视探测等工作。

目前，世界上各主要航天大国和组织都制定了20年乃至更长远的深空探测发展规划。2011年9月，由NASA、欧洲航天局(European Space Agency,ESA)、俄罗斯联邦航天局(Roscosmos)、日本宇宙航空开发机构(Japan Aerospace Exploration Agency,JAXA)等14个国家或组织的航天局组成的国际空间探索协调工作组(International Space Exploration Coordination Group,ISECG)发布了《全球探测路线图》[6]，并于2013年8月进行了修订。该路线图规划了未来25年通过国际合作实现持续探测月球、小行星和火星的途径，确定了探测目的地、任务目标、任务方案及探测准备活动等。ISECG提出的未来25年的空间探测活动的最终目标是实现载人火星探测。各个成员机构针对这一目标在路线图中提出了两种技术路线，一种是以NASA为主导提出的小行星优先路线，另一种是其他国家和组织提出的月球优先路线。两种路线的主要差异在2020年之后的载人探测任务规划上，一个是从地月拉格朗日L1点的深空居民点任务到载人小行星着陆探测，最终实现载人火星探测；另一个则是从月球探测到载人火星探测。在各个成员机构已经明确的2025年前的无人深空探测任务规划中，探测的重点仍然主要集中在火星，包括了着陆器/巡视器、轨道器和采样返回任务。2016年9月，美国SpaceX公司CEO埃隆·马斯克在第67届国际宇航大会上表示，SpaceX公司将开发大型火箭和飞船，用于将人类送往火星，并最终实现火星移民。此外，根据NASA于2020年4月2日公布的载人登月任务规划——“阿尔忒弥斯计划”[7]，2024年前为工程第一阶段，计划实施五次飞行任务，其中“阿尔忒弥斯1号”为无人试验飞船，“阿尔忒弥斯2号”将进行载人环月飞行，“阿尔忒弥斯3号”将在月球南极载人着陆；2025年至2030年为工程第二阶段，计划在月球长期驻留。

综上所述，作为人类航天活动的重要方向和空间科学与技术创新的重要途径，行星际探测已成为当前和未来航天领域的发展重点，在拓展人类生存空间、证明国家科技实力等方面具有重要意义。

1.2 行星际通信的作用与挑战

随着行星际探测活动的持续推进,为探测提供遥测遥控等信息传输支撑的行星际网络将从地球表面、地球附近延伸至更遥远的空间,而载人深空探测活动所需的天地协同、医监医保则对行星际网络提出了更高的服务质量要求。将地球、月球、火星或其他地外天体构成的本地网络互连起来构成一个遍布太阳系空间的行星际网络,可为未来的行星际探测活动提供灵活、高效、可靠的通信手段。

现阶段行星际通信通常采用无线电信号进行天地之间的信息传输,即由地面深空站建立与深空探测器之间的无线链路来承载探测器平台管理、状态监视、科学数据回传等通信业务。与近地轨道空间航天器相比,深空航天器与地球之间的距离非常遥远、空间环境更加复杂多变且受到天体遮挡的影响,因此给无线电信号的传播带来了巨大的影响[8-10],主要体现在如下几个方面。

1) 信号空间衰减大

无线电信号按照传播距离的平方衰减,遥远的距离将带来巨大的路径损耗,意味着同样强度的发射信号,接收方得到的信号将会更加微弱,可传输的有效信息量也将急剧下降,为了保证一定的信息量传输将会花费更大的代价。

2) 信号传输时延长

对于数亿千米远的深空航天器,无线电信号单向传输长达数小时,无法像近地轨道航天器那样对其进行实时(准实时)操作控制和状态监视;同时由于地球自转的影响,导致单个地面深空站无法实现对其不间断跟踪。

表 1.1 给出了太阳系主要天体及太阳系边缘与地球的距离以及与地球静止轨道(geostationary earth orbit,GEO)卫星相比较的信号衰减情况与传输时延情况。

表 1.1 空间信息传输的信号衰减情况与传输时延情况[8]

太阳系行星/太阳系边缘	与地球最远距离/10^6 km	与 GEO 卫星比较(0.036×10^6 km)		通信单向最大时延/min
		距离倍数	路径损耗增加量/dB	
水星	221.9	6163.9	75.797	* 12.336
金星	261.0	7250.0	77.207	* 14.510
火星	401.3	11 147.2	80.943	* 22.310

续表

太阳系行星/太阳系边缘	与地球最远距离/10^6 km	与 GEO 卫星比较(0.036×10^6 km)		通信单向最大时延/min
		距离倍数	路径损耗增加量/dB	
木星	968.0	* 26 888.9	* 88.592	* 53.815
土星	1659.1	* 46 086.1	93.271	* 92.236
天王星	3155.1	87 641.7	98.854	* 175.405
海王星	4694.1	* 130 391.7	102.305	* 260.964
太阳系边缘	150 000.0	4 166 666.7	132.396	8333.333

注：本表格依据文献[1]条件（各行星与地球最远距离、GEO 卫星高度）以及真空光速(c=299 792 458m/s)，对距离、路径损耗、通信单向最大时延三个参数进行了计算复核，对部分数据(*)进行了修正，补充了太阳系边缘的计算结果。

3）信号中断概率较大

根据天体运行规律，太阳系各大行星及系内天体存在绕日公转及自转运动，这将会给行星表面通信设施与在轨探测器之间的无线链路带来星体遮挡影响，二者无法建立连续的直通链路，存在较大的信号中断概率。

1.3 行星际通信的现状、需求与解决方案

与当前国际上主要航天机构，如 NASA、ESA 等所采取的方法相同，我国深空探测系统仍然把测控通信系统作为深空航天器的跟踪测量、监视控制和信息交换的手段，通过地面深空站大口径天线或天线组阵，建立与深空航天器应答机之间的长距离、大时延通信连接，通过低噪温、高性能信道编码等技术实现极微弱信号的接收处理。2018 年，NASA 深空测控网配置主要包括：

(1) 美国加利福尼亚州戈尔德斯通测控站：拥有 1 个 70m 口径天线、1 个 34m 口径高效率天线(HEF)、3 个 34m 口径波束波导天线(BWG)；

(2) 西班牙马德里测控站：拥有 1 个 70m 口径天线、1 个 34m 口径高效率天线(HEF)、2 个 34m 口径波束波导天线(BWG)；

(3) 澳大利亚堪培拉测控站：拥有 1 个 70m 口径天线、1 个 34m 口径高效率天线(HEF)、3 个 34m 口径波束波导天线(BWG)。

根据规划，截至 2025 年，NASA 将在上述 3 个站点退役全部 70m 口径天线，转而每个站点均使用由 5 个 34m 口径波束波导天线(BWG)构成的天线组阵，其将具备 X 频段上行和 X 频段、Ka 频段下行能力，配置如图 1.1 所示。

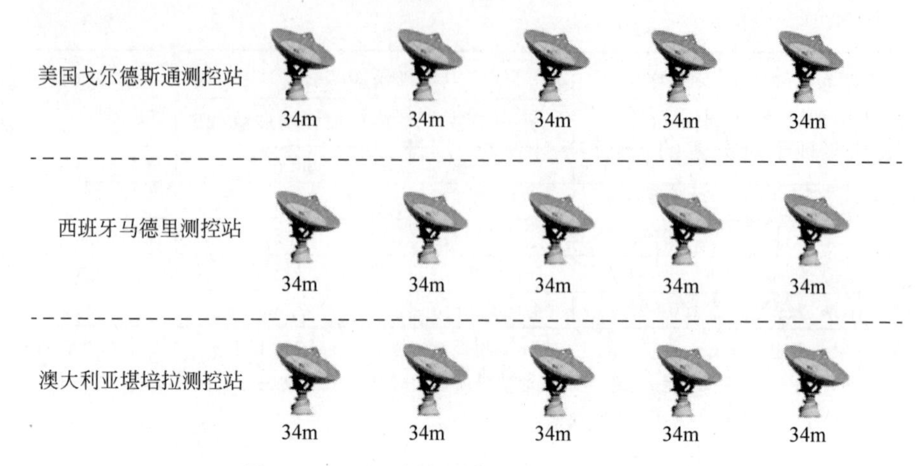

图 1.1 NASA 深空测控网 2025 年配置规划

尽管如此，随着未来探测器距离地球越来越远、探测器之间的关联越来越紧密、载人深空探测的数据传输量越来越大，构建行星际网络的需求日趋迫切。行星际网络可用于实现深空探测器与地球之间、探测器与行星表面网络之间、探测器与探测器之间的任务规划、飞行控制、数据传输等功能，其主要目标是基于用户的使用需求尽最大可能提供优质的信息传输服务。众所周知，用户对通信能力的需求是永无止境的，归纳起来主要有三点：①"高速"，若能够获取数据，则希望得到的数据更快更多，即骨干节点高速互联；②"互联"，若能够得到海量数据，则希望具有更多的高速通道，即接入链路灵活高效；③"智能"，若实现平台状态参数的便捷传输，则希望能够即时动态适应探测器终端状态的变化，即终端平台智能处理。

为了使行星际网络满足深空探测任务的上述需求，国内外相关机构与专家开展了广泛而深入的研究，提出了一系列解决方案。目前国际上普遍认可的主流解决方案[8]主要包括天线组阵、激光通信、空间组网三种，且呈现出逐步递进、相辅相成的技术发展趋势。

1）天线组阵

为了提高对远距离微弱信号的接收能力，NASA 深空网(deep space networks，DSN)从 20 世纪 70 年代就开始使用天线组阵技术。该技术是利用分布在不同地方的多个天线组成天线阵列，接收来自同一深空探测器发送的信号，并将来自各个天线的接收信号进行合成，从而获得所需的高信噪比接收信号，这是未来深空通信技术的一个重要发展方向[11]。天线组阵技术涉及上下行链路，二者在实现手段上有着显著的区别。在天线组阵技术的三大难点即上行链路组阵、软件合成器、大规模天线组阵(平方千米阵[12])中,上行链路组阵的技术难度最大。NASA 经过十几年的努力,终于在 2006 年 2 月,利用其深空网在戈尔德斯通的两个 34m BWG 天线首次成功实现了对在轨的"火星环球探测者号"(Mars Global Surveyor,MGS)的上行组阵验证试验,但距离实用还有差距,目前国内外正在开展相关研究和开发工作。

2) 激光通信

同射频链路相比,激光链路的工作频段更高,这意味着衍射损失更小、传递信号能量的效率更高,因此激光链路在更低发射功率和更小孔径尺寸下,仍能达到很高的传输速率。此外,与需要用大口径天线、笨重馈源系统的射频链路相比,激光链路可以用更小的体积、重量实现相应功能,在与射频链路相同传输速率条件下可以显著减小用户的负担。随着未来深空探测活动的多样性带来的数据量增加,以及深空探测器向小型化、轻量化方向发展的趋势,对激光通信技术的研究需求愈发迫切。从长远来看,激光通信技术是未来深空探测任务解决高速数据传输问题所需的关键技术,势必在未来行星际通信网中起到主体作用。尽管如此,由于深空通信距离遥远,光学瞄准和跟踪窄波束信号非常困难;同时,深空探测任务还要应付各种各样的工作条件和轨道约束;此外,实用激光通信仍有一些难题需要克服[13-15],包括高灵敏度小质量探测器、高效稳定的光源(放大器和激光器)、大型轻质航天器载望远镜、光束指向和控制系统的光机电装置等。

3) 空间组网

为应对深空通信所面临的挑战,空间组网从网络拓扑、接纳控制、业务综合、传输协议[16-18]等方面提供了一套成体系的解决方案。最具代表性的研究项目是行星际网络(inter-planetary network,IPN),该项目发起于 1998 年,成员来自于不同国家和机构,其目标是致力于构建起一套有助于地球与太阳系中其他遥远的行星开展行星际通信的网络体系结构[8],如图 1.2 所示。

未来地面互联网将通过边缘网关接入到 IPN 骨干网,实现与太阳系其他行星网络的互联、互通、互操作。各行星网络将支持不同协议并通过选择卫星网关与骨干网相连,且能无缝地完成协议间的转换。IPN 给出了行星际网络的基本架构,即"本地区域网络+IPN 骨干网"[19],这也是目前国际上最为流行、应用最为普遍的网络架构,可作为行星际网络研究的理论基线。

结合国内外主流解决方案进行比较分析可知:天线组阵侧重于提升地球深空站的物理层信号发送与接收能力,属于设备级性能优化手段;激光

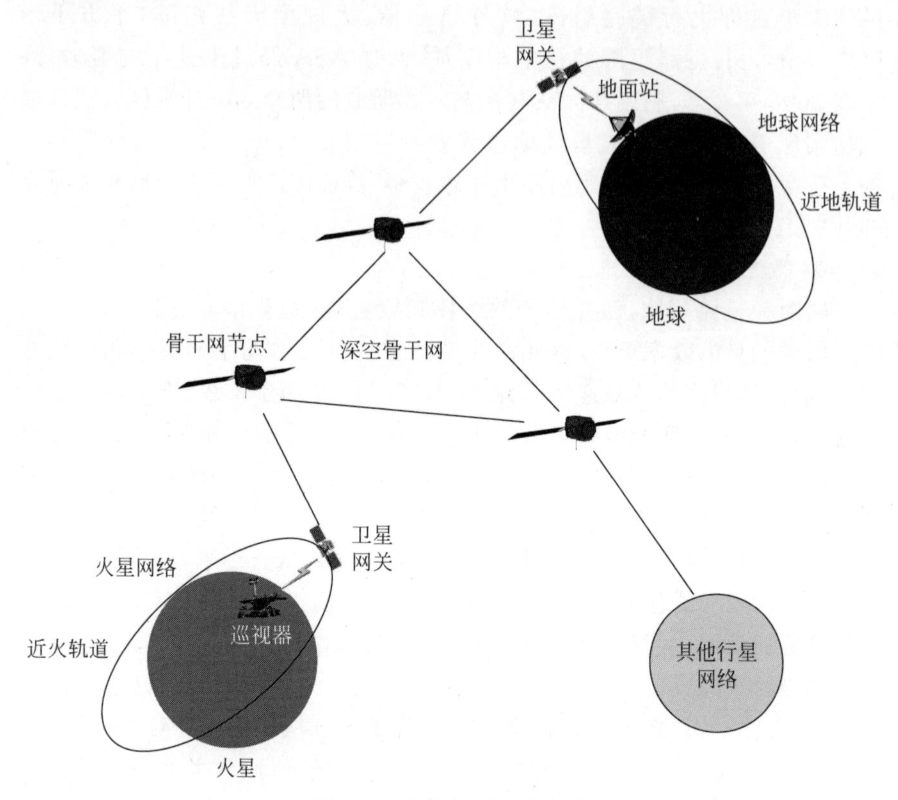

图 1.2 空间组网 IPN 架构

通信侧重于提升地球深空站与深空探测器之间的物理层信号发送与接收能力，属于链路级性能优化手段；空间组网侧重于从系统层面全方位提升任意两点之间的信息传输能力。三种手段各有所长、相辅相成：一方面天线组阵与激光通信技术的发展可以为空间组网提供更为强大的通信链路；另一方面天线组阵与激光通信在深空通信场景中都面临着技术瓶颈与数据量急剧增长带来的压力，空间组网的研究成果可以为二者提供更好的通信条件，如缩短点到点物理距离、合理分配接入用户、压缩待传输的信息等，这也将是本书的研究重点。

1.4 本书框架

未来人类将逐步实现对太阳系各大行星系统、小行星带以及太阳系边缘的探测，这些活动对深空通信提出了更高的服务质量需求。针对超远距离、超长时间、探测器发射功率受限等因素对行星际通信能力带来的制约，本书围绕行星际网络信息传输系统性能优化目标，首先在第2章给出了行星际网络的体系结构设计，然后在第3、4、5章分别从行星际骨干网络、地外天体接入链路、地外天体表面设施三个层面系统性地给出了行星际网络信息传输性能提升方法，最后第6章给出了信息传输技术未来发展趋势并对行星际探测任务规划进行了展望。全书整体框架如图1.3所示。

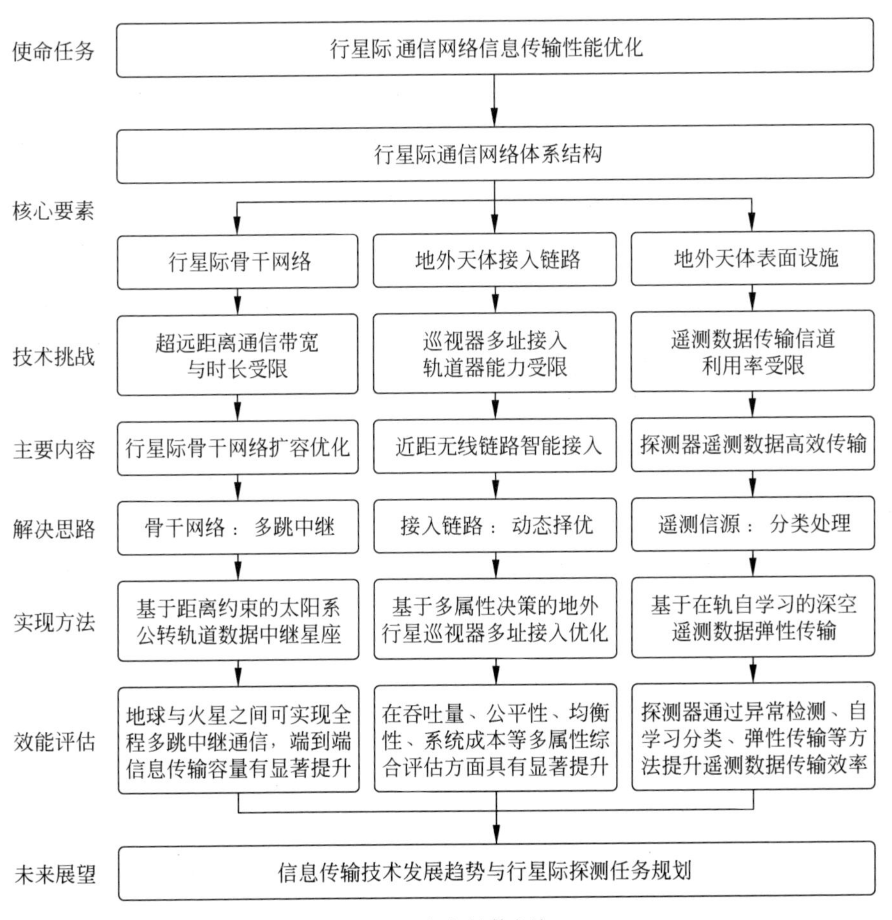

图1.3 本书整体框架

参考文献

[1] 李海涛. 深空测控通信系统设计原理与方法[M]. 北京：清华大学出版社，2014.

[2] Radio regulations: 2008 ed [S/OL]. ITU-R-International Telecommunication

Union/ITU Radio Communication Sector，2008[2022-05-04]. http://www.itu.int/pub/R-REG-RR.

[3] BOOK B. Radio frequency and modulation systems：CCSDS 401.0-B[R]. Washington D.C.：CCSDS，2016.

[4] ANDERSON J D，LAING P A，LAU E L，et al. Indication，from Pioneer 10/11，Galileo，and Ulysses data，of an apparent anomalous，weak，long-range acceleration [J]. Physical Review Letters，1998，14：2858-2861.

[5] LUDWIG R，TAYLOR J. DESCANSO design and performance summary series article 4：Voyager telecommunications[R]. Washington D.C.：NASA，2002：1-6.

[6] International Space Exploration Coordination Group. The global exploration roadmap[R]. Washington D.C.：NASA，2013.

[7] 美国重返月球阿尔忒弥斯计划[EB/OL]. 国家航天局探月与航天工程中心，2020[2022-06-14]. http://www.cnsa.gov.cn/n6758823/n6759010/c6809841/content.html.

[8] WAN P，ZHAN Y，PAN X. Solar system interplanetary communication networks：Architectures，technologies and developments [J]. Science China Information Sciences，2018，61(1)：1-26.

[9] PAN X，ZHAN Y，WAN P，et al. Review of channel models for deep space communications[J]. Science China Information Sciences，2018，61(1)：1-12.

[10] 牟亚南. 深空通信调制技术研究与仿真[D]. 成都：成都理工大学，2016.

[11] LABELLE R C，ROCHBLATT D J. Calibration and performance measurements for the NASA deep space network aperture enhancement project (daep)[J]. Acta Astronautica，2018，147：37-47.

[12] DEWDNEY P E，HALL P J，SCHILIZZI R T，et al. The square kilometre array [J]. Proceedings of the IEEE，2009，97(8)：1482-1496.

[13] BARBIER P R，RUSH D W，PLETT M L. Performance improvement of a laser communication link incorporating adaptive optics[C]//Proceedings of Conference on Artificial Turbulence for Imaging and Wave Propagation. Washington D.C.：SPIE，1998：93-102.

[14] VISWANATH A，KAUSHAL H，JAIN V K，et al. Evaluation of performance of ground to satellite free space optical link under turbulence conditions for different intensity[C]. Washington D.C.：SPIE，2014.

[15] KAUSHAL H，KADDOUM G. Optical communication in space：Challenges and mitigation techniques[J]. IEEE Communications Surveys & Tutorials，2016，19：57-96.

[16] CERF V，BURLEIGH S，HOOKE A. Delay-tolerant networking architecture[J]. Network Working Group IETF，2007.

[17] FALL K，FARRELL S. DTN：An architectural retrospective[J]. IEEE Journal on Selected Areas in Communications，2008，26(5)：828-836.

[18] KHABBAZ M J, ASSI C M, FAWAZ W F. Disruption-tolerant networking: A comprehensive survey on recent developments and persisting challenges[J]. IEEE Communications Surveys & Tutorials, 2011, 14(2): 607-640.

[19] AKYILDIZ I F, AKAN Ö B, CHEN C. Inter-planetary internet: State of the art and research challenges[J]. Computer Networks, 2003, 43: 75-112.

第2章

行星际网络体系结构

随着未来深空探测器距离地球越来越远、探测器之间联系越来越紧密、载人深空探测数据传输量越来越大，构建太阳系行星际网络(solar system interplanetary networks)的需求将变得日趋迫切。该网络可用于实现深空航天器与地球之间、航天器与行星表面网络之间、航天器与航天器之间的任务规划、飞行控制、数据传输等功能，在未来深空探测任务中将具有举足轻重和不可替代的作用。作为网络研究与应用的基础，本章将通过对系统组成、信息交换、关键技术等方面的梳理，给出行星际网络的基本体系结构。

2.1 系统组成

2.1.1 行星际骨干网络

骨干网络的高速互联是深空通信组网的必要前提。从国内外业已开展的深空探测工程与未来即将实施的探测规划来看，人类将参照月球探测任务的实施步骤逐步实现对太阳系各大行星系统，尤其是火星以及小行星带、太阳系边缘等目标的探测，届时将有越来越多的深空探测器部署于太阳系中。因此，在网络拓扑结构设计方面，深空探测任务对骨干网络提出了高速互联的需求，IPN 骨干网络如图 2.1 所示，主要包括：

(1) 高连通性：实现行星际网络中任意节点之间互联互通；

(2) 超大带宽：骨干网节点之间具备可控高速数据传输能力。

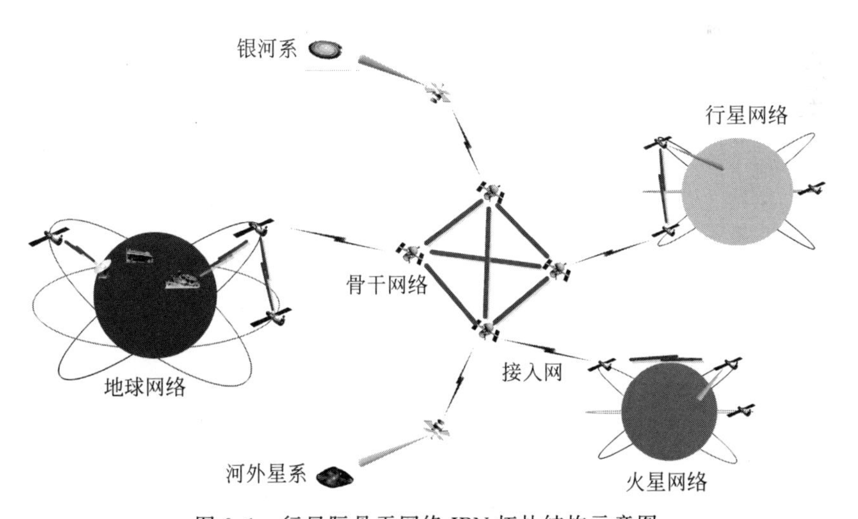

图 2.1 行星际骨干网络 IPN 拓扑结构示意图

2.1.2 地外天体接入链路

终端接入的灵活高效是地外行星探测的有力支撑。在地外行星表面探测任务中,巡视器获取的海量探测数据往往通过具有较强测控通信能力的接入网节点中继回传至地球。在链路接纳控制策略方面,地外行星探测任务对于近距无线接入链路提出了灵活高效的需求,如图2.2所示,主要包括:

(1) 公平性:地外行星表面多节点公平接入资源;

(2) 选择性:地外行星表面节点智能选择/切换资源;

(3) 资源合理配置:实现基于接入偏好的多车多星双边匹配调度。

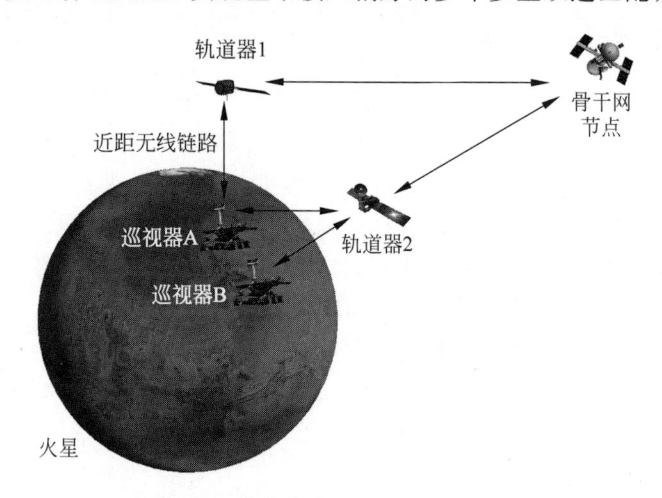

图2.2 深空通信近距无线接入链路

2.1.3 地外天体表面设施

遥测数据的弹性传输是地外行星探测的重要保障。地外行星探测要求巡视器能够完成多种科学使命,如NASA"好奇号"巡视器就搭载有约十几种载荷单元[1]用于执行地表勘探、大气探测等科学任务,设备状态参数众多,遥测参数回传种类及数据量与日俱增,给通信链路带来了较大的压力。考虑到超远距离导致地面无法提供实时监控,除了增加信道容量、接入机会之外,为了进一步提高遥测数据的传输效率,巡视器应具备一定的智能处理能力,及时发现异常、降低信息冗余、传递重要特征参数,实现遥测数据的高效压缩与弹性传输。

随着地外天体表面设施规模的不断扩张,可考虑构建必要形式的本地局域网络,实现巡视器与着陆器之间的状态同步、宇航员之间的协同通信等功能。由于地外天体表面设施缺乏充足的电力供应、日照条件也与地球存在差异,当前应用于地球因特网及无线自组网的技术将具有一定的应用局限性,为此要求巡视器及宇航员便携通信设备具有一定的自主组网能力,实现能源供给与数据通信之间的平衡。

2.2 信息交换

以月球探测任务为例,行星际网络各参与节点的信息交换关系如图 2.3 所示。

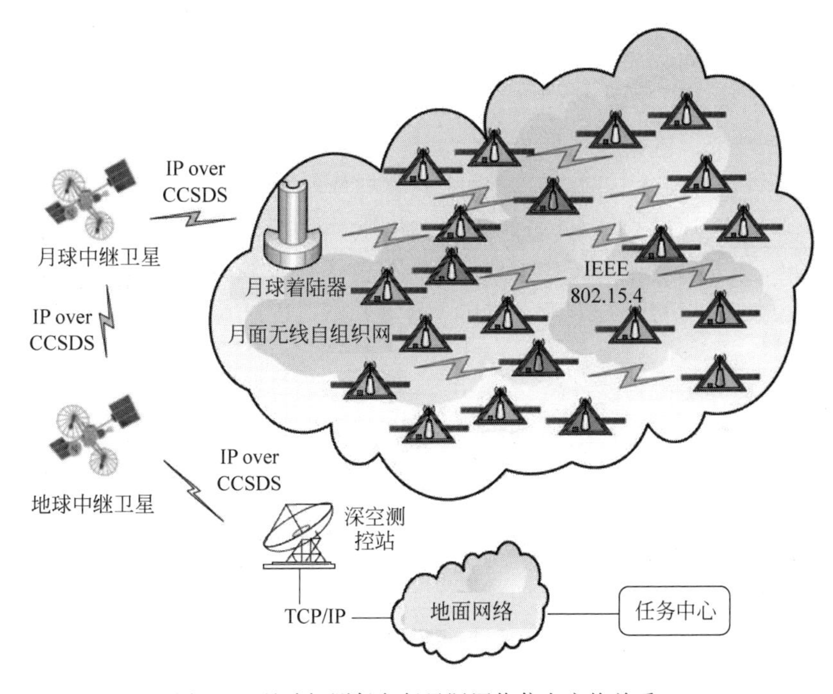

图 2.3 月球探测任务行星际网络信息交换关系

1) 地球测控网

地球测控网主要由任务中心、深空测控站和地面网络组成,信息传输协议采用地面网络传统的 TCP/IP 协议簇,应用层采用深空任务专有协议,用于承载上行遥控、遥测外测、图像话音、载荷应用数据等信息,其中载荷应用数据由任务中心(或资源管理中心)按需分发至相应的地面应用中心。

2）行星际骨干网络

行星际骨干网络由深空测控站、地球中继卫星、月球中继卫星组成，信息传输协议可采用 CCSDS 推荐的 IP over CCSDS 协议簇，其中：

（1）深空测控站起到了地球协议网关的作用，将地面网络使用的应用层/TCP 或 UDP/IP/以太网/高容量光纤协议簇转换为骨干网络使用的应用层/TCP 或 UDP/IP/[ENCAP]/AOS /宽带 Ka 射频信道协议簇（其中中括号表示该协议为可选协议）。

（2）深空测控站、地球中继卫星、月球中继卫星三者之间的串行信息传输不涉及网络层及其以上协议，可采用物理层信号弯管转发方式，或者数据链路层存储转发方式。弯管转发无须进行信号再生，星载处理要求不高，但只能在几何可见范围内建立链路；存储转发需要进行信号再生，星载处理要求较高，但可以将数据暂存以待可见时重新建链实现断点续传，提高了骨干网络的链路生存性。

3）地外天体接入链路

地外天体接入链路由月球中继卫星与月球着陆器组成，其中月球中继卫星起到了月球协议网关的作用，将骨干网络使用的应用层/TCP 或 UDP/IP/[ENCAP]/AOS/宽带 Ka 射频信道协议簇转换为月球近距离无线链路使用的应用层/TCP 或 UDP/IP/[ENCAP]/Prox-1/UHF 射频信道协议簇。

4）地外天体表面设施

地外天体表面设施由月球着陆器与月面自组织网组成，其中月球着陆器起到了月面协议网关的作用，将月球近距离无线链路使用的应用层/TCP 或 UDP/IP/[ENCAP]/Prox-1/UHF 射频信道协议簇转换为月面自组织网使用的应用层/TCP 或 UDP/IP/IEEE 802.15.4/准全向射频天线。

2.3 关键技术

2.3.1 行星际骨干网络

1. 工程现状

传统深空通信采用地球深空站与深空探测器之间的点对点传输方式，其局限性在于通信方式的单一性，即只有双方通视、电磁波可达（单向或双向）的通信时段内才具有通信意义。在地球自转、火星自转、地-火相对运行这样的空间位置关系下，以及凌日干扰、太阳黑子爆发等极端空间环境下，点对点通信方式大大降低了通信机会。此外，在点对点通信场景下，提升任务数据回传吞吐量的方法也只能局限在物理层参数调整，比如提高发送端等效全向辐射功率(effective isotropic radiated power，EIRP)、提高地球站天线口径(天线组阵)、采用高效通信方式(激光通信)等，这些方式可以从根本上提升点对点信道传输容量，但是随着信息传输速率的提高，技术突破的难度也越来越大，同时伴随着后续探测任务空间传输距离的增加，势必造成有效信息传输速率的急剧下降。

为克服点对点传输的局限性，欧美等主要航天机构(NASA、ESA)在火星探测任务中使用了火星轨道器作为地球与着陆器/巡视器之间通信的中继节点，利用轨道器增加了通信弧段，部分克服了巡视器与地球无法长时间通视的局限，其拓扑结构如图 2.4 所示，轨道器的轨道参数与服务能力[2]见表 2.1。然而，作为中继节点的火星轨道器为环火低轨卫星，仍无法克服地-火无法通视的局限性，且火星轨道器与地球站之间仍具有超距特性，无法克服超远距离通信局限性。

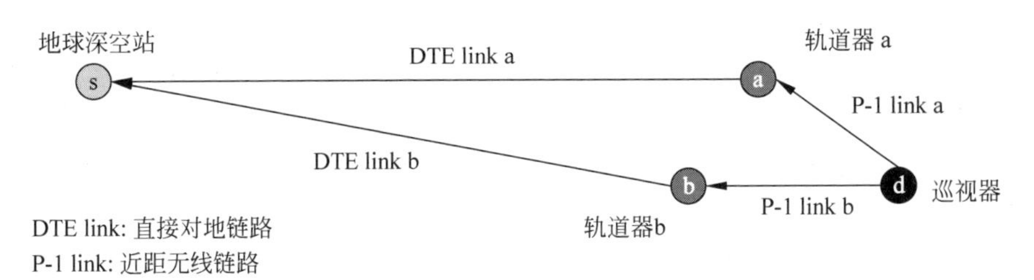

图 2.4 拓扑结构示意图

表 2.1 NASA、ESA 典型火星轨道器轨道参数与服务能力

性能指标	ODY-2001	MEX-2003	MRO-2005	MAVEN-2013	EMTGO-2016
轨道参数	390km×460km $i=93°$	365km×10 500km $i=87°$	250km×320km $i=93°$	150km×6200km $i=74°$	400km 圆轨道 $i=74°$
每火星日可见次数	2.6	2.0	2.1	2.5	2.6
每火星日跟踪时长/min	9	124	7	81	10
每火星日回传数据量/Mb	111	83	327	177	587

2. 研究现状

1）基于拉格朗日点卫星的数据中继网络

在IPN架构的基础上，有学者研究提出了面向IPN网络的分簇组网方法，即将整个星际互联网根据节点属性、链路能力、任务特点、分布区域等划分为一系列簇。其中IPN骨干网是连接地球与各行星上的轨道器、探测器、着陆器、外部空间探测器等节点的一个高容量、高可靠、高可用网络，由大容量链路和高处理能力节点组成，具有远距离中继通信能力，用于提供地球、月球、外层空间的行星、卫星、探测器之间的通信连接。该体系架构理论提出了基于拉格朗日点的骨干网构建方案[3]，即将骨干节点卫星放置于除水星外各行星与地球之间的5个拉格朗日点上，并将其相互连接起来构建行星际骨干网络。如图2.5所示，骨干网按空间尺度又以火星和木星为界分为大尺度IPN骨干网(图2.5(a))与小尺度IPN骨干网(图2.5(b))。

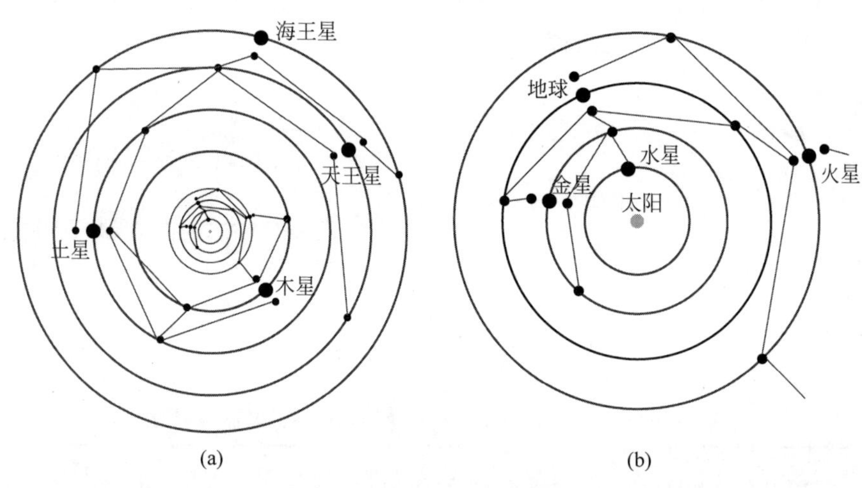

图2.5 IPN骨干网示意图

(a) 大尺度IPN骨干网；(b) 小尺度IPN骨干网

分析太阳系范围内行星之间利用拉格朗日卫星进行数据中继的拓扑，如图2.6所示。

以使得各行星与其拉格朗日点卫星(指L4/L5点双星)之间具备通信能力为前提，可得出下述四项推论：

(1) 以行星及其2颗拉格朗日点卫星为圆心，实现了对于其运行轨道内部大部分区域的通信覆盖，具体如图2.6所示。

(2) 对于外层行星而言，可以通过其拉格朗日点双星实现对内层行星

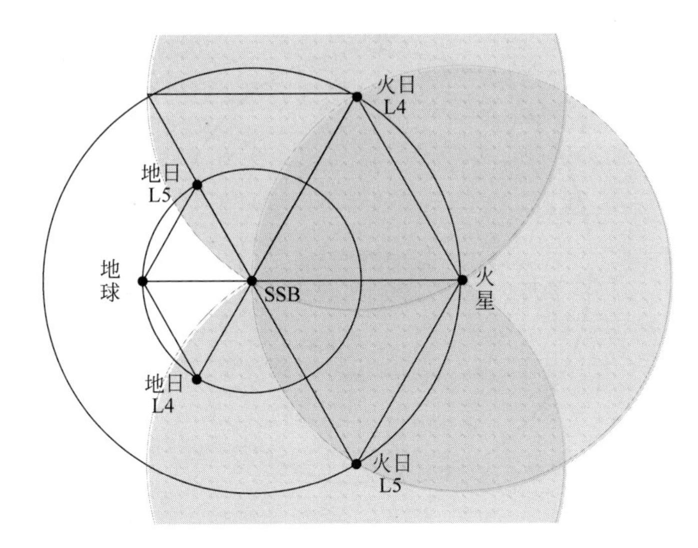

图 2.6 地-火基于拉格朗日点通信的拓扑分析示意图(最远距离情形)

(含拉格朗日双星)系统的全程可见。

(3) 整个太阳系范围内,任意两颗行星系统(含拉格朗日双星)均可实现全程可见。

(4) 整个太阳系范围内,各行星系统(含拉格朗日双星)共同构成了时变连通图。

作为当前行星际网络学术领域研究较多的工作模式,通过上述拓扑分析可知,研究者们提出该拓扑结构的初衷是为了构建一个太阳系行星间的全连通图。然而,这种拓扑最大的缺点在于前提条件的可行性或者成本问题,即要求拉格朗日点卫星与行星之间的有效通信能力;随着行星半径 R 的逐步加大,对于拉格朗日点卫星的能力要求呈现出平方递增的效应,大大加大了卫星研制的成本开销。此外,该拓扑结构仍未解决超远距离带来的路径损耗大的问题,行星的 L4/L5 两个拉格朗日点距离本体较远,间距约为行星公转半径;随着地外行星距离太阳系质心(solar system barycenter, SSB)越来越远,其通信代价也会相应加大,拉格朗日中继点会成为限制信息容量提升的瓶颈因素。

2) 基于双层节点网络的高速数据中继网络

为了实现火星与地球之间的高速数据传输需求(约 1Gb/s),有学者[4]研究给出了基于双层节点网络的高速数据中继网络,整体构型如图 2.7 所示。

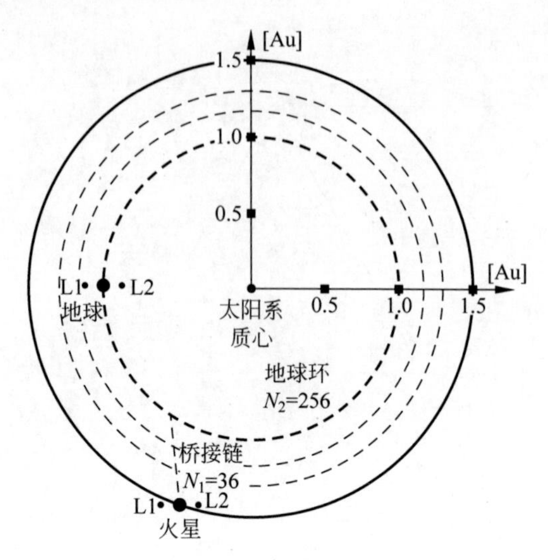

图 2.7 基于双层节点网络的高速数据中继网络

其中：

(1) 总节点数目：296 颗(含地球 L1/L2 点双星、火星 L1/L2 点双星、双层节点网络卫星)；

(2) 第一层：火星与地球环的桥接链，卫星数目 $N_1=36$ 颗；

(3) 第二层：地球环，卫星数目 $N_2=256$ 颗。

通过分析可知，该解决方案虽然可以提供高速数据中继通信服务，但是具有以下缺点：卫星数目庞大，成本过高；构型单一，仅为了完成地球与火星之间的高速通信，业务扩展性不足；未给出网络拓扑的设计方法与星座构型的实现方法。

2.3.2 地外天体接入链路

1. 工程现状

在 NASA、ESA 的火星探测任务中，火星轨道器与巡视器之间的无线接入链路通过 CCSDS Proximity-1 协议[5-8](简称“Proximity-1 协议”)实现近距无线链路通信，Hailing 信道承载信令，Working 信道承载数据。Proximity-1 协议是数据链路层的协议，层模型主要包括两层：物理层和数据链路层。其中数据链路层又包括编码和同步(coding and synchronization, C&S)子层、传输帧(frame)子层、介质访问控制(medium access control, MAC)子层、数据业务(data services)子层和输入输出(input/output, I/O)

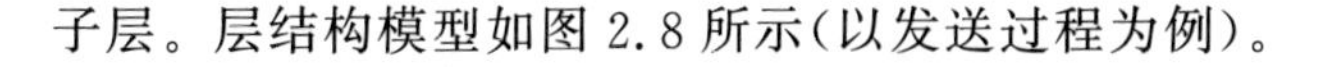

子层。层结构模型如图 2.8 所示(以发送过程为例)。

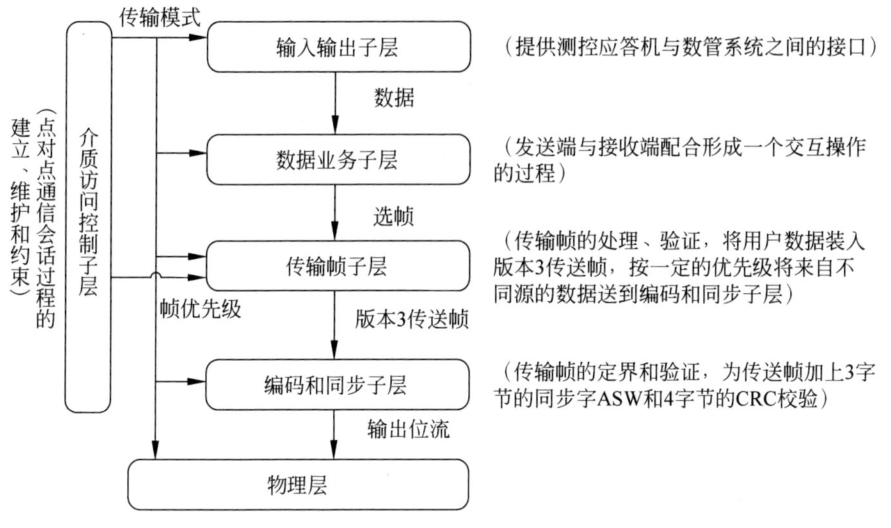

图 2.8 CCSDS Proximity-1 协议层结构模型

Proximity-1 协议在火星中继任务中应用场景如图 2.9 所示,其特点为:

(1) 工作模式:轨道器为主控制器,巡视器从属,单址接入;

(2) 接入方式:先到先得,随机退避;

(3) 传输体制:自适应编码调制(adaptive coding and modulation,ACM)。

Proximity-1 协议的优点在于实现简单、可变速率,但仍存在一些缺点。

(1) 缺乏公平性:当存在多个巡视器(巡视器 1、2)被同一个轨道器(如轨道器 1)覆盖时,只有一个巡视器(巡视器 1)能够接入轨道器 1 完成数据中继转发任务,巡视器 2 则无法利用轨道器 1 完成数据接入,如图 2.9 中蓝色曲线所示,缺乏多用户接入的公平性。

(2) 缺乏选择性:当存在多个轨道器(轨道器 2、N)覆盖同一个巡视器(如巡视器 M)时,只有轨道器 2 可以被选择为接入点执行巡视器 M 的数据转发服务,如图 2.9 中紫色曲线所示。在二者通信期间,即使存在后续过顶的轨道器 N 具有更好的信道条件,巡视器 M 也无法进行选切,因此缺乏用户对于资源的选择性。

(3) 缺乏全局性:当存在多个轨道器覆盖多个巡视器时,由于采用先到先得、随机退避方式,未考虑到轨道器与巡视器共视期间不同匹配结果对系统整体性能带来的影响,如图 2.9 中红线所示。未对接入节点与业务终端的工作状态、通信条件进行统筹,资源配置缺乏全局性。

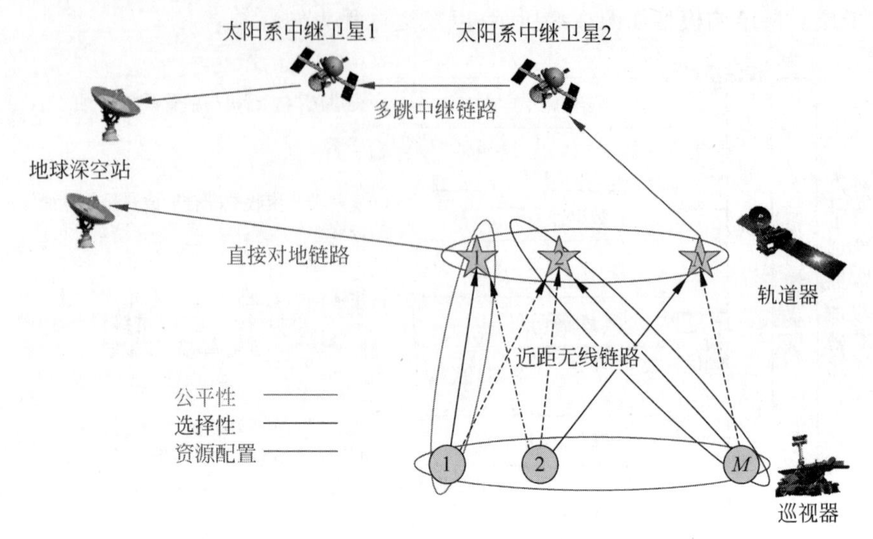

图 2.9 火星中继通信应用场景(后附彩图)

2. 研究现状

1) 多用户接入

经调研,本书对目前空天地一体化信息网络的多用户接入协议的研究现状进行了梳理,其中典型 MAC 协议及其特点[9]见表 2.2。

表 2.2 典型 MAC 协议及其特点

典型协议	拓扑类型	同步	竞争特性	优 点	缺 点
CSMA/CA	分布式	否	竞争	不需要同步	系统有效吞吐量较低[10]
TDMA	集中式	是	无冲突	高带宽效率	网络动态适应性不足[11]
DAMA	分布式/集中式	是	基于竞争/无冲突	与纯 CSMA、TDMA 相比,提高了信道利用率	信令与数据同传,开销较大[12];动态信道容量适应性不足

通过表 2.2 可知,DAMA(按需分配多址接入)协议综合考虑了分布式竞争协议与集中式非竞争协议的优点,信道利用率有所提高。然而,由于该方式采用信令与数据共享信道的工作方式,因此系统开销较大;同时,该方式对于动态信道容量适应性有所不足,对于火星中继近距无线链路场景而言并不具有优势。尽管如此,通过对 DAMA 工作方式的梳理还是给本书开展多用户接入控制提供了启发,即利用 Proximity-1 协议 Hailing 信道可独立承载信令的优势,基于 DAMA 思想对 Proximity-1 协议进行改进,使

得接入链路可以适应信道容量与用户接入需求的动态变化。

2) 接入点智能选切

接入点智能选切(卫星分集)意味着一个终端可以选择多颗可见的卫星进行通信，如图 2.10 所示，地面终端可以选择同时可见的卫星进行通信业务接入。一旦选择了这些卫星中的一个，终端就会与该卫星之间建立双工无线链路，这种卫星分集方式也称为“切换分集方式”。为了实现这种分集方式，有文献[13-14]提出并评估了不同的卫星选择准则，其着眼点在于最小化呼叫阻塞率(call blocking probability，CBP)和呼叫丢失率(call dropping probability，CDP)，归纳起来可总结为以下三条：

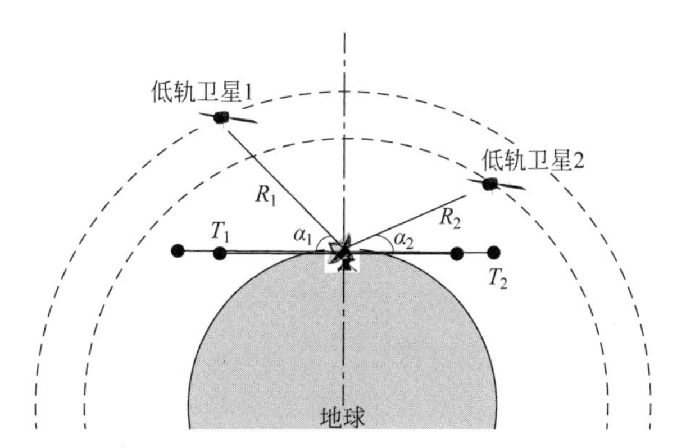

图 2.10 近地轨道移动通信卫星选切场景

(1) 最大容量准则

优先选择具有最大可用容量的卫星，其目标是在卫星星座内获得业务负载的均匀分布。在低轨卫星星座场景中等效为距离优先策略：若多星同时覆盖当前终端，系统将根据信号平均功率强度，首先在距离最近的卫星上寻找空闲信道(信道容量最大)，有信道则建立链接，无空闲信道则寻找余下覆盖卫星中距离较近者，以此类推。距离优先方案实现简单方便，但未能利用卫星移动通信系统星座运行规律的先验知识，未能有效降低切换请求到达率并提高系统性能。

(2) 最大服务时间准则

优先选择可为用户提供最长服务时间的卫星，其目标是尽量减少呼叫持续时间内的切换次数。由于星座运行的规律性，当某时刻某一呼叫产生时，用户位置坐标与各卫星位置坐标是可预见的，网控中心通过查阅星历计算出各颗卫星的覆盖时间，从而决定优先接入的卫星。覆盖时间优先方案利用了系统星座运行先验知识，延长了所接入卫星对呼叫的服务时间，可以有效地降低切换请求到达率，减少由切换引起的服务中断和系统开销。在覆盖时间优先方案中，由于要优先接入覆盖时间最长的卫星，则接入时卫星处于低仰角的概率比距离优先方案中的低仰角概率大。

（3）最大仰角准则

优先选择高仰角的卫星，其目标是尽量降低信道的性能恶化。在低轨卫星移动通信过程中，卫星相对呼叫的仰角总在不断变化，而仰角大小与信道特征之间存在着密切联系。通常高仰角的接入卫星的信道质量较好，而且在同构星座中高仰角意味着距离更小、信道容量更大。更进一步地，有学者提出了仰角加权的覆盖时间优先方案，既保留了覆盖时间优先方案的优点，又避免了较低仰角带来的信道恶化，通过牺牲部分切换请求到达率来换取通信质量的保证，为用户提供更可靠的服务。

尽管如此，通过分析可知，现有近地轨道移动通信卫星选切策略并不适用于火星中继应用场景，主要原因在于：

（1）呼叫阻塞率与呼叫丢失率主要用于海量用户接入有限信道资源的场景，对于近地轨道移动通信卫星星座而言，其卫星覆盖波束内具有海量手持终端和无线设备的接入需求，因此最小化上述指标可以有效提高系统的服务质量。但是，对近距无线链路而言，地外行星表面短时间内尚无部署海量终端的任务规划，有接入需求的巡视器数量基本上与轨道器可用信道资源相当，最小化呼叫阻塞率与呼叫丢失率的需求并不迫切，反而更关注于提高不同巡视器之间的接入公平性。

（2）行星轨道空间的轨道器往往肩负多项科学探测任务，运行轨道也具有较大的差异性，属于异构轨道星群。而近地轨道移动通信卫星星座通常是同构轨道星座，如铱星系统、全球星系统等，其选切策略对于具有异构轨道特性的轨道器接入优化问题并不适用。如图2.10所示，较高的跟踪仰角并不一定对应于较短的通信距离，即虽然$\alpha_1>\alpha_2$，但是$R_1>R_2$。

（3）为完成不同的科学使命，各轨道器往往具有不同的发射功率和存储容量，有的轨道器在完成数据中继任务的同时，自身还会获取科学探测数据，其存储空间具有动态变化特性。近地轨道移动通信卫星通常仅承担通信任务，其选切策略对于兼顾观测任务的轨道器接入优化问题并不适用。

（4）部分文献研究了地球轨道异构星座设计[15]，但是其异构星座分别承担通信和侦察任务，优化目标在于提高对地侦察性能，与本书研究对象并不相符。

3）资源配置优化研究现状

在火星中继通信场景中，当某跟踪弧段内出现多个轨道器与多个巡视器共视时，既存在各巡视器对于共视轨道器的智能选切，也存在各轨道器对于共视巡视器的多址接入，属于较为复杂的多目标决策问题，应用场景与之较为类似的有航天测控资源调度问题。

航天测控资源调度问题[16]可以划分为地球站跟踪航天器与中继卫星跟踪航天器两种，如图 2.11(a)、(b)所示，分别是以地面站或中继卫星为接入点的资源调度优化问题。航天测控资源调度任务通常由位于地球表面的资源管理中心与各航天器的飞行控制中心协同完成，通过资源申请、规划、协调、发布等环节为在轨航天器提供必要的测控通信资源。在航天测控资源调度问题中，航天器与测控资源之间通常涉及多星单站优先级调度问题，

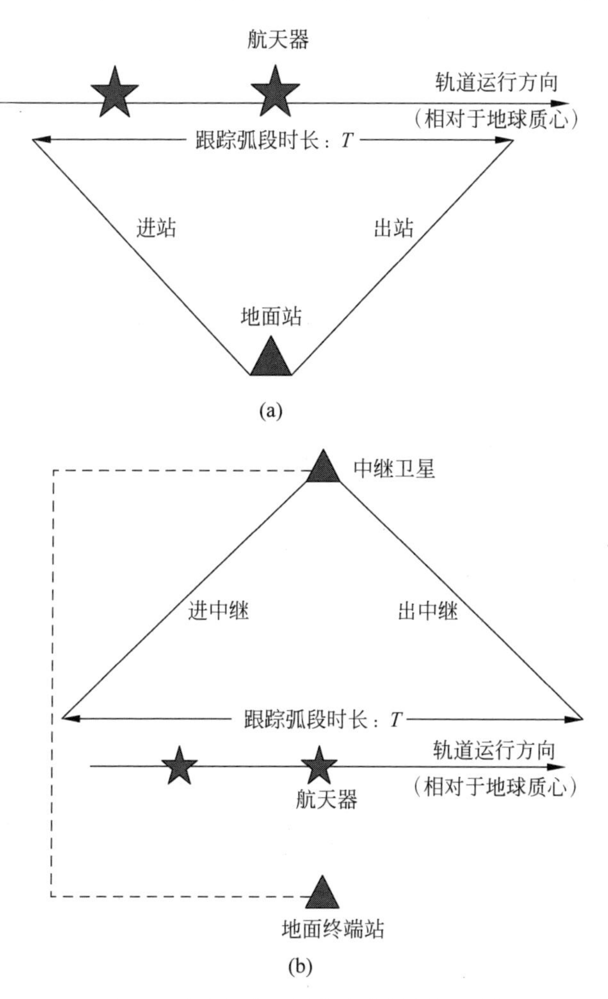

图 2.11 地球轨道航天任务资源调度场景
(a) 地球站跟踪航天器；(b) 中继卫星跟踪航天器

虽然也涉及多星多站资源多属性冲突消解问题[17-18]，但是均可以通过资源管理中心进行集中解算；即使有应急资源需求，飞行控制中心也可以利用地面通信网络及时与资源管理中心进行资源申请，并通过低延时测控链路完成航天器状态配置。

然而，火星中继多星多车资源调度场景与航天测控资源调度任务并不完全契合。首先，正如前文描述的那样，作为资源接入节点的轨道器不仅承担着巡视器的中继通信业务，还肩负着对地外行星的科学探测任务，可用资源中继能力具有动态变化特点；其次，超远距离带来的超长时延使得地面无法及时获知探测器的工作状态变化，如轨道器可用存储空间、巡视器数据回传需求、共视航天器集合变动等，难以及时做出多址接入资源分配的动态调整。由此，有必要立足于地外行星轨道器与巡视器之间进行自主协同匹配，实现地外行星接入网多星多车共视条件下的资源优化配置。

匹配博弈，也称"双边匹配"[19]，是经济学领域研究双方市场稳定性问题的常用工具，其在地面移动通信及卫星通信领域中也获得了较为广泛的应用。朱鹏[20]在地面无线异构网络接入选择机制研究中引入了匹配博弈方法，将移动通信、WLAN、WiMax所构成的异构网络中的接入优选问题转化为用户终端与网络提供商之间的双边博弈问题，用来寻找能够实现服务方与供给方折中的稳定匹配方案，从而使得双方的整体收益最大化。白宇宏[21]在无线接入点选择和资源管理研究中引入了接入点关联匹配博弈，将接入用户与接入点的关联问题转换为一个多对一的双边匹配问题，通过对吞吐量、公平性之间的均衡处理得到一个交换匹配算法，可实现接入用户与接入点的关联匹配。刘帅军[22]在卫星通信系统动态资源管理研究中引入了匹配博弈思想，将频谱资源动态缓存分配问题建模为一个带有外在条件的双边匹配问题，可以有效降低卫星通信系统内容获取时延，降低星上缓存开销。

以上研究工作表明，双边匹配在无线通信领域取得了良好的工作效果。地外行星接入网多星多车资源分配问题，本质上是在有限的轨道器接入资源条件下对巡视器接入的匹配。由此可知，双边匹配技术可对近距无线链路多址接入资源配置提供有效的解决方案。

2.3.3 地外天体表面设施

1. 工程现状

1）遥测数据弹性传输

遥测数据是地外天体表面设施（如巡视器、航天员等）工作状态的重要

表征,具有如下特点:

(1) 参数种类多:巡视器通常由多个分系统构成,遥测参数多达上千个,包括电压、电流、温度等;航天员生理遥测参数也多达几十种,包括体温、呼吸次数、心率等;

(2) 参数变化特征各异:有的稳态变化,有的缓慢变化,有的随机变化;

(3) 遥测数据是地面对探测器进行远程监视的唯一信息来源:巡视器或航天员一旦出现异常,地面飞行控制中心获得的有效遥测数据越多,应急处置成功概率就越大。

因此,保障遥测数据传输链路的高度可靠是载人火星探测任务成功的关键。对于地外天体表面设施而言,在传输距离遥远、发射功率受限的条件下,应尽可能降低遥测数据的传输速率以保障链路电平余量,亦或在相同传输带宽条件下传递更多的遥测参数。

由于遥测参数的采集是周期性的,大部分参数变化非常缓慢,每次采样新增的信息量非常有限,因此遥测数据的高度冗余为降低冗余信息传输、提高有效信息传输提供了可能性。通过对清华大学灵巧通信试验卫星遥测数据进行分析,结果表明有效遥测数据的占比只有约10%;ESA研究报告[23]中也指出,航天器遥测数据中大约50%~90%的信息比特并未携带任何有用信息。

2) 地外天体表面通信

美国曾于2004年提出了载人重返月球计划,之后IOAG也专门成立了月球通信架构工作组(LCAWG)开展相关工程实现论证工作[24],以确保网络中的各类通信单元在网络层、数据链路层和物理层能够开展交互支持。LCAWG工作组于2020年1月发布了未来月球通信架构研究报告,覆盖了包含月面链路在内的空间通信网络的一系列建议。在月面网络方面,报告提出随着月球上人类根据地的扩展,多个着陆器和巡视器将聚集在南极进行探测活动,这将促使月面网络的建立,有助于包括航天员手持/穿戴设备在内的各种着陆单元之间的无线通信。而在我国未来的月球一体化信息系统设想方案中,针对月面网络则计划设计构建以WiFi或5G等无线通信网络技术为主导的月面自组网络,兼顾通信与导航的需求。

2. 研究现状

1) 遥测数据弹性传输

在遥测数据压缩方面,考虑到遥测数据在航天任务中的重要作用,普遍采用无损压缩方法。由于遥测数据处理具有一定的实时性要求,霍夫曼编码、算术编码等算法需要统计字符出现概率、时延过大并不适用,因此主要考虑游程编码、字典编码、帧间联合压缩等方法,具体如下：

(1) 游程编码：即行程编码(run length encoding,RLE)[25],检测输入数据序列中重复的比特或字符序列,统计它们的出现次数,记录并传递重复序列及其重复出现的次数。

(2) 字典编码：即串表压缩编码(Lempel-Ziv-Welch encoding,LZW)[26],用符号代替一串字符,在编码中仅仅把字符串看作一个符号,从而形成对于输入序列的字典映射。

(3) 帧间联合压缩：基于帧间压缩的联合压缩算法[27],将遥测时间序列按固定长度进行分组并划分为核心组别与其他组别两个等级,分别采用LZW算法对核心组别进行压缩,采用游程编码对其他组别与核心组别之间的差值信息进行压缩,进而提高信息压缩效率。

近年来,法国国家太空研究中心(Centre National d'Etudes Spatiales,CNES)提出了一种“POCKET+”[23]遥测数据准实时在线压缩方法,如图2.12所示。该方法对遥测参数历史数据进行统计分析,得到当前时刻参考帧,并把实际遥测帧和参考帧进行逐比特对比,若某遥测量只有少量比特和参考帧不一致,则传输该比特的位置,否则传输完整的遥测量；同时用当前时刻的实际遥测帧更新参考帧,从而实现对遥测数据的无损压缩,压缩率均值约为0.448,最高可达0.052。尽管如此,该算法在包/帧一级进行压缩处理,仅适用于具有固定封装结构的遥测数据,未对不同参数特性进行分类处理,不适用于未来结构复杂、参数灵活多变的探测器状态信息传输。

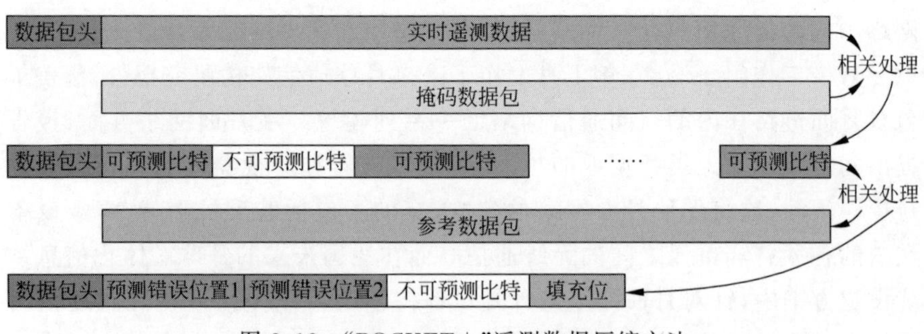

图2.12 “POCKET+”遥测数据压缩方法

通过分析可知,游程编码的压缩率约为0.8,LZW算法的压缩率约为0.7,而帧间联合压缩算法压缩率稳定在0.4左右,“POCKET+”方法压缩率统计均值也在0.4左右,传统无损压缩算法的压缩效率进一步提高的技术难度较大。

2）地外天体表面通信

由于地外天体表面探测正处于任务规划和早期探索阶段，其研究重点目前主要聚焦于体系架构、物理层基础设施、网络层通信连接等技术应用方面，其中：

(1) 在体系架构方面，文献[28]提出了一种基于 IEEE 802.15.4 协议的月球表面通信设施无线通信架构，该网络是一种结构简单、成本低廉的无线通信网络，适用于短距离、低电能和低吞吐量的地外天体应用环境。

(2) 在物理层基础设施方面，文献[29]研究提出了一种用于月球表面通信的具有多个电子开关扇形波束的认知型锥形槽圆阵列天线，可感应射频信号的频率、功率和到达方向，在 5～35GHz 频率范围内具有带宽宽、阻抗匹配良好等特点。

(3) 在网络层通信连接方面，文献[30]研究提出了基于动态源路由算法(dynamic source routing，DSR)的月球表面无线通信路由方案，现场测试表明，DSR 算法在因距离或障碍物导致无线通信中断的情况下，可以保持移动节点之间连接的工作性能满足通信需求。

通过分析可知，当前地外天体表面通信技术正处于蓬勃发展阶段，但大多数技术应用面向月球探测场景，针对火星探测及太阳系其他天体应用场景的任务规划尚未提及。

2.4 本章小结

本章对行星际网络体系结构进行了梳理，给出了行星际探测任务中天地一体化信息传输系统的信息交换过程，并围绕行星际骨干网络拓扑优化、地外天体接入链路智能接入、地外天体表面设施高效传输三个关键技术点进行了重点分析，引出了本书后续即将重点展开讨论的内容。

参考文献

[1] OLIVEIRA V A，MOMBELLI P H. Atmospheric spectroscopy at gale crater on Mars[C]. Annual meeting of SAB. Sao Paulo，Brazil：[s. n.]，2018.

[2] EDWARDS C，BELL D，BISWAS A. Proximity link design and performance options for a Mars areo-stationary relay satellite [C]//IEEE Aerospace

Conference. Piscataway：IEEE，2016：1-10.

[3] BUTTE E，CHU L，MILLER J. An enhanced architecture for the next generation nasa scan study[C]. 34th AIAA International Communications Satellite Systems Conference. Cleveland：[s. n.]，2016.

[4] HAQUE S. A broadband multi-hop network for earth-mars communication using multi-purpose inter-planetary relay satellites and linear-circular commutating chain topology[C]//49th AIAA Aerospace Sciences Meeting including the New Horizons Forum and Aerospace Exposition. Orlando：George Washington University，2011：1-28.

[5] Proximity-1 space link protocol-physical layer，issue 4：CCSDS 211. 1-B-4[R]. Washington D. C.：CCSDS，2013.

[6] Proximity-1 space link protocol-coding and synchronization sublayer，issue 2：CCSDS 211. 2-B-2[R]. Washington D. C.：CCSDS，2013.

[7] Proximity-1 space link protocol-data link layer，issue 5：CCSDS 211. 0-B-5[R]. Washington D. C.：CCSDS，2013.

[8] Proximity-1 space link protocol-rationale，architecture，and scenarios，issue 2：CCSDS 210. 0-G-2[R]. Washington D. C.：CCSDS，2013.

[9] 江丽琼. 基于业务优先级的天基动态网络用户接入技术研究[D]. 哈尔滨：哈尔滨工业大学，2017.

[10] 李刚. 基于CSMA/CA的多接口多信道自组网信道分配技术[D]. 北京：北京邮电大学，2019.

[11] 麻小遥. 分布式卫星系统中新型MAC协议研究[D]. 西安：西安电子科技大学，2019.

[12] 常瑞君. 适用于卫星通信系统的多址接入技术研究[D]. 北京：北京邮电大学，2018.

[13] PAPAPETROU E，KARAPANTAZIS S. Satellite handover techniques for LEO networks[J]. International Journal of Satellite Communications and Networking，2004，22(2)：231-245.

[14] 张华涛，孙富春，徐帆江. 分层卫星网络中的接入策略研究[J]. 计算机工程与设计，2005(5)：1121-1124.

[15] SANAD I，MICHELSON D G. A framework for heterogeneous satellite constellation design for rapid response earth observations[C]//2019 IEEE Aerospace Conference. Piscataway：IEEE，2019：1-10.

[16] 鄢青青，沈怀荣，邵琼玲. 航天测控资源调度问题建模与求解研究综述[J]. 系统仿真学报，2015，27(1)：1-12.

[17] 林鹏. 中继卫星系统资源分配方法及其关键技术研究[D]. 北京：清华大学，2014.

[18] 王磊. 中继卫星系统任务调度与用户行为管理方法研究[D]. 北京：清华大学，2018.

[19] KAMECKE U. Two sided matching: A study in game-theoretic modeling and analysis[J]. Economica,1992,59(236): 487.

[20] 朱鹏. 异构网络接入选择机制研究[D]. 北京: 北京邮电大学,2013.

[21] 白宇宏. 基于博弈论的 AP 选择和资源管理[D]. 北京: 北京邮电大学,2017.

[22] 刘帅军. 卫星通信系统中动态资源管理技术研究[D]. 北京: 北京邮电大学,2018.

[23] EVANS D J,DONATI A. The ESA POCKET+ housekeeping telemetry compression algorithm: Why make spacecraft operations harder than it already is? [C]. 2018 SpaceOps Conference. [S. l. :s. n.],2018.

[24] FLANEGAN M,GAL J, ANDERSON L, et al. NASA's lunar communication and navigation architecture[C]. AIAA SpaceOps 2008. Heidelberg, Germany: AIAA,2008.

[25] 王崛. 遥测数据压缩算法的设计与实现[J]. 遥测遥控,2002,23(2): 16-22.

[26] 闫晓俊,李锦明,温杰,等. 遥测数据采集压缩系统的 LZW 算法优化设计[J]. 电子技术应用,2015,41(8): 60-62.

[27] 刘敏丽. 航天遥测数据无损压缩技术研究与实现[D]. 北京: 北京理工大学,2016.

[28] LONG Y,CHENG Z. A study on lunar surface environment long-term unmanned monitoring system by using wireless sensor network[C]. Communications,Signal Processing,and Systems,CSPS 2019. Singapore: Springer,2020.

[29] SIMONS R N. Cognitive tapered slot circular array antenna for lunar surface communications [C]. 2021 IEEE Cognitive Communications for Aerospace Applications Workshop (CCAAW). [S. l. :s. n.],2021.

[30] TOUNG J,GILSTRAP R,FREEMAN K. A split implementation of the dynamic source routing protocol for lunar/planetary surface communications[C]//Aerospace Conference. Piscataway: IEEE,2006: 1-8.

第3章

行星际骨干网络扩容优化

3.1 引言

根据国内外深空探测任务规划,未来将有越来越多的无人/载人探测器进入太阳系深处执行深空探测活动,这就要求行星际网络提供高质量的端到端无线通信条件,以确保科学探测数据的及时、高速、可靠传输。近年来,国际上各大航天机构及相关学者投入了大量精力开展自由空间光通信[1]方面的研究,致力于从物理层解决行星际骨干网络超远距离弱信号条件下大容量数据传输的问题。从长远来看,激光通信是未来深空探测任务解决高速数据传输问题所需的关键技术,势必在行星际通信网物理传输中起到主体作用。然而,由于深空通信距离遥远,探测器很难在现有姿态轨道控制条件下实现高精度光学瞄准,实用激光通信的核心元器件也存在一些难题需要克服,包括高灵敏度小质量探测器、高效稳定的光源(放大器和激光器)、大型轻质航天器载望远镜、光束指向和控制系统的光机电装置等。因此有必要转换问题研究角度,从空间组网层面思考行星际骨干网络扩容优化的方法[2]。

骨干网络的高速互联是行星际通信组网的必要途径。为提升太阳系地外行星之间端到端信息传输容量,本章构建了太阳系公转轨道数据中继星座,以太阳系质心为原点构建同心圆多环轨道星座,通过控制单条点到点物理链路的距离上限来确保通信容量不因距离增加而无限降低,如图 3.1 所示。

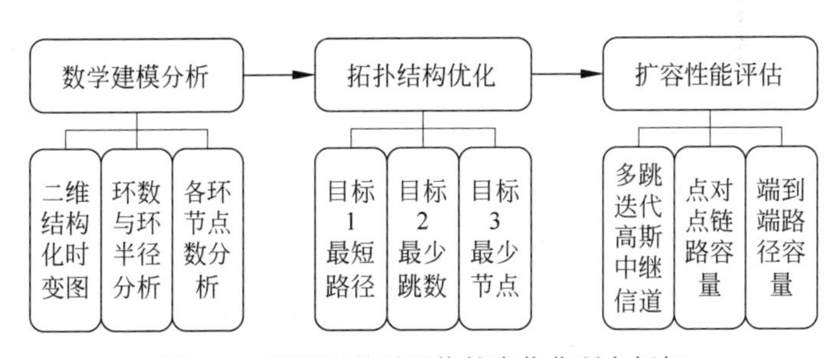

图 3.1 行星际骨干网络扩容优化研究框架

以火星探测任务为例,行星际骨干网络扩容优化研究的具体要点如下。

1) 数学建模分析

以太阳系质心(SSB)为原点构造二维极坐标系下的太阳系公转轨道星座结构化时变图,星座构型为单环或多环,中继卫星轨道与地球、地外行星轨道共面,环间距离满足单跳链路最大距离约束,各中继卫星节点运行规律符合开普勒第三定律。根据端到端时变连通图特点，基于约束条件分析给出地球与火星全程通信所需的同步轨道环数范围、环半径约束以及各环所需部署的中继卫星节点的数目。

2）拓扑结构优化

在二维极坐标拓扑结构下，分别以最短路径、最少跳数、最少节点为优化目标进行拓扑结构优化分析，采用蒙特卡罗模拟（Monte Carlo simulation）给出1个火星公转周期内（1个火星年，约688个地球日）地球与火星之间端到端全程通信的最优拓扑结构。

3）扩容性能评估

在给定的约束距离与网络拓扑结构下，本书基于高斯中继信道理论将端到端多跳中继链路等效建模为一个逐跳递进式高斯中继信道，从而将端到端超远距离多跳通信链路映射为一个具有固定距离上限的点对点链路，进而给出了约束条件下多跳中继通信网络的通信容量边界。

3.2 系统模型

3.2.1 通信场景

本书构建了一个太阳系公转轨道卫星中继星座，其作为行星系统之间端到端通信的行星际骨干网络，通信场景以火星探测任务为背景。一方面，根据国内外大推力运载火箭的现有运载能力及未来规划的发射型谱，人类已基本具备将中继卫星送入火星范围内任意公转轨道的能力；另一方面，结合深空轨道动力学相关知识，在太阳系公转轨道部署中继卫星具备工程实施条件，可不考虑行星或其他天体的引力影响，其长期运行轨道是一个以SSB为原点的限制性二体问题[3]。

地球-火星端到端通信场景如图3.2所示，其中：

(1) 飞行任务阶段：本书立足于火星探测任务长期运行管理阶段开展端到端通信性能提升研究，不涉及发射及轨道转移阶段，这也意味着此时轨道器已经进入火星环绕轨道，着陆器已携带巡视器顺利完成EDL阶段任务，巡视器已完成在轨测试、各项功能正常。

(2) 地球深空站：接收飞行任务控制中心（简称“飞控中心”）的上行控制指令，通过行星际骨干网络发送至骨干网节点或目标航天器，并接收骨干网节点转发或目标航天器发送的科学应用数据与平台遥测数据，按任务分工分发至相应数据处理单位及飞控中心。

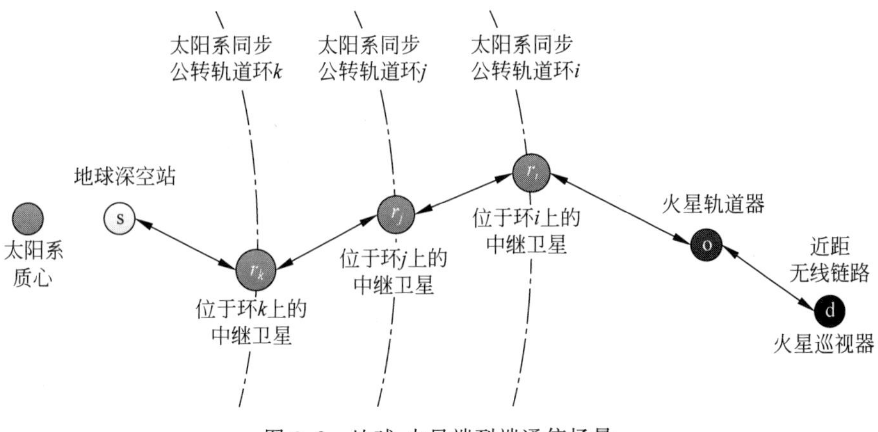

图 3.2 地球-火星端到端通信场景

(3) 火星轨道器：通过火星近距无线链路接收来自巡视器的科学应用数据与平台遥测数据，经协议转换后通过行星际骨干网络转发至地球深空站；通过行星际骨干网络接收来自地球深空站发送的上行控制指令，并通过火星近距无线链路转发至巡视器。

(4) 火星巡视器：通过火星近距无线链路发送科学应用数据与平台遥测数据、接收上行控制指令，同时利用直接对地链路作为备份。

为了确保火星探测任务信息传输业务的服务质量，行星际骨干网络需要为源节点与目的节点建立最佳通信路由，要素包括：

(1) 源/目的节点：地球节点子集包括位于地球表面的深空站；火星节点子集包括位于火星环绕轨道的轨道器与位于火星表面的巡视器；地球节点子集与火星节点子集的元素均可作为源/目的节点。在本章研究中，源节点与目的节点应分属于不同的子集，即当源节点属于地球节点子集时，目的节点应为火星节点子集的元素；当源节点为火星节点子集的某一元素时，目的节点仅能从地球节点子集中选取。

(2) 中继节点：位于太阳系公转轨道卫星中继星座中的卫星节点。

(3) 前向链路：一条连接地球节点子集与火星节点子集的有向路径，包括地球深空站(源节点)、中继节点(必要)、日地/日火拉格朗日点卫星(未来可按需纳入)、火星轨道器/巡视器(目的节点)。

(4) 返向链路：一条连接火星节点子集与地球节点子集的有向路径，包括火星轨道器/巡视器(源节点)、中继节点(必要)、日地/日火拉格朗日点卫星(未来可按需纳入)、地球深空站(目的节点)。

3.2.2 术语定义

本章涉及的相关术语定义如下：

(1) 结构化(structured)：亦可称为“层次化”或“分布式”，指的是网络拓扑设计为具有多个节点的多层环结构，用来为地球-火星之间提供高质量的端到端通信服务。

(2) 节点(node)：图论中称为“顶点”(vertex)，指的是行星际网络中的各类通信实体，如地球节点子集、火星节点子集、中继卫星节点以及其他深空探测器。

(3) 链路(link)：图论中称为“边”(edge)，指的是行星际网络任意两个可视节点之间建立的点对点物理链路。特别地，星间链路(inter satellite link)指的是任意邻居节点之间建立的无线通信链路。

(4) 通路(route)：图论中称为“路径”(path)，在有向图中指的是源节点至目的节点的全部可用多跳单向路径，在无向图中指的是源节点与目的节点之间的全部可用多跳双向路径。

(5) 邻居(neighbor)：指的是中继卫星星座中某节点邻近节点集，包括环内节点、环间节点，邻居节点之间可以在约束距离范围内通过星间链路建立点对点通信链路。

(6) 太阳系质心(SSB)：太阳系的质量中心，位于太阳中。

(7) 半径(radius)：从太阳系质心至太阳系内任意节点的空间距离，本书特指太阳系质心到太阳系公转轨道中继星座各个环的半径长度。

(8) 环(loop)：指的是围绕太阳系质心的公转轨道，环上可部署单个或多个节点。

(9) 星座(constellation)：指的是由太阳系中继卫星节点通过环内或环间星间链路构成的太阳系公转轨道中继星座。

(10) 坐标系(coordinate)：指的是描述太阳系公转轨道中继星座网络拓扑结构与节点动力学模型的坐标系统，本书采用二维极坐标系。

3.2.3 数学模型

1. 优化目标

为了实现太阳系公转轨道中继星座拓扑结构的优化设计，本书立足于不同的工程应用需求设定了不同的系统优化目标，主要包括最短路径、最少跳数、最少节点数，具体设计如下。

1）最短路径

以最短路径为优化目标的方案聚焦于寻找平均端到端通信路径最短的网络拓扑结构，其计算步骤为：①通过理论分析得到太阳系公转轨道星座拓扑结构的可行解集合；②遍历整个火星探测任务周期，获得不同网络拓扑结构在各任务时隙的端到端通信路径长度；③统计全部任务时隙得到路径总长度与总任务时间，二者相除即可获得平均路径长度，则最优解即为全部可行解具有最短路径的拓扑结构。

以最短路径作为优化目标的拓扑结构设计，其目的在于最小化端到端通信时延以提高端到端信息传输吞吐量。一个火星探测任务周期内，在某个网络拓扑结构下地球与火星之间的端到端信息传输吞吐量 $f(t)$ 可以用式(3-1)表示为

$$f(t)=\int_{a}^{b} C(t)\mathrm{d}t=\sum_{i=1}^{n}\int_{a_i}^{b_i} C(t)\mathrm{d}t=\sum_{i=1}^{n}\int_{t_i} C(t)\mathrm{d}t \tag{3-1}$$

其中，$\{i \mid i=1,2,\cdots,n\}$ 表示整个火星探测任务周期内的通信路径集合；$a=\{a_i\}$、$b=\{b_i\}$ 分别表示通信路径 i 的开始时间集合、结束时间集合，$t_i=b_i-a_i$ 表示通信路径的可见时间；$C(t)$ 表示当前通信路径的等效通信带宽。在行星际网络中，尤其是在多跳中继星座通信场景中，端到端通信时延 Δt_i 对于可见时间而言具有一定的影响，无法完全忽略，因此需要在每条通信路径的可见时间中扣除相应的通信时延，即有 $t_i'=t_i-\Delta t_i$，从而得到修正后的端到端信息传输吞吐量如式(3-2)所示。

$$f(t)=\sum_{i=1}^{n}\int_{t_i'} C(t)\mathrm{d}t=\sum_{i=1}^{n}\int_{t_i-\Delta t_i} C(t)\mathrm{d}t \tag{3-2}$$

在本书中，各网络拓扑结构下端到端通信路径的等效通信带宽均受到约束距离的限制，因此端到端通信时延越短，信息传输容量的损失越少，整个行星际网络的性能也就越好。

2）最少跳数

以最少跳数为优化目标的方案聚焦于寻找平均端到端跳数最少的网络拓扑结构，其计算步骤为：①通过理论分析得到太阳系公转轨道星座拓扑结构的可行解集合；②遍历整个火星探测任务周期，获得不同网络拓扑结构在各任务时隙的端到端通信路径所需跳数，即通信路径上的链路数量；③统计全部任务时隙得到路径总跳数与总任务时间，二者相除即可获得平均路径跳数，则最优解即为全部可行解具有最少跳数的拓扑结构。

以最少跳数作为优化目标的拓扑结构设计，其目的在于最小化端到端通信路径上节点失效所带来的负面影响，即跳数越少、通信可靠性越高。

式(3-3)给出了端到端通信路径的可靠性模型,模型中假设太阳系公转轨道中继星座中各卫星节点的工作参数在统计上独立同分布,其有效工作时间服从指数分布:

$$R_p(t)=\prod_{i=1}^{n}R_i(t)=\prod_{i=1}^{n}\mathrm{e}^{-\lambda_i t}=\mathrm{e}^{-\sum_{i=1}^{n}\lambda_i t} \tag{3-3}$$

其中,λ_i 表示节点 i 的失效概率,用平均无故障工作时间(mean time between failures,MTBF)表示为:$\mathrm{MTBF}_i=1/\lambda_i$。由此可以计算得到整个通信路径的失效概率 λ_p 与 MTBF_p 有如式(3-4)所示的关系:

$$\lambda_p=-\frac{\ln(R_p(t))}{t}=\sum_{i=1}^{n}\lambda_i,\quad \mathrm{MTBF}_p=1/\lambda_p=1\Big/\sum_{i=1}^{n}\lambda_i \tag{3-4}$$

根据以上公式可知,提升端到端信息传输可靠性的方法主要包括:①提高每个节点的可靠性,从而降低单点失效概率 λ_i;②减少端到端通路上的节点数目。在单点失效概率一定的情况下,通过优化网络拓扑结构设计,减少平均通信路径跳数,可以有效提升整个系统的可靠性。

3) 最少节点数

以最少节点数为优化目标的方案聚焦于寻找端到端通信遍历过节点数目最少的网络拓扑结构,其计算步骤为:①通过理论分析得到太阳系公转轨道星座拓扑结构的可行解集合;②遍历整个火星探测任务周期,获得不同网络拓扑结构在各任务时隙的端到端通信路径上的节点编号;③统计全部任务时隙曾经用过的节点总数与总任务时间,二者相除即可获得平均节点数,则最优解即为全部可行解具有最少节点的拓扑结构。

以最少节点数作为优化目标的拓扑结构设计,其目的是在确保整个火星探测任务期间存在至少一条可用的端到端中继通信路径的前提下,尽可能降低中继卫星研制、发射与运维所需的系统成本。假定中继卫星研制与在轨运维的单位成本一定,则所需节点数目越少,系统成本越低;而中继卫星发射成本与目标公转轨道有关,根据轨道动力学知识可知(如霍曼转移),目标公转轨道距离地球环越远,发射消耗的燃料越多,发射成本也就越高,因此当不同优化结果具有相同的节点数时,应优选距离地球环更近的网络拓扑结构。

2. 约束条件

对于地球-火星行星际网络场景而言,主要的设计约束与假设包括:

(1) 任务周期:1个火星年(约688个地球日),参考历元时刻为(UTC+8)12:00:00.000 July 20th in 2021,即北京时间2021年7月20日12点整。

(2) 共面假设：不失一般性，本书假设所有的空间物体，包括太阳、各大行星、探测器与中继卫星节点均位于以 SSB 为原点的共面二维坐标系中。

(3) 地球轨道参数：地球环半径取值为 1Au，参考历元时刻地球环初始相位相对于火星环初始相位超前 128°；1Au 指的是从太阳系质心到达地球的空间距离，数值约为 1.496×10^8km。

(4) 火星轨道参数：火星环半径取值为 1.5237Au，参考历元时刻火星环初始相位定义为 0°。

(5) 通信机物理参数：等效全向辐射功率(EIRP)，发射机天线增益(G_t)，发射机天线损耗(L_t)，接收机天线增益(G_r)，接收机天线损耗(L_r)，接收机噪声温度(T_r)等。本书假设各节点通信机的所有物理参数在距离阈值约束范围内均能满足点对点通信的要求。

(6) 距离阈值：记为 D_{trs}，本书假设选定的距离阈值能够满足邻居节点之间的通信约束。

(7) 任务周期内具备双向通信条件：这也意味着在一个火星任务周期内，本书优化得到的行星际骨干网络具备提供至少一条端到端双向通信路径。

根据天体运行规律，地球和火星均存在星体自转现象，意味着地球与火星将产生星体遮挡导致通信中断。在本书的设计中，地球与火星都抽象为位于相应通信圆环上的节点。尽管如此，地球与火星的表面及其邻近空间都部署着大量的通信实体。例如，地球表面部署着多个深空站，在经度上呈均匀分布特性，协同工作时可以在任何时刻实现对太阳系任意方向的连续跟踪指向。与此类似，火星邻近空间轨道上也分布着多颗火星轨道器，这些具有不同轨道参数的轨道器协同工作时也可以在任何时刻实现对太阳系任意方向的连续跟踪指向。因此，基于上述分析，行星自转引起的星体遮挡影响可以忽略不计。此外，与密集无线网状网络面临的同信道干扰问题不同[4]，由于行星际网络节点分布具有空间稀疏特性，因此在本书的模型设计中可以不考虑同信道干扰问题。

3. 优化模型

优化模型用来实现前文所述的基于约束条件的优化目标，包括：最短路径、最少跳数、最少节点数。系统优化结果是一个时变连通图 $\boldsymbol{G}$，具有环数、环半径和节点数等系统参数。

1）最短路径

最短路径优化模型可以描述为 $\min\{f(\mathbf{G},t)\}=\min\left\{\frac{1}{T}\int_{T}\mathrm{Dist}(s,d,t)\mathrm{d}t\right\}$，其中 $\mathbf{G}$ 表示由太阳系中继星座网络（含源/目的节点，下同）中各通信节点及其链路构成的图；t 表示当前时隙；T 表示一个完整的任务周期；s 表示源节点行星（地球/火星）；d 表示目的节点行星（火星/地球）。为了降低问题分析难度，本书在数学上对优化模型进行了离散化处理，即将连续通信时间转换为以天为颗粒度进行离散建模，如式(3-5)所示：

$$\begin{cases}\min\{f(\mathbf{G},i)\}=\min\left\{\dfrac{1}{N}\sum\limits_{i=1}^{N}\mathrm{Dist}(s,d,i)\right\}\\ \mathrm{Dist}(s,d,i)=\sum\limits_{j=1}^{l_i-1}\mathrm{dist}(v_j,v_{j+1})=\mathrm{dist}(v_1=s,v_2)+\cdots+\\ \qquad\mathrm{dist}(v_{l_i-1},v_{l_i}=d)\end{cases}\tag{3-5}$$

其中，l_i 表示从源节点到目的节点最优通信路径上的节点数目；N 表示离散化后任务周期的总天数；i 表示当日序号。约束条件如式(3-6)所示：

$$\text{s. t.}\begin{cases}\forall v_j,\mathrm{dist}(v_j,v_{j+1})\in\mathbf{G}=(\mathbf{V},\mathbf{E}) & \text{(i)}\\ \forall\,\mathrm{dist}(v_j,v_{j+1})\leqslant D_{\mathrm{trs}} & \text{(ii)}\\ \mathrm{Dist}(s,d,i)=\min\{\mathrm{Dist}(s,d,i,r_i^k)\},r_i^k\in\mathbf{R}_{\substack{i\\ s\to d}} & \text{(iii)}\end{cases}\tag{3-6}$$

其中，v_j 表示太阳系中继星座网络中各通信节点；dist(·)表示任意两个节点之间星间链路的欧氏距离；$\mathbf{V}$ 表示节点集合；$\mathbf{E}$ 表示边集合，Dist(·)表示当前通信路径的欧氏距离和；$\mathbf{R}_{\substack{i\\ s\to d}}$ 表示在第 i 天从源节点 s 到目的节点 d 的全部可用路径集合；r_i^k 表示可用路径集合 $\mathbf{R}_{\substack{i\\ s\to d}}$ 中的第 k 条路径。

设计约束条件包括：①所有路径上的所有节点都应纳入太阳系中继星座网络拓扑结构图 $\mathbf{G}$；②太阳系中继星座网络中任意相邻节点之间星间链路的欧氏距离都不应大于阈值距离 D_{trs}；③第 i 天的通信路径取为当天所有端到端可用通信路径中具有欧氏距离和最小值的路径。

2）最少跳数

最少跳数优化模型可以描述为式(3-7)，并以阈值距离作为约束条件。

$$\begin{cases}\min\{g(\boldsymbol{G},i)\}=\min\left\{\dfrac{1}{N}\sum_{i=1}^{N}\mathrm{Hop}(s,d,i)\right\}\\ \mathrm{Hop}(s,d,i)=\mathrm{Length}(s,d,i,r)\Big|_{r=\mathrm{argmin}\{\mathrm{Dist}(s,d,i,r_i^k)\}},r_i^k\in\mathbf{R}_{\substack{i\\ s\to d}}\end{cases}\tag{3-7}$$

其中，Length(·)表示第 i 天端到端可用通信路径 r 中点对点链路的数目(边数)，可用通信路径 r 的选取以最短路径作为约束，即 $r=\mathrm{argmin}\{\mathrm{Dist}(s,d,i,r_i^k)\}$。

3）最少节点数

最少节点数优化模型可以描述为式(3-8)，并以阈值距离作为约束条件。

$$\begin{cases}\min\{h(\boldsymbol{G},i)\}=\min\left\{\bigcup_{i=1}^{N}\mathrm{Node}(s,d,i)\right\}\\ \mathrm{Node}(s,d,i)=\mathrm{node}(s,d,i,r)\Big|_{r=\mathrm{argmin}\{\mathrm{Dist}(s,d,i,r_i^k)\}},r_i^k\in\mathbf{R}_{\substack{i\\ s\to d}}\end{cases}\tag{3-8}$$

其中，node(·)表示第 i 天端到端可用通信路径 r 中的节点数目，该优化结果需要对全天可用通信路径中曾使用过的节点进行统计后获得。

4. 结构化时变图

本书将结构化太阳系公转轨道中继星座规约为一个动态时变图[5]，由多个同心圆环上均匀分布的多个节点构成，如图 3.3 所示。

1）坐标系

坐标系是对网络拓扑结构及相应节点动力学进行建模的基础。考虑到在约束条件中本书假定所有的行星天体、中继星座节点与深空探测器均处于共面坐标系中，本书采用二维极坐标系作为框架进行数学建模。在该坐标系框架下，各节点的空间位置可以标记为(r,θ)，如图 3.4 所示。其中 r 用来表征当前节点所处同心圆环的半径(量化单位为 Au)，θ 用来表征当前节点位于所处圆环的相位角(量化单位为 rad)。

2）网络拓扑

太阳系公转轨道中继星座网络是一个以 SSB 为原点的共面多环(含单环)多节点结构，其拓扑结构的特点有以下两点。

(1) 多环：自 SSB 由内而外构建多个共面同心圆环，包括地球环、火星

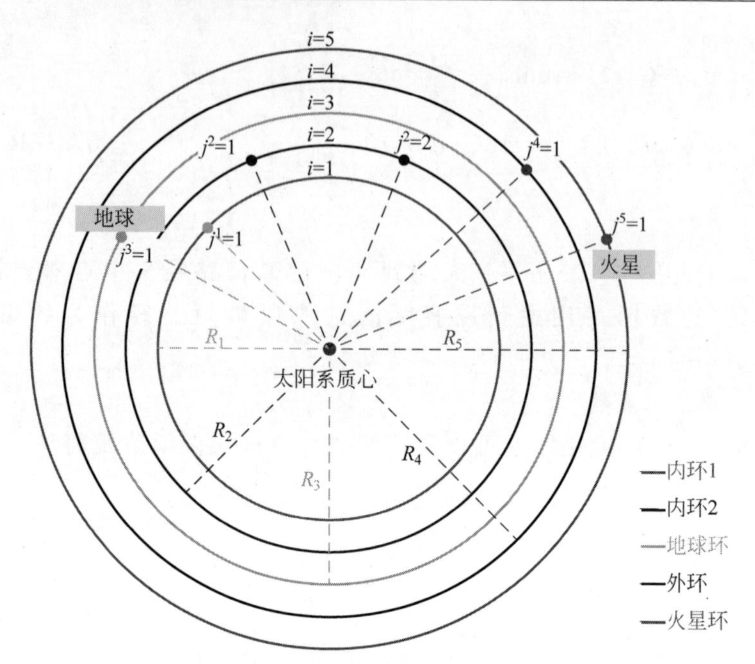

图 3.3 结构化太阳系公转轨道中继星座网络拓扑结构(后附彩图)

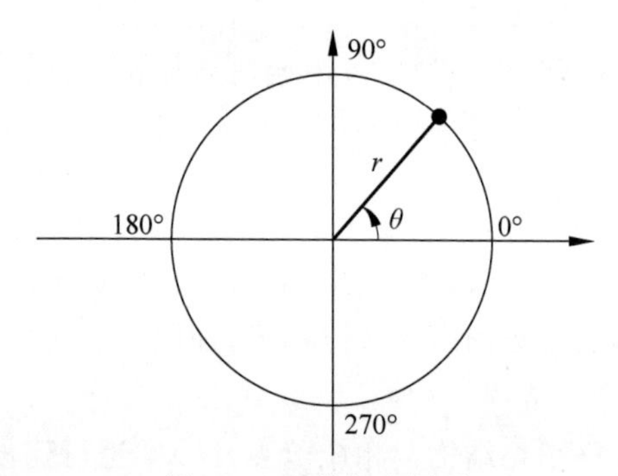

图 3.4 二维极坐标系

环,每个圆环记为$\{i\}, i \in 1,2,\cdots,N$,其半径记为$\{R_i\}$。

(2) 多节点:在第 i 个圆环上均匀部署 M_i 个节点,每个节点标记为$\{j^i\}, j=1,2,\cdots,M_i$。环内节点之间存在星间链路,环与环之间也存在星间链路,各个环上部署的节点数目以及各条星间链路长度均应满足阈值距离的约束。

3) 环形轨道参数

(1) 内环部署于太阳系质心与地球环之间,用于在地球与火星处于上合期间提供最短路径并确保一定的中继通信服务质量。(说明:在行星相对几何关系处在上合位置时，二者位于太阳的两侧，由于太阳和太阳的光辉遮挡，行星之间很难观测到对方。）

（2）外环部署于地球环与火星环之间，用于在地球与火星处于下合期间提供最少节点数并确保一定的中继通信服务质量。（说明：在观测行星处在下合的位置时，二者位于太阳的同侧。）

（3）相邻圆环之间的半径差不应超过阈值距离约束，否则二者之间将不存在可用的星间链路，从而导致网络拓扑结构非连通。

4）节点运动模型

行星际网络中的各节点围绕着太阳系质心沿着各自所属圆环做匀速圆周运动，不同的圆环具有不同的轨道角速度，节点运动特征如下。

（1）不失一般性，本书采用天体动力学中的二体问题模型求解，各节点的运动仅受到来自于太阳系质心的重力作用。因此，基于开普勒第三定律，第 i 个圆环上的任一节点的角速率 $\omega_i \propto R_i^{-3/2}$。

（2）给定初始相位角 $\theta_j^i(t_0)$，极坐标下节点 j^i 的运行轨迹可以定义为式(3-9)：

$$\operatorname{trj}(j^i(t)) \to (r(t), \theta(t)) = (R_i, \theta_j^i(t_0) + \omega_i \times t) \tag{3-9}$$

式(3-10)给出了一个范例矩阵，用于说明太阳系公转轨道中继星座的运动模型，其中圆环数目 $N=5$，包括地球环($i=3$)与火星环($i=5$)。

$$[\operatorname{trj}(j^i(t))] = \begin{bmatrix} (R_1, \theta_1^1(t_0) + \omega_1 \times t) & (R_1, \theta_2^1(t_0) + \omega_1 \times t) & \cdots & & \\ (R_2, \theta_1^2(t_0) + \omega_2 \times t) & (R_2, \theta_2^2(t_0) + \omega_2 \times t) & (R_2, \theta_3^2(t_0) + \omega_2 \times t) & \cdots & \\ (R_3, \theta_1^3(t_0) + \omega_3 \times t) & & & & \\ (R_4, \theta_1^4(t_0) + \omega_4 \times t) & (R_4, \theta_2^4(t_0) + \omega_4 \times t) & (R_4, \theta_3^4(t_0) + \omega_4 \times t) & (R_4, \theta_4^4(t_0) + \omega_4 \times t) & \cdots \\ (R_5, \theta_1^5(t_0) + \omega_5 \times t) & & & & \end{bmatrix} \tag{3-10}$$

5）时变加权图

在深空端到端通信场景中，太阳系公转轨道中继星座网络可以用一个时变加权图 $\boldsymbol{T}_D$ 来描述，各网络节点可以用图 $\boldsymbol{T}_D$ 中的顶点集 $\{j^i(t)\}$ 表征，各星间链路可以用图 $\boldsymbol{T}_D$ 中的边集 $\langle j_1^{i_1}(t), j_2^{i_2}(t)\rangle$ 表征。时变加权图 $\boldsymbol{T}_D$ 的主要特征包括：

（1）边权重

根据深空通信环境[6]与香农信息论[7]，在整个任务周期各节点通信机物理参数给定的情况下（见前文约束条件），深空无线链路的通信容量将只取决于自由空间传播距离（具体分析见下文），因此本书将每条边的权重设置为两个端点之间的欧氏距离。

(2) 时变特性

如前文所述,网络中各节点围绕着太阳系质心沿着各自所属圆环以不同的角速度做匀速圆周运动,因此连接两个邻近节点的星间链路的欧氏距离也随时间不断变化,如地球与火星之间的空间距离就具有时变性,其数学形式为 $R\langle j_1^{i_1}(t), j_2^{i_2}(t)\rangle$。

(3) 约束限制

如果边权重大于阈值距离,优化算法会将这条边重新赋值为无限大,即该边的两个端点之间无法建立可用的通信链路。

(4) 有向图

根据前向链路或返向链路上各节点的顺序,构建时变加权有向图 $\boldsymbol{T}_D$ 及其边权重矩阵 $\boldsymbol{T}_d$。

(5) 无向图

根据通信网络信息双向传输特性以及边权重的方向无关性,本书可以进一步将有向图转换为无向图,具体步骤为:

① 将有向图边权重矩阵 $\boldsymbol{T}_d$ 转置为 $\boldsymbol{T}'_d$;

② 对矩阵 $\boldsymbol{T}_d$ 与转置矩阵 $\boldsymbol{T}'_d$ 求和,获得无向图边权重矩阵 $\boldsymbol{T}_u$;

③ 利用无向图边权重矩阵 $\boldsymbol{T}_u$ 的上三角或下三角即可简化算法的计算过程。

图 3.5 所示为地球-火星中继通信场景下时变加权图的范例。基于太阳系飞行器轨道器动力学模型,任何两个相邻节点(如节点 12 与节点 22)之间的边权重具有时变特性。同时,整个网络拓扑结构也是时变的。例如图 3.5(a)所示前一时隙中端到端传输链路为(s)-(12)-(22)-(31)-(o/d),而图 3.5(b)所示后一时隙中端到端传输链路则调整为(s)-(13)-(23)-(31)-(o/d),其中(o/d)代表火星轨道器/巡视器组成的火星节点子集,其在本章分析中可以视作行星际网络中的一个通信节点,指代源节点或目的节点。

3.2.4 求解方法

针对地球-火星深空通信场景中结构化太阳系公转轨道中继星座的优化设计,本书采用蒙特卡罗方法与最短路径改进算法进行求解,具体包括:

(1) 约束条件

阈值距离 D_{trs} 是最重要的约束条件。如果在某个时隙中,行星际网络某条边的欧式距离大于阈值距离,那么这条边将会被重置为无穷大,也就意

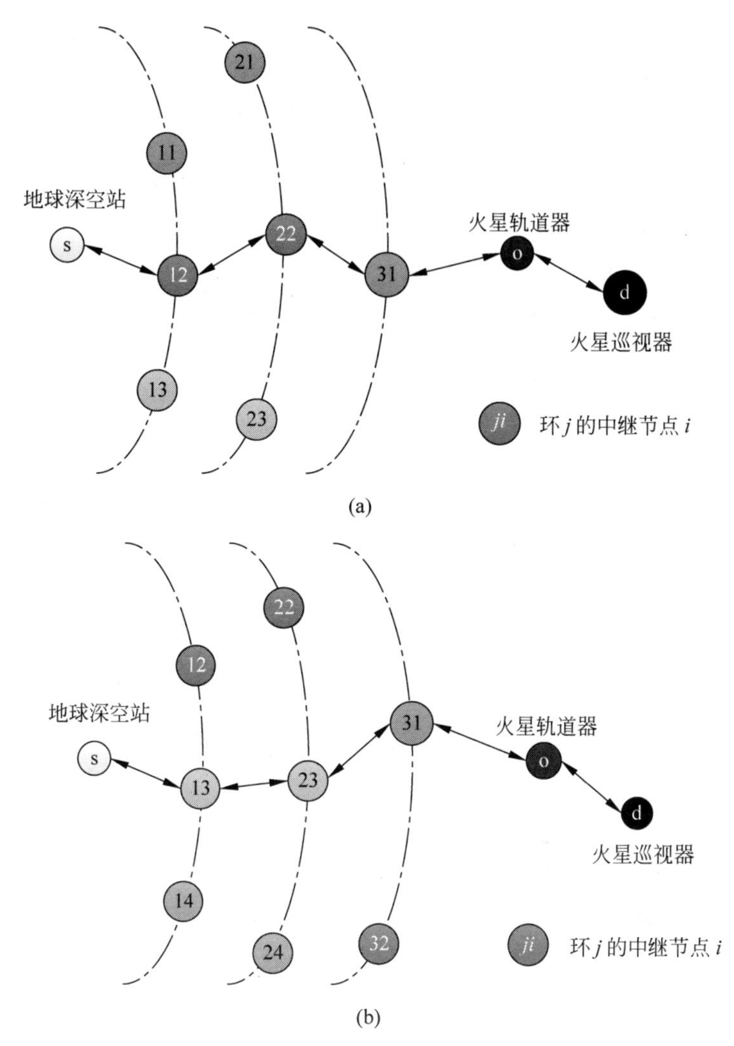

图 3.5 地球-火星中继通信场景下时变加权图范例

(a) 前一时隙；(b) 后一时隙

味着这两点之间无法建立通信链路。本书的算法并不依赖于阈值距离 D_{trs} 的具体取值，适用范围具有较强的可扩展性，可以根据实际任务需求和工程约束进行适应性调整。通过分析可知，较大的阈值距离将会降低各条通信链路的带宽，进而降低端到端通信路径的信息传输容量；然而，较小的阈值距离意味着需要部署较多的中继卫星节点以构建全时段可通信的网络拓扑结构，进而增加了系统成本消耗。为了明确阈值距离的取值范围，本书以当前研究较多的拉格朗日点卫星中继方案为技术基线，以性能提升 3dB 作为基本要求给出距离阈值的合理取值。根据太阳系天体动力学知识可知，地球与日地拉格朗日点 SEL4/SEL5 之间的空间距离为 1Au，如果源节点与目的节点通信机的物理参数固定不变，则通过将阈值距离设置为地球与日地拉格朗日点 SEL4/SEL5 之间空间距离的$\sqrt{2}/2$，即约 0.7Au，就能将链路通信容量提升 3dB。因此，在本书后续内容中，阈值距离 D_{trs} 取值为 0.7Au。

(2) 理论分析

基于约束条件分析给出环的数目、环的半径以及每个环上的节点数目，为蒙特卡罗方法提供必要的输入计算边界。

(3) 蒙特卡罗方法的随机事件

在理论分析给定的边界范围内，蒙特卡罗方法的随机事件包括环的数目、环的半径、每个环上的节点数目以及每个环上第一个基准节点的初始相位。

(4) 路由策略

在经典"迪杰斯特拉最短路径优先"算法[8-9]及其改进版"时变最短路径问题(TDSPP)"算法[10]的基础上，本书引入距离约束对最短路径算法进行了改进，并利用广度优先搜索方法[11]来遍历整个网络拓扑结构图。该路由策略可解决任何加权有向图/无向图条件下的单源路由问题，基于该算法可以获得行星际网络中从任何一个节点出发到达所有可达目的节点的最短通信路径树，其中源节点为树的根节点，目的节点则为树的叶子节点。

3.3 网络拓扑设计

3.3.1 环数范围分析

对于太阳系公转轨道中继星座而言，网络拓扑结构的环数越多，则源节点与目的节点通过中继星座建链的机会也就越大，信息传输性能越好；但是，系统建设成本也会随着环数的增多而增加，因此需要在信息传输性能与系统成本之间取得平衡。此外，为了降低优化运算的复杂度，环数的取值也应该限定在一定的合理范围内。下面本书将基于距离约束，对环数的上下边界进行分析。

1. 下边界

显而易见，环数的下边界至少应该取值为 1，其存在性证明如下所述。

1）与地球建链分析

为了确保能够与地球时刻保持通信链路连接，可以在地球环上部署多颗中继卫星，与地球一起均匀分布于地球环上的相应相位。因此，以阈值距离 D_{trs} 作为约束条件，可以计算得到与地球时刻保持建链关系时在地球环上所需部署的最少中继节点数，如式(3-11)所示：

$$N_e = \underset{n}{\arg\min}\left\{2R_e\sin\left(\frac{\pi}{n}\right) < D_{trs}\right\} \tag{3-11}$$

其中，$n_{min} = \lceil \pi/\arcsin(D_{trs}/2R_e) \rceil |_{D_{trs}=0.7\text{Au}} = \lceil 8.7859 \rceil = 9$，由此可以计算得到地球环所需部署的最少中继节点数 $N_e = 9$。

2）与火星建链分析

由于不同圆环的半径具有差异性，根据开普勒定律，环半径较小的内环节点角速率要大于外环节点角速率，因此即使地球环节点具有与火星同样的初始相位，随着时间的推移，地球环节点与火星之间的相位差也将越来越大，某些情况下二者距离将大于阈值距离 D_{trs}，如图 3.6 所示。

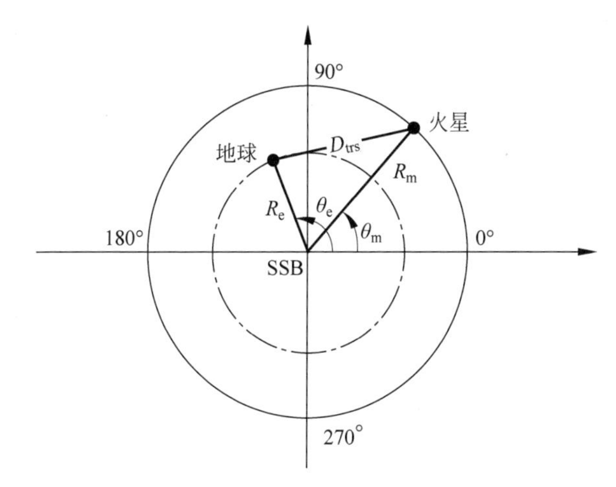

图 3.6　二维极坐标系下地球与火星的相对几何关系

通过数学推导可知：

$$\cos(\theta_e - \theta_m) = \frac{R_e^2 + R_m^2 - D_{trs}^2}{2R_eR_m} \tag{3-12}$$

由地球环半径 $R_e = 1\text{Au}$、火星环半径 $R_m = 1.5237\text{Au}$、阈值距离 $D_{trs} = 0.7\text{Au}$，可以计算得到相位差 $|\theta_e - \theta_m| \approx 0.3785\text{rad}$。为了确保中继星座中每一时隙至少存在一个中继卫星与火星保持通信建链，位于地球环上的通信节点与火星节点之间的相位差应满足 $\Delta\theta \leqslant 0.3785 \times 2 =$

0.757rad,因此,以阈值距离 D_{trs} 作为约束条件,计算得到与火星时刻保持建链关系时在地球环上所需部署的最少中继节点数,如式(3-13)所示:

$$N_m \geqslant \left\lceil \frac{2\pi}{\Delta\theta} \right\rceil = \lceil 8.3001 \rceil = 9 \tag{3-13}$$

综上所述,如果在地球环上部署 9 个节点构成单环星座,则在整个任务周期内的每一时隙,该星座中至少有一颗中继卫星 a 与地球建链,同时至少有一颗中继卫星 b 与火星建链。卫星 a、b 既可以是同一颗卫星,此时地球与火星通过该节点即可实现一跳中继通信;也可以是不同的卫星,只要二者都在地球环上,通过星座内部的星间链路建立连接,即可实现地球与火星之间的端到端多跳中继通信建链。显而易见,地球也应作为地球环中继星座中的一个节点,因此仅需要发射 8 颗中继卫星即可构建单环中继星座。

2. 上边界

在本书中,环数的上边界指的是在地球与火星通信距离最远的情况下,为实现端到端全程可通信所需的公转轨道共面同心圆环数目。图 3.7 所示为地球与火星通信距离最远情况的相对几何关系,此时地球与火星分别位于太阳的两侧,地球与火星之间的相位差为 180°,地球、太阳、火星三点呈一条直线。为了利用公转轨道中继星座实现地球与火星端到端全程可通信,需要求解基于阈值距离具有最少跳数的可用通信路径,其优化函数如式(3-14)所示。由此即可获得环数的上边界,其表达式为 $N_{hops}-1$。

$$\begin{gathered} N_{hops} = \operatorname{argmin}\left\{ n: \sum_{i=1}^{n} L_i \geqslant (R_e + R_m) \right\} \\ \text{s.t. } \forall L_i \leqslant D_{trs}, \quad i \in [1, n] \end{gathered} \tag{3-14}$$

通过计算可知,具有最少跳数的可用通信路径优化函数的优化结果为 $N_{hops} = \lceil (R_e + R_m)/D_{trs} \rceil$。

给定地球环半径 $R_e = 1.0\text{Au}$、火星环半径 $R_m = 1.5237\text{Au}$、阈值距离 $D_{trs} = 0.7\text{Au}$,可以通过式(3-15)计算得到环数上边界为 3。

$$\begin{aligned} \text{上边界} &= N_{hops} - 1 = \lceil (R_e + R_m)/D_{trs} \rceil \Big|_{\substack{R_e = 1.0\text{Au} \\ R_e = 1.5237\text{Au} \\ D_{trs} = 0.7\text{Au}}} - 1 \\ &= \lceil (1.0 + 1.5237)/0.7 \rceil - 1 \\ &= 3 \end{aligned} \tag{3-15}$$

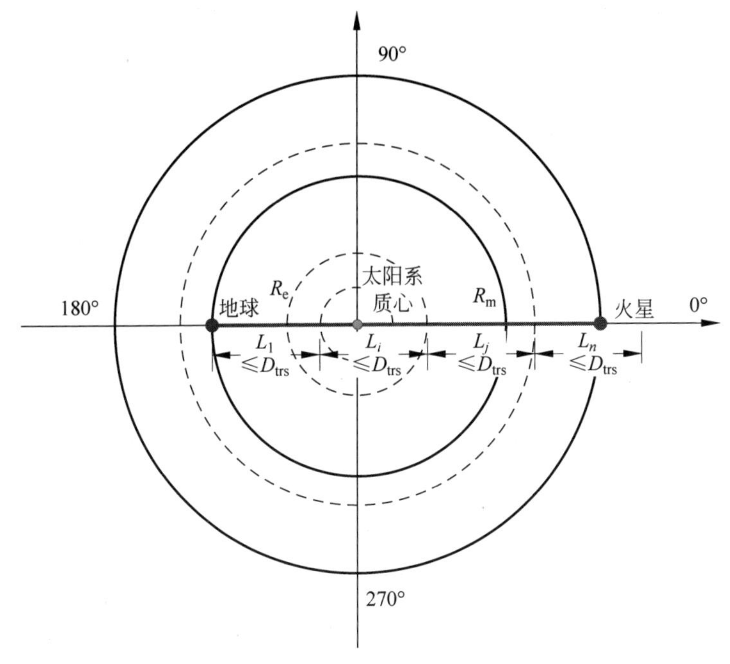

图 3.7 地球与火星通信距离最远情况的相对几何关系

3.3.2 环半径与节点数目分析

在太阳系公转轨道中继星座设计中，各同心圆环的环半径与节点数目依赖于源节点（地球，半径 $R_e=1.0\text{Au}$）、目的节点（火星，半径 $R_m=1.5237\text{Au}$）的动态时变特性，以及阈值距离（本书 $D_{trs}=0.7\text{Au}$）。如前文分析，单环结构的设计主要受源节点/目的节点（地球/火星）空间位置的约束，要求每个时隙在该环上至少有一个节点与地球、火星存在通信链路。下面对该结论进一步扩展分析。

根据节点运动学规律，位于第 i 个公转轨道同心圆环上的中继卫星节点的运行角速率必将与地球、火星存在差异，位于内侧的角速率较大、外侧的角速率较小。若要求第 i 个圆环时刻存在与火星或地球建链的中继节点，则可以分别得到如下约束式(3-16)、式(3-17)：

$$\cos\Delta\theta_m=\cos\left(\frac{\pi}{N_i}\right)=\frac{R_m^2+R_i^2-D_{trs}^2}{2R_mR_i}\quad \text{与火星建链} \tag{3-16}$$

$$\cos\Delta\theta_e=\cos\left(\frac{\pi}{N_i}\right)=\frac{R_e^2+R_i^2-D_{trs}^2}{2R_eR_i}\quad \text{与地球建链} \tag{3-17}$$

其中,R_i 为第 i 个圆环的半径；$\Delta\theta_{\mathrm{m}}=\pi/N_i$ 表示在阈值距离约束下该环节点与火星之间保持通信建链的最大相位差；$\Delta\theta_{\mathrm{e}}=\pi/N_i$ 表示在阈值距离约束下该环节点与地球之间保持通信建链的最大相位差；N_i 表示第 i 个公转轨道同心圆环上的中继卫星节点数目。进一步推导可得到如式(3-18)、式(3-19)所示的一元二次方程：

$$R_i^2-2R_{\mathrm{m}}\cos\left(\frac{\pi}{N_i}\right)R_i+(R_{\mathrm{m}}^2-D_{\mathrm{trs}}^2)=0 \quad \text{与火星建链} \tag{3-18}$$

$$R_i^2-2R_{\mathrm{e}}\cos\left(\frac{\pi}{N_i}\right)R_i+(R_{\mathrm{e}}^2-D_{\mathrm{trs}}^2)=0 \quad \text{与地球建链} \tag{3-19}$$

关于未知数 x(即 R_i)的标准一元二次方程 $ax^2+bx+c=0$ 解的形式为 $x=\dfrac{-b\pm\sqrt{b^2-4ac}}{2a}$,代入上述方程的系数有：$a=1,b=-2R_{\mathrm{m}}\cos(\pi/N_i)$ 或 $-2R_{\mathrm{e}}\cos(\pi/N_i)$,$c=R_{\mathrm{m}}^2-D_{\mathrm{trs}}^2$ 或 $R_{\mathrm{e}}^2-D_{\mathrm{trs}}^2$。

1. 单环结构最少节点数

为了得到未知数 x 的实数解,应确保 $b^2-4ac\geqslant 0$,等价于 $|b|\geqslant 2\sqrt{ac}$,由此推导如下：

1) 与火星建链

与火星建链条件下,根据式(3-20)分析得到单环结构所需最少节点数 $N_i=7$。

因为 $$2R_{\mathrm{m}}\cos(\pi/N_i)\geqslant 2\sqrt{R_{\mathrm{m}}^2-D_{\mathrm{trs}}^2}$$

所以

$$\cos(\pi/N_i)\geqslant\sqrt{\frac{R_{\mathrm{m}}^2-D_{\mathrm{trs}}^2}{R_{\mathrm{m}}^2}}$$

$$\Rightarrow N_i\geqslant\frac{\pi}{\arccos\left(\sqrt{(R_{\mathrm{m}}^2-D_{\mathrm{trs}}^2)/R_{\mathrm{m}}^2}\right)}\Bigg|_{D_{\mathrm{trs}}=0.7\mathrm{Au}}\geqslant\lceil 6.5816\rceil=7 \tag{3-20}$$

2) 与地球建链

与地球建链条件下,根据式(3-21)分析得到单环结构所需最少节点数 $N_i=5$。

因为 $$2R_{\mathrm{e}}\cos(\pi/N_i)\geqslant 2\sqrt{R_{\mathrm{e}}^2-D_{\mathrm{trs}}^2}$$

所以

$$\cos(\pi/N_i) \geqslant \sqrt{\frac{R_e^2 - D_{trs}^2}{R_e^2}}$$

$$\Rightarrow N_i \geqslant \left.\frac{\pi}{\arccos(\sqrt{(R_e^2 - D_{trs}^2)/R_e^2})}\right|_{D_{trs}=0.7\text{Au}} \geqslant \lceil 4.0516 \rceil = 5 \tag{3-21}$$

由此可知，为了确保每个时隙在单环结构上至少有一个节点与地球或火星存在通信链路，单环结构所需最少节点数为 7。

2. 连接地球与火星的有效半径范围

1）建链分析

对于同时与火星和地球建链，可以分析得到不等式(3-22)、式(3-23)：

$$\pi/N_i \leqslant \Delta\theta \Rightarrow \cos(\pi/N_i) \geqslant \cos\Delta\theta = \frac{R_m^2 + R_i^2 - D_{trs}^2}{2R_m R_i} \quad \text{与火星建链} \tag{3-22}$$

$$\pi/N_i \leqslant \Delta\theta \Rightarrow \cos(\pi/N_i) \geqslant \cos\Delta\theta = \frac{R_e^2 + R_i^2 - D_{trs}^2}{2R_e R_i} \quad \text{与地球建链} \tag{3-23}$$

条件 1：三角函数约束

根据三角函数定义，正弦函数 sin(·)或余弦函数 cos(·)的绝对值都应小于 1，由此可以推导得到

$$\frac{R_m^2 + R_i^2 - D_{trs}^2}{2R_m R_i} \leqslant 1 \Rightarrow R_i \geqslant R_m - D_{trs} = 0.8237$$
$$\text{或} \quad R_i \leqslant R_m + D_{trs} = 2.2237 \tag{3-24}$$

$$\frac{R_e^2 + R_i^2 - D_{trs}^2}{2R_e R_i} \leqslant 1 \Rightarrow R_i \geqslant R_e - D_{trs} = 0.3000$$
$$\text{或} \quad R_i \leqslant R_e + D_{trs} = 1.7000 \tag{3-25}$$

根据条件 1 给定的三角函数约束条件，计算得到单环结构半径 R_i 的取值范围 1，即 $0.8237 \leqslant R_i \leqslant 1.7000$。

条件 2：火星建链约束

根据三角函数关系式(3-26)：

$$\cos(\pi/N_i)\geqslant\cos\Delta\theta=\frac{R_{\mathrm{m}}^2+R_i^2-D_{\mathrm{trs}}^2}{2R_{\mathrm{m}}R_i}$$

$$\Rightarrow R_i^2-2R_{\mathrm{m}}\cos\left(\frac{\pi}{N_i}\right)R_i+(R_{\mathrm{m}}^2-D_{\mathrm{trs}}^2)\leqslant 0 \tag{3-26}$$

以及

$$(R_i-R_1)(R_i-R_2)\leqslant 0$$

$$\Rightarrow\min\{R_1,R_2\}\leqslant R_i\leqslant\max\{R_1,R_2\} \tag{3-27}$$

式(3-26)为一元二次不等式，可以用标准不等式 $ax^2+bx+c\geqslant 0$ 进行求解，该方程具有两个实数根 $x_{1,2}=\frac{-b\pm\sqrt{b^2-4ac}}{2a}$，代入上述方程的系数有：$a=1,b=-2R_{\mathrm{m}}\cos(\pi/N_i),c=R_{\mathrm{m}}^2-D_{\mathrm{trs}}^2$，其中 N_i 表示单环结构节点数目。

根据条件2给定的火星建链约束条件，计算得到单环结构半径 R_i 的取值范围2，即不同节点数 N_i 条件下半径 R_i 取值的上边界和下边界，如图3.8所示(阈值距离 $D_{\mathrm{trs}}=0.7\mathrm{Au}$)。

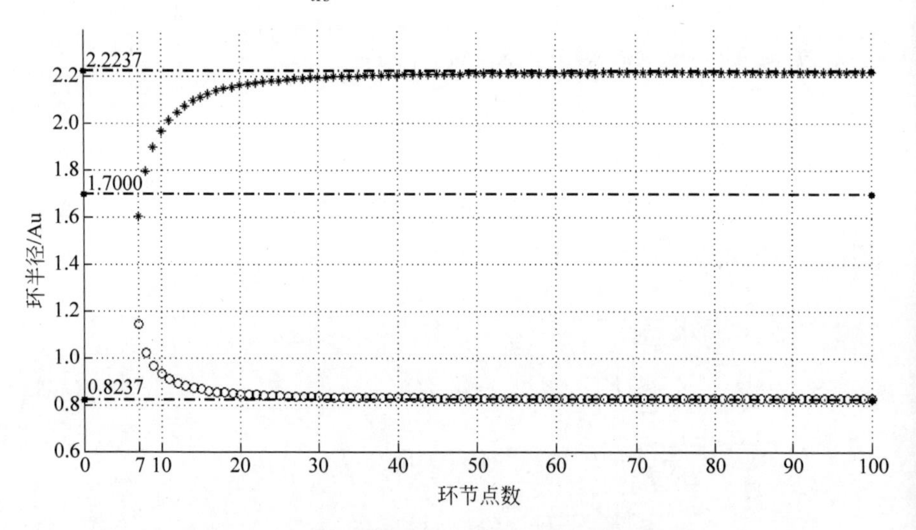

图3.8 火星建链条件下公转轨道圆环半径边界

结合条件1与条件2，进一步推导得到单环结构环半径与节点数目分析结果1(阈值距离 $D_{\mathrm{trs}}=0.7\mathrm{Au}$)，如表3.1所示，该拓扑结构可以确保在地球与火星之间建立可用通信链路。

表 3.1 单环结构环半径与节点数目分析结果 1

N_i	条件 1 下 R_i/Au	条件 2 下 R_i/Au	有效半径范围[1]/Au
7	[0.8237,1.7000]	[1.1427,1.6029]	[1.1427,1.6029]
8	[0.8237,1.7000]	[1.0204,1.7950]	[1.0204,1.7000]
9	[0.8237,1.7000]	[0.9645,1.8992]	[0.9645,1.7000]
10	[0.8237,1.7000]	[0.9311,1.9671]	[0.9311,1.7000]
11	[0.8237,1.7000]	[0.9091,2.0149]	[0.9091,1.7000]
12	[0.8237,1.7000]	[0.8934,2.0501]	[0.8934,1.7000]
13	[0.8237,1.7000]	[0.8819,2.0769]	[0.8819,1.7000]
14	[0.8237,1.7000]	[0.8731,2.0979]	[0.8731,1.7000]

注 1：不同节点数目下单环结构的有效半径范围根据条件 1 与条件 2 的分析结果取交集获得。

2）内环分析

根据内环结构的数学约束，可以得到第 i 个公转轨道同心圆环半径与节点数目的不等式(3-28)：

$$2R_i \sin(\pi/N_i) \leqslant D_{trs} \Rightarrow N_i \geqslant \frac{\pi}{\arcsin(D_{trs}/2R_i)}$$

$$\text{或} \quad R_i \leqslant D_{trs}/[2\sin(\pi/N_i)] \tag{3-28}$$

据此可以分析给出在内环结构数学条件下，单环结构环半径与节点数目分析结果 2(阈值距离 $D_{trs}=0.7$Au)，如表 3.2 所示。

表 3.2 单环结构环半径与节点数目分析结果 2

N_i	R_i/Au	备　注
7	(−∞,0.8067]	不可用：不在表 3.1 给出的有效半径范围内
8	(−∞,0.9146]	不可用：不在表 3.1 给出的有效半径范围内
9	(−∞,1.0233]	可用：地球环在该半径范围内
10	(−∞,1.1326]	可用
11	(−∞,1.2423]	可用
12	(−∞,1.3523]	可用
13	(−∞,1.4625]	可用
14	(−∞,1.5729]	可用：火星环在该半径范围内

3）归纳分析

结合表 3.1 与表 3.2 给出的单环结构环半径与节点数目分析结果，在阈值距离取值为 $D_{trs}=0.7$Au 的条件下，做出以下归纳分析：

(1) 为确保地球与火星之间端到端全程可通信，单环结构下所需的最少节点数目为 9；

(2) 单环结构上各节点的初始相位不作要求，但是这些节点应按照相位均匀分布于圆环上；

(3) 每个圆环的节点数目应该是所选定半径范围内符合通信约束要求下单环结构的最小值，更多的节点数目对应于更大的环半径，由此即可实现环半径与节点数目的映射，有利于拓扑结构优化设计。图 3.9 给出了太阳系公转轨道星座单环结构环半径与节点数目的映射关系(阈值距离 $D_{trs}=0.7$Au)。

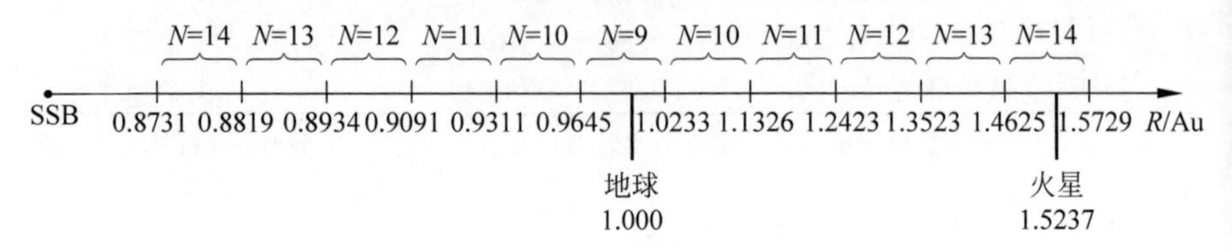

图 3.9 太阳系公转轨道星座单环结构环半径与节点数目的映射关系

具体为：

$N_i=9$， $0.9645 \leqslant R_i \leqslant 1.0233$；

$N_i=10$， $0.9311 \leqslant R_i < 0.9645 \cup 1.0233 < R_i \leqslant 1.1326$ [中间区域适用于 $N_i<10$]；

$N_i=11$， $0.9091 \leqslant R_i < 0.9311 \cup 1.1326 < R_i \leqslant 1.2423$ [中间区域适用于 $N_i<11$]；

$N_i=12$， $0.8934 \leqslant R_i < 0.9091 \cup 1.2423 < R_i \leqslant 1.3523$ [中间区域适用于 $N_i<12$]；

$N_i=13$， $0.8819 \leqslant R_i < 0.8934 \cup 1.3523 < R_i \leqslant 1.4625$ [中间区域适用于 $N_i<13$]；

$N_i=14$， $0.8731 \leqslant R_i < 0.8819 \cup 1.4625 < R_i \leqslant 1.5729$ [中间区域适用于 $N_i<14$]。

3.3.3 仿真结果

1. 仿真条件

结构化太阳系公转轨道卫星中继星座的仿真条件包括：

(1) 任务周期：1 个火星年(约 688 个地球日)，起始历元时刻为 BJT 12:00:00.000 July 20th in 2021，即北京时间 2021 年 7 月 20 日 12 点整。

(2) 地球运行轨道参数：环半径 1.0000Au，起始历元时刻的初始相位 128°。

(3) 火星运行轨道参数：环半径 1.5237Au，起始历元时刻的初始相位 0°。

(4) 环数：取值范围为 1～3。

(5) 环半径：取值范围为太阳系质心至火星环，步进 0.0001Au。

(6) 节点相位：每个环上第一颗中继卫星的初始相位随机分布，范围为 0～360°/n(n 为该环上部署的节点数目，通过环半径与阈值距离计算获得)，该环上的其他 $n-1$ 个节点按照固定相位差 360°/n 依次分布，构成均匀分布的环状星座。

(7) 阈值距离：$D_{\mathrm{trs}}=0.7\mathrm{Au}$。

2. 单环拓扑

表 3.3 给出了单环拓扑结构仿真结果(环半径与节点数目)，与前文给出的理论分析一致。图 3.10 给出了任务周期内环序号 0 上各中继卫星节点与火星之间欧氏距离的变化情况(环半径：0.9645Au，节点数目：9)。

表 3.3 单环拓扑结构仿真结果

环序号	0	1(地球)	2	3	4	5	6(火星)
环半径/Au	0.9645	1	1.0655	1.1964	1.3273	1.3928	1.5237
节点数目	9	9	10	11	12	13	14

从图 3.10 可以看出，在整个任务周期内，在可用链路空间距离不大于阈值距离 $D_{\mathrm{trs}}=0.7\mathrm{Au}$ 的约束要求下，每个时隙有且仅有 1 颗中继卫星保持与火星建立通信连接。

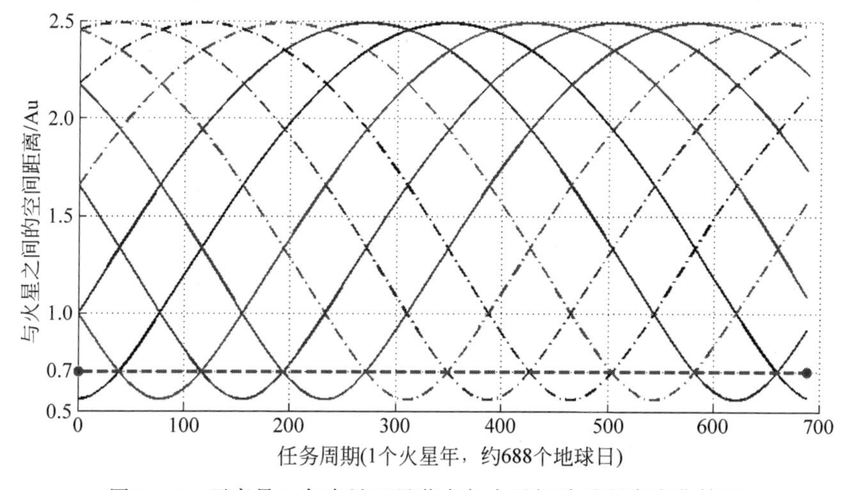

图 3.10 环序号 0 各中继卫星节点与火星间欧氏距离变化情况

3. 多环拓扑

表3.4给出了不同优化目标条件下多环结构的仿真设计结果，优化目标包括最短路径、最少跳数、最少节点数。

表3.4 多环结构的仿真设计结果

仿真统计参数	最短路径优化		最少跳数优化		最少节点数优化		
	双环	三环	双环	三环	双环	三环	三环
平均路径长度/Au	1.8226	1.7510	1.8526	1.7888	2.0244	2.0244	1.8853
平均跳数	3.5494	3.3488	3.2878	3.2602	3.5102	3.5102	3.4230
内环1半径/Au	—	0.6000	—	0.5333	—	不适用	0.6000
内环2半径/Au	0.8056	0.9333	0.5278	1	1[2]	1	1
外环半径/Au	1.1378	1.1746	1.0551	1.0582	1	1	1
内环1节点数	—	6	—	5	—	不适用	9
内环2节点数	8	9	5	9	9	9	6
外环节点数	11	11	10	10	9	9	9
任务周期曾用节点数[1]	15	21	14	22	9	9	14

注1：在仿真统计参数中，任务周期曾用节点数是指在当前拓扑结构及给定的优化目标条件下，1个火星年任务周期内地球-火星全程端到端可通信路径中曾用过的中继卫星节点总数，该数目可小于当前拓扑结构卫星总数。

注2：当两个环的半径相同时，二者可合并为一个环，如最少节点数优化结果中内环2与外环即可合并为一个地球环。

1）最短路径

以端到端通信平均路径最短为优化目标的网络拓扑结构为一个三环结构，地球-火星任务周期内全程端到端通信的平均路径长度为1.7510Au，表3.4给出了具体的拓扑结构参数：

（1）内环1半径/Au：0.6000

（2）内环2半径/Au：0.9333

（3）外环半径/Au：1.1746

（4）内环1节点数：6

（5）内环2节点数：9

（6）外环节点数：11

2）最少跳数

以端到端通信平均跳数最少为优化目标的网络拓扑结构为一个三环结构，地球-火星任务周期内全程端到端通信的平均跳数为3.2602，表3.4给出了具体的拓扑结构参数：

(1) 内环 1 半径/Au：0.5333

(2) 内环 2 半径/Au：1.0000

(3) 外环半径/Au：1.0582

(4) 内环 1 节点数：5

(5) 内环 2 节点数：9

(6) 外环节点数：10

3) 最少节点数

以端到端通信曾用节点数最少为优化目标的网络拓扑结构为一个单环结构，即半径为 1.0Au 的地球环，地球-火星任务周期内全程端到端通信曾用节点数为 9。若将地球视作地球环的节点，则地球环在任务周期曾用节点数为当前仿真结果数目减去 1，即最少节点数为 8。

3.4 扩容性能分析

3.4.1 点到点链路容量分析

深空无线通信链路具有超远距离、超长时延等特点，通常可以用加性高斯白噪声(additive white Gaussian noise，AWGN)信道来建模。根据经典的香农信息论，可以得到深空点到点无线通信链路的信道容量公式 $C=W\times\log_2(1+\mathrm{SNR})$，其中 C 表示深空链路信道容量即有效信息传输速率，W 为信道带宽；SNR 表示信噪比，由 $P_t, L_t, G_t, L_r, G_r, T_r$ 等通信机物理参数以及自由空间信号传播损耗 L_s 所表征。SNR 的计算见式(3-29)，其中 k 为玻尔兹曼常数。

$$\mathrm{SNR}=S/N=\frac{P_t\times L_t\times G_t\times L_s\times L_r\times G_r}{kT_r\times W} \tag{3-29}$$

进一步推导，可以得到信道容量 C 与空间距离 R 之间的数学关系(见式(3-30))，其中 c 为真空光速、f 为无线信号频率。

因为 $$C=W\times\log_2\left(1+\frac{P_t\times L_t\times G_t\times L_r\times G_r}{kT_r\times W}\times L_s\right)$$

$$L_s=\left(\frac{\lambda}{4\pi R}\right)^2=\left(\frac{c}{4\pi Rf}\right)^2$$

所以

$$C=W\times\log_2\left(1+m\times\frac{1}{R^2}\right)$$

$$m=\frac{P_t\times L_t\times G_t\times L_r\times G_r}{kT_r\times W}\times\left(\frac{c}{4\pi f}\right)^2 \tag{3-30}$$

在任务长期运行阶段，深空探测器通信机的物理参数通常保持不变，如发射功率、天线增益、天线损耗、接收机噪声温度等，因此信道容量 C 与空间距离 R 紧密相关。深空探测任务对空间链路的最小信道容量需求会对点对点链路的有效通信距离产生限制，进而约束深空探测任务的探测范围。

通过合理的近似处理，即令 $\mathrm{SNR}\gg 1$，将上述信道容量公式(3-30)进行简化、换底等数学操作后得到式(3-31)：

$$\begin{aligned}C&=W\times\{\log_{10}(1+\mathrm{SNR})/\log_{10}2\}=\beta\times\log_{10}(1+\mathrm{SNR})\\&\approx\beta\times\log_{10}\mathrm{SNR}=\beta\times\log_{10}\left(m\times\frac{1}{R^2}\right)\end{aligned} \tag{3-31}$$

其中，$\beta=W/\log_{10}2$，单位为 b/s。

以空间距离 $R_2=0.5R_1$ 为例，得到推导结果见式(3-32)：

$$\begin{aligned}C_2-C_1&=\beta\times\log_{10}\left(m\times\frac{1}{R_2^2}\right)-\beta\times\log_{10}\left(m\times\frac{1}{R_1^2}\right)\\&=\beta\times\log_{10}\left(\frac{R_1^2}{R_2^2}\right)=\beta\times\log_{10}4=\frac{W}{\log_{10}2}\times\log_{10}4\\&=2W\end{aligned} \tag{3-32}$$

通过上述简单分析可知，物理链路信道容量可以通过降低空间距离来得到显著提升。如果可以将点对点通信链路的最大距离 $R_{\max}$ 限制在一定的阈值距离范围内，那么就可以将信息速率控制在给定的信道容量下边界之上，进而为未来的深空探测任务提供更大带宽的信息传输服务。

3.4.2　端到端路径容量分析

在结构化太阳系公转轨道中继星座中，火星与地球之间的长距离无线通信路径可以划分为多个接续连接的点对点无线通信链路，每条链路长度都在阈值距离 D_{trs}(0.7Au，即空间距离最大值 $R_{\max}$)控制范围之内。如果两个节点之间的动态欧氏距离大于阈值距离 D_{trs}，那么在本书的算法中就会将这条链路的权重设置为无穷大，也就意味着这条链路无法提供通信服务，进而算法会选择其他链路构成最优通信路径。因此，本书的拓扑结构设计能够确保端到端通信路径不会因节点间空间距离的动态变化而导致信息传输容量的不断降低，从而可以提高整个行星际网络的信息传输性能。

1. 高斯中继信道模型

卫星中继通信性能可以采用高斯中继信道模型[12]进行研究，如图 3.11

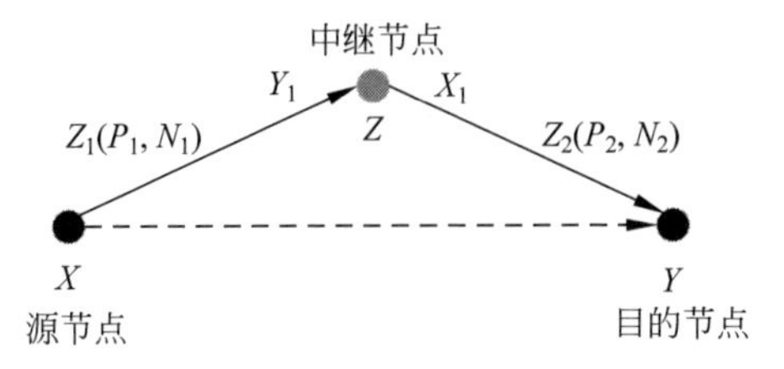

图 3.11 高斯中继信道模型

所示。在太阳系卫星中继通信网络中，以火星探测任务为例，源节点 X、目的节点 Y 分别为火星轨道器、地球深空站，而中继节点 $Z(Y_1, X_1)$ 可选卫星中继星座中的任意一个节点，由此可以得到上述场景中的高斯中继信道模型：

(1) 高斯中继信道包含 4 元有限节点集 X、X_1、Y、Y_1，对于每个$(x, x_1) \in X \times X_1$，其概率密度函数定义在 $Y \times Y_1$ 上；其中，x 表示输入信道，y 表示输出信道，y_1 表示中继节点的观测数据，x_1 表示中继节点所代表的输入符号。

(2) $Y_1 = X + Z_1$，$Y = X + Z_1 + X_1 + Z_2$，其中 Z_1、Z_2 是独立零均值高斯随机变量，方差分别为 N_1、N_2。

(3) 若源节点 X 的有效发射功率记为 P_1，中继节点 Z 的有效发射功率记为 P_2，则高斯中继信道的信道容量 C 可以表示为求解如式(3-33)所示的函数优化问题：

$$C = \max_{0 \leqslant \alpha \leqslant 1} \left\{ \min \left[C\left(\frac{P_1 + P_2 + 2\sqrt{\bar{\alpha} P_1 P_2}}{N_1 + N_2} \right), C\left(\frac{\alpha P_1}{N_1} \right) \right] \right\}, \quad \bar{\alpha} = 1 - \alpha \tag{3-33}$$

2. 多跳中继链路建模

不失一般性，本书假定多跳中继通信路径中每一条点对点无线链路都符合 AWGN 信道特性，公转轨道卫星中继星座中的每颗中继卫星都具有相同的噪声温度(则有 $N_i = N_j = N_0$)。此外，根据香农信道理论，信道容量函数是 SNR 的单调递增函数。由此，可以将上述信道容量函数优化问题转化为如式(3-34)所示的函数优化问题：

$$\alpha = \underset{0 \leqslant \alpha \leqslant 1}{\operatorname{argmax}} \left\{ \min \left[\frac{1}{2}(P_1 + P_2) + \sqrt{\bar{\alpha} P_1 P_2}, \alpha P_1 \right] \right\} \tag{3-34}$$

根据接收端平均接收功率 P_{av} 与空间距离 R 的数学关系，可以得到：

$$C = W \times \log_2(1 + \text{SNR}), \quad \text{SNR} = \frac{P_{\text{av}}}{kT_r \times W} = m \times \frac{1}{R^2}$$

$$\Rightarrow P_{av} \propto \frac{1}{R^2}, \quad \gamma_1 = \mathrm{SNR}_1 \propto \frac{1}{R_1^2}, \quad \gamma_2 = \mathrm{SNR}_2 \propto \frac{1}{R_2^2} \tag{3-35}$$

设 $\rho = R_1/R_2$，则有：

$$\begin{aligned} \alpha &= \underset{0 \leqslant \alpha \leqslant 1}{\operatorname{argmax}} \left\{ \min \left[\frac{1}{2}(P_1 + P_2) + \sqrt{\bar{\alpha} P_1 P_2}, \alpha P_1 \right] \right\} \\ &= \underset{0 \leqslant \alpha \leqslant 1}{\operatorname{argmax}} \left\{ \min \left[\frac{1}{2}(1 + \rho^2) + \sqrt{1-\alpha} \cdot \rho, \alpha \right] \right\} \end{aligned} \tag{3-36}$$

由此可得，

(1) 若有 $\rho \geqslant 1, \alpha \in [0,1]$ 及 $\frac{1}{2}(1+\rho^2) + \sqrt{1-\alpha} \cdot \rho \geqslant 1$，则推导可知 $\alpha_{\max} = 1$。

(2) 若有 $\rho \in (0,1)$，则需要对式(3-34)表示的优化函数进行求解，该优化问题可以转换为以 α 为未知量的一元二次方程单位根求解问题，如式(3-37)所示：

$$f(\alpha) = \frac{1}{2}(1 + \rho^2) + \sqrt{1-\alpha} \cdot \rho - \alpha = 0 \tag{3-37}$$

式(3-38)给出了以 ρ 表示的最优解 $\alpha_{\max}$ 的表达式，$\alpha_{\max}$ 随 ρ 变化情况如图3.12所示。

$$\alpha_{\max} = \frac{1 + \sqrt{\rho^2(2 - \rho^2)}}{2} = \frac{1 + (R_1/R_2)\sqrt{2 - (R_1/R_2)^2}}{2}, \quad \rho = R_1/R_2 \in (0,1) \tag{3-38}$$

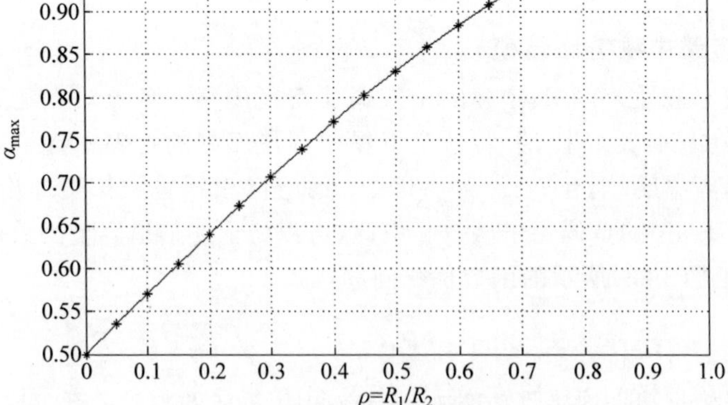

图3.12 $\alpha_{\max}$ 随 ρ 变化情况示意图

对于太阳系公转轨道中继星座通信网络而言，一条端到端多跳可用通信路径可推导出如下 3 个结论。

(1) 如果下一跳欧氏距离 R_2 不大于上一跳欧氏距离 R_1，即有 $\rho=R_1/R_2\geqslant 1$，则两跳接续链路的端到端信道容量可设为上一跳点对点链路的信道容量，即 $C=C(\gamma_1)=W\times\log_2(1+\gamma_1)$。

(2) 如果下一跳欧氏距离 R_2 大于上一跳欧氏距离 R_1，即有 $\rho=R_1/R_2\in(0,1)$，则两跳接续链路的端到端信道容量可用式(3-39)计算得到：

$$C=C(\alpha_{\max}\cdot\gamma_1)=W\times\log_2(1+\alpha_{\max}\cdot\gamma_1)\tag{3-39}$$

从香农信道容量定理来看，式(3-39)等效于将上一跳欧氏距离 R_1 转换为等效距离 $R_{1\text{equivalent}}$，其计算如式(3-40)所示，$R_{1\text{equivalent}}/R_1$ 随 ρ 变化情况如图 3.13 所示。

$$\begin{aligned}R_{1\text{equivalent}}&=\sqrt{\frac{1}{\alpha_{\max}}}\cdot R_1=\sqrt{\frac{2}{1+\sqrt{\rho^2(2-\rho^2)}}}\cdot R_1\\&=\sqrt{\frac{2}{1+(R_1/R_2)\sqrt{2-(R_1/R_2)^2}}}\cdot R_1\end{aligned}\tag{3-40}$$

式(3-41)给出了信道容量损耗 ΔC 的计算公式，ΔC 随 ρ 变化情况如图 3.14 所示。

$$\Delta C=C(\gamma_1)-C(\alpha_{\max}\cdot\gamma_1)=W\times\log_2\left(\frac{1+\gamma_1}{1+\alpha_{\max}\cdot\gamma_1}\right)\tag{3-41}$$

其中，若 $\gamma_1\gg 1$，则有 $\Delta C\approx W\times\log_2(1/\alpha_{\max})$。

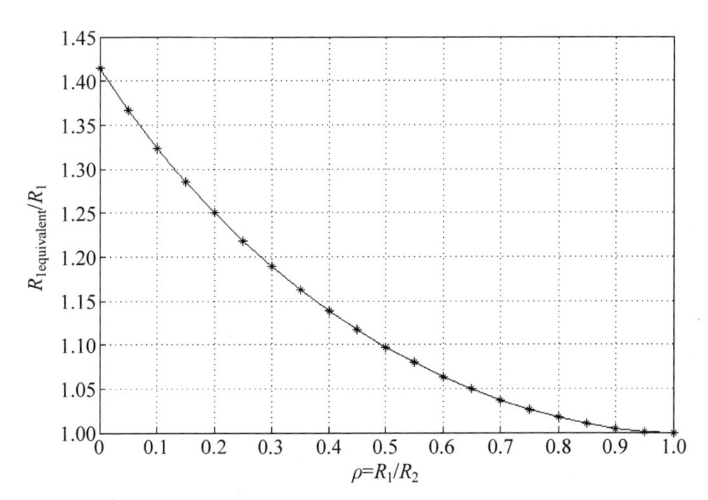

图 3.13 $R_{1\text{equivalent}}/R_1$ 随 ρ 变化情况示意图

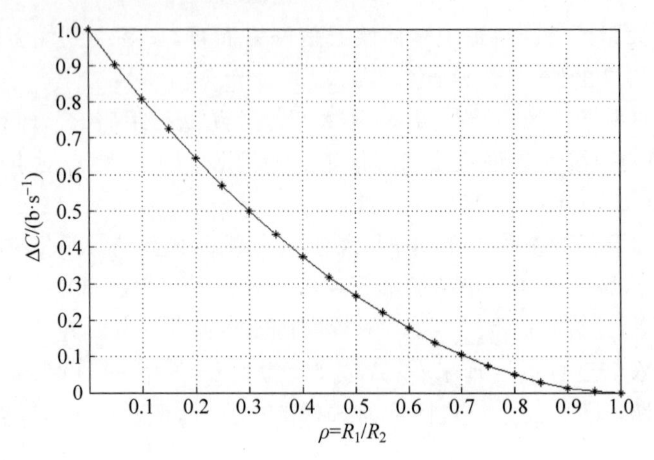

图 3.14 ΔC 随 ρ 变化情况示意图

根据上述分析可知，下一跳 R_2 的最大空间距离取值为 $D_{\text{trs}}=0.7\text{Au}$，上一跳 R_1 的最小空间距离取值为 0.0Au。由此计算可知，在最恶劣的传输条件下，即 $\alpha_{\max}=0.5$，$\rho=R_1/R_2=0$，如图 3.14 所示，两跳接续链路的端到端信息容量损耗为 W。

(3) 基于两跳接续链路等效路径的思路，进一步分析给出端到端多跳中继链路的信息传输性能：

① 如果下一跳空间距离 R_j 不大于上一跳空间距离 R_{j-1}，则当前链路等效距离 R_j' 取值为上一跳空间距离 R_{j-1}，用该数值 R_j' 替代 R_j 继续迭代计算；

② 如果下一跳空间距离 R_j 大于上一跳空间距离 R_{j-1}，则当前链路等效距离 R_j' 取值为 $\sqrt{1/\alpha_{\max}}\cdot R_1$，用该数值 R_j' 替代 R_j 继续迭代计算；

③ 设公转星座中继通信网络中当前时隙源节点至目的节点的可用通信路径具有 n 个节点(共需 $n-1$ 跳)，则该端到端多跳中继链路可以建模为一个逐跳递进式高斯中继信道，其等效距离的计算公式见式(3-42)，图 3.15 为一个 5-跳中继链路的范例。

$$\left\{\prod_{i=1}^{n-2}\left(\sqrt{\frac{1}{\alpha_{i,\max}}}\right)\right\}R_1=\left\{\prod_{i=1}^{n-2}\left(\sqrt{\frac{2}{1+(R_i/R_{i+1})\sqrt{2-(R_i/R_{i+1})^2}}}\right)\right\}R_1,$$
$$\text{当 } R_{i+1}<R_i,\ \alpha_{i,\max}=1 \tag{3-42}$$

3. 扩容性能仿真分析

以图 3.16 所示端到端通信场景为例，地球与火星分别位于太阳的两侧，即处于火星上合期间，端到端直通距离 R_{dir} 约为 2.5Au。

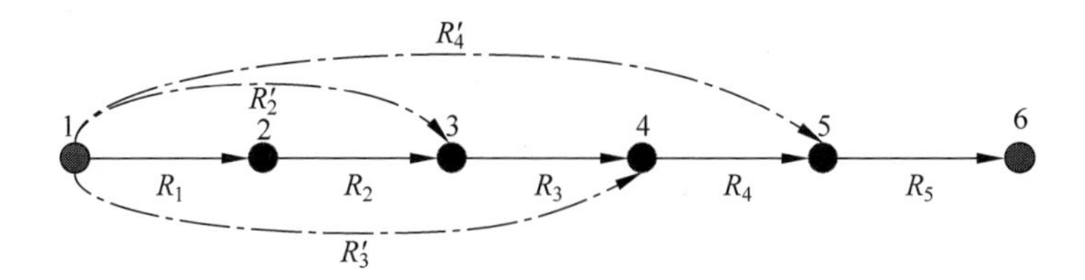

图 3.15　逐跳递进式高斯中继信道

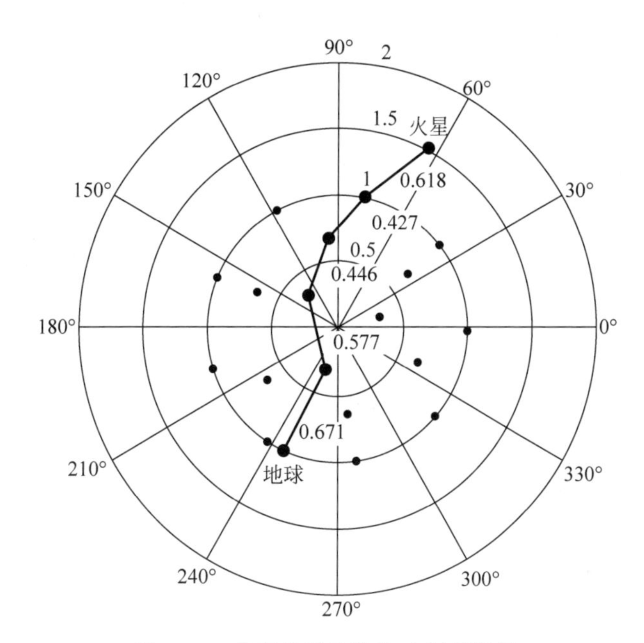

图 3.16　典型多环星座地-火通信场景

表 3.5 给出了以公转轨道中继星座作为行星际骨干网络条件下，火星与地球之间多跳中继链路上逐跳信息容量计算过程，其中阈值距离 $D_{trs}=0.7$Au。仿真结果表明，公转轨道中继星座可以将地球与火星之间的直通距离 2.5Au 降至等效距离 0.671Au，从而可将端到端信息传输容量提升约 11.424dB。

表 3.5　地球与火星多跳中继链路信息容量计算过程

跳序	出发节点	到达节点	本跳距离/Au	$\alpha_{i,\max}$	当前等效距离/Au
1	源节点：地球	内环 1 节点 1	$R_1=0.671$	—	$R_{equ}=0.671$
2	内环 1 节点 1	内环 1 节点 2	$R_2=0.577$	$\alpha_{1,\max}=1$	$R_{equ}=0.671$
3	内环 1 节点 2	内环 2 节点 1	$R_3=0.446$	$\alpha_{2,\max}=1$	$R_{equ}=0.671$

续表

跳序	出发节点	到达节点	本跳距离/Au	$\alpha_{i,\max}$	当前等效距离/Au
4	内环2节点1	外环节点1	$R_4=0.427$	$\alpha_{3,\max}=1$	$R_{\text{equ}}=0.671$
5	外环节点1	目的节点：火星	$R_5=0.618$	$\alpha_{4,\max}=1$	$R_{\text{equ}}=0.671$
地球与火星点对点直通链路距离/Au					$R_{\text{dir}}=2.500$
空间距离比率($R_{\text{equ}}/R_{\text{dir}}$)					0.268
信道容量比率($C_{\text{equ}}/C_{\text{dir}}$)					13.882
当前时隙信道容量增益/dB					11.424

综上所述，在以太阳系公转轨道星座为骨干网的行星际网络中，一条源节点与目的节点之间的端到端多跳中继链路，可以等效为一条从源节点出发、接续经过通信路径上各中继节点、最终抵达目的节点的逐跳递进式高斯中继信道。通过数学推导可知，整个通信路径的等效距离取决于空间距离最长的通信链路；一旦某中继节点计算得到等效距离长度大于阈值距离D_{trs}(0.7Au)，则该链路的后续所有可用链路长度(不大于阈值距离)均不会大于该数值。由此可以推知，行星际网络任意两点之间端到端通信路径的等效距离具有上边界$(1,\sqrt{2})\cdot D_{\text{trs}}\approx(0.7,1)$Au，即可以确保端到端通信容量不因距离增加而无限降低。

综合分析可知，基于距离约束的太阳系公转轨道中继星座可显著提升端到端信息传输容量，地-火通信容量远优于直通链路。火星上合期间具有不低于8dB的性能优势，其计算过程如下：

① 地-火直通链路最大距离$R_{1,\max}$：2.5Au；

② 多跳中继链路距离上界$R_{2,\max}$：1.0Au；

③ 多跳中继链路相对于地-火直通链路的通信增益$G_{2,1}$见式(3-43)。

$$G_{2,1}=20\log_{10}(R_{1,\max}/R_{2,\max})\approx 8\text{dB} \tag{3-43}$$

分析可知，在轨道器与深空站之间的高增益数传天线最高直接对地速率为6Mb/s(MRO[13])的条件下，采用太阳系同步轨道中继星座后，轨道器与深空站之间的端到端信息速率最高可达37.5Mb/s，可满足8个用户终端同时以最高4Mb/s信息速率接入轨道器完成数据回传任务(32Mb/s)的需求。

值得指出的是，上述扩容分析建立在中继节点仅承担无线信号转发任务基础上。如果未来中继卫星节点功能更为强大，可以实现信号再生与数据再封装，那么端到端多跳中继链路模型就应该转换为传统的网络包交换模型。此时，端到端通信路径的信息传输容量就可以用图论中传统的“最大流-最小割”算法[14]进行分析，阈值距离 D_{trs} 仍然可以作为约束条件引入算法进行优化计算，受限于篇幅本书在此不做分析。

3.4.3 行星际骨干网络性能对比

本节从通信时段、通信带宽、系统成本三个方面，对不同行星际骨干网络方案设计用于地球与地外天体之间的端到端通信性能对比分析如下。

(1) 巡视器直接对地

以地球-火星通信场景为例，结合文献[15]内容归纳分析给出其端到端通信性能如下：

① 通信时段：行星公转及其自转带来星体遮挡，火星车与地面深空站连续通视受限。

② 通信带宽：火星车与地面站之间的超远距离，限制了直通链路的传输容量。

③ 系统成本：通信单元仅包括火星车应答机、地面深空站，系统成本最低。

(2) 行星同步轨道中继卫星

以地球-火星通信场景为例，结合文献[16]内容归纳分析给出其端到端通信性能如下：

① 通信时段：3 颗同步轨道卫星即可实现对行星表面准全覆盖，通过星间链路可实现行星之间准全程可见，但“日凌”现象会引起长达月余的通信中断。

② 通信带宽：行星同步轨道卫星位于行星附近轨道，未解决行星之间超远距离带来的路径损耗大的问题。

③ 系统成本：通信单元需增加行星同步轨道卫星，两个行星系统共需增加 6 颗卫星，系统成本有所提高。

(3) 行星拉格朗日点中继卫星

以地球-火星通信场景为例，结合文献[17]内容归纳分析给出其端到端通信性能如下：

① 通信时段：整个太阳系范围内各大行星系统(含 L1/L2/L4/L5 拉格朗日点卫星)之间可实现全程可见。

② 通信带宽：行星 L4/L5 拉格朗日点距离行星本体较远，未解决超远距离带来的路径损耗大的问题。

③ 系统成本：通信单元需增加行星拉格朗日点卫星，两个行星系统共需增加 8 颗卫星，系统成本进一步提高。

(4) 太阳系公转轨道星座

以地球-火星通信场景为例，本书提出的太阳系公转轨道星座方案端到端通信性能如下：

① 通信时段：通过构造太阳系范围内的数据中继星座，可实现行星之间的全程可见。

② 通信带宽：通过控制单条点到点物理链路的距离阈值，确保通信容量不因距离损耗增加而无限降低，可用带宽随着距离阈值的降低不断增大。

③ 系统成本：通信单元需增加公转轨道星座卫星，所需卫星数目依赖于优化目标，以地-火通信为例，公转轨道星座卫星数目范围为8～22颗，略多于其他方案，系统成本最高；此外，最优拓扑结构设计与源/目的行星相关联，地-火通信的最优拓扑结构对于其他行星之间通信场景不一定最优。

综上分析可以看出，与现有行星际骨干网络方案相比，本书提出的太阳系公转轨道中继星座方案可以有效提升通信时段与通信带宽，但是在系统成本方面有所提高。

3.5 本章小结

本章围绕行星际骨干网络扩容优化技术，提出了基于距离约束的太阳系公转轨道中继星座[18]，并以地球与火星之间端到端信息传输为背景、以阈值距离 $D_{trs}=0.7\text{Au}$ 为约束进行了网络拓扑设计与扩容性能分析，可实现地球与火星全任务周期双向连续通信。对本章主要内容小结如下：

① 通过阈值距离 D_{trs} 对公转轨道中继星座单跳长度进行约束，可将深空大尺度端到端多跳中继链路等效为一条信号传播距离受控的加性高斯白噪声信道，距离上边界为 $(1,\sqrt{2})\cdot D_{trs}\approx(0.7,1)\text{Au}$，确保了端到端信息传输容量具有下边界。

② 对于单环拓扑结构，地球环具有最少节点数为9，系统成本最低。若将地球视作地球环节点，实际工程应用中就可以只研制并发射8颗中继卫星，从而可进一步降低行星际骨干网络的建设成本。

③ 对于三环拓扑结构，在最短路径优化目标下得到最优网络拓扑结构的平均端到端通信路径为1.7510Au；在最少跳数优化目标下得到最优网络拓扑结构的平均端到端路径跳数为3.2602。

综上所述，本章针对不同的优化目标设计给出了最优的太阳系公转轨道卫星中继星座拓扑结构，其作为行星际骨干网络可以进一步提升地球与火星之间端到端信息传输容量，该优化方法也可以进一步拓展应用于太阳系任意两颗行星系统之间的行星际骨干网络拓扑结构设计。

参考文献

[1] KAUSHAL H,KADDOUM G. Optical communication in space: Challenges and mitigation techniques[J]. IEEE Communications Surveys & Tutorials,2017,19(1):57-96.

[2] MUKHERJEE J,RAMAMURTHY B. Communication technologies and architectures for space network and interplanetary internet[J]. IEEE Communications Surveys & Tutorials,2013,15(2):881-897.

[3] 章仁为. 卫星轨道姿态动力学与控制[M]. 北京:北京航空航天大学出版社,1998.

[4] WANG P,BOHACEK S. Practical computation of optimal schedules in multi-hop wireless networks[J]. IEEE/ACM Transactions on Networking,2011,19(2):305-318.

[5] 詹亚锋,万鹏,潘筱涵. 用于深空中继通信的太阳系公转轨道星座设计方法及装置:CN201810073312. 3[P]. 2020-04-10.

[6] PAN X, ZHAN Y, WAN P, et al. Review of channel models for deep space communications[J]. Science China Information Sciences,2018,61(1):1-12.

[7] 朱雪龙. 应用信息论基础[M]. 北京:清华大学出版社,2001.

[8] DIJKSTRA E W. A note on two problems in connexion with graphs[J]. Numerische Mathematik,1959,1(1):269-271.

[9] DIJKSTRA E W. A discipline of programming, prentice-hall series in automatic computation[M]. New Jersey,USA: Prentice-Hall,1976.

[10] M DELL'AMICO, IORI M, PRETOLANI D. Shortest paths in piecewise continuous time-dependent networks[J]. Operations Research Letters, 2008, 36(6):688-691.

[11] 周延森. 数据结构[M]. 北京:北京邮电大学出版社,2019.

[12] COVER T M,THOMAS J A. Elements of information theory 2nd edition[M]. Hoboken,NJ: John Wiley & Sons,2006.

[13] TAYLOR J,LEE D K, SHAMBAYATI S. Descanso design and performance summary series: Mars reconnaissance orbiter telecommunications[R]. Pasadena: NASA JPL,2006.

[14] 郝荣霞. 图论导引[M]. 北京:北京交通大学出版社,2014.

[15] SORIANO M,FINLEY S,JONGELING A,et al. Spacecraft-to-earth communications for Juno and Mars science laboratory critical events[C]//IEEE Aerospace Conference: volume 1. Piscataway: IEEE,2012:1-11.

[16] WANG R,BURLEIGH S C,PARIKH P,et al. Licklider transmission protocol (LTP)-based DTN for cislunar communications[J]. IEEE/ACM Transactions on

Networking,2011,19(2): 359-368.

[17] BUTTE E,CHU L,MILLER J. An enhanced architecture for the next generation nasa scan study[C]. 34th AIAA International Communications Satellite Systems Conference. Cleveland:[s. n.],2016.

[18] WAN P,ZHAN Y. A structured solar system satellite relay constellation network topology design for Earth-Mars deep space communications[J]. International Journal of Satellite Communications and Networking,2019,37(3): 292-313.

第4章 地外天体接入链路智能接入

4.1 引言

随着我国自主火星探测任务的稳步推进，火星探索活动将成为我国未来深空探测工程的重要任务，其中最具有代表性的就是在火星表面部署巡视器进行科学勘测与样本采样，并将现场数据回传至地球进行分析研究。如何充分利用国际上现有的火星探测器资源，使之与我国未来火星探测器产生有效联动，为巡视器数据回传任务提供高可靠、大容量的信息传输通道，需要测控通信领域的专家学者进行深度思考、充分论证并提出切实可行的解决方案。

众所周知，在地球与火星之间的长距离通信场景下，受限于飞行器功率条件与较为恶劣的传播环境，火星表面探测器只能向地球传输少量遥测数据(几比特每秒)。为了进一步提高巡视器信息回传能力，NASA 和 ESA 在其火星探测任务中普遍启用了轨道器数据中继技术，如火星环球探测者号[1](Mars Global Surveyor，MGS)、火星奥德赛任务[2](Mars Odyssey，ODY)、火星侦察轨道器任务[3](Mars reconnaissance orbit，MRO)、火星快车任务[4](Mars express，MEX)。CCSDS Proximity-1 空间链路协议业已成为轨道器与巡视器之间中继通信的标准协议，大多数在轨飞行的轨道器 Electra 设备及巡视器 Electra Lite 设备上均安装有该协议以执行火星中继通信任务[5]。通过我方前期与 ESA 的洽谈磋商，我国巡视器与轨道器上安装的中继通信设备均计划采用 CCSDS Proximity-1 协议框架，具备与 ESA 相关探测器进行互联互通的能力，进而可知，不仅我方轨道器能够为 ESA 的巡视器提供数据中继服务，同时我方巡视器也可获得 ESA 轨道器的数据中继服务支持，进一步提高了巡视器数据回传任务的成功率与传输数据量，这对双方的火星探索任务而言均具有显著效益提升。

随着未来火星探测任务的不断演进深入，地外行星表面将会有越来越多的深空探测器开展科学探索活动。终端接入的灵活高效是地外行星探测的有力支撑。对工作于同一地区的巡视器或火星表面设施而言，当前采用的 CCSDS Proximity-1 协议无法提供多址接入服务，将限制火星探测任务的科学应用效益。为了提升行星际网络接入链路的多址接入能力，本章将以 NASA、ESA 火星中继通信任务中普遍采用的 CCSDS Proximity-1 单址接入策略为技术基线进行优化，综合考虑公平性、吞吐量、队列均衡性、传输距离、存储空间等技术指标，以火星探测任务为背景，研究基于多属性决策的地外天体接入链路多址接入技术，具体方案如图 4.1 所示。

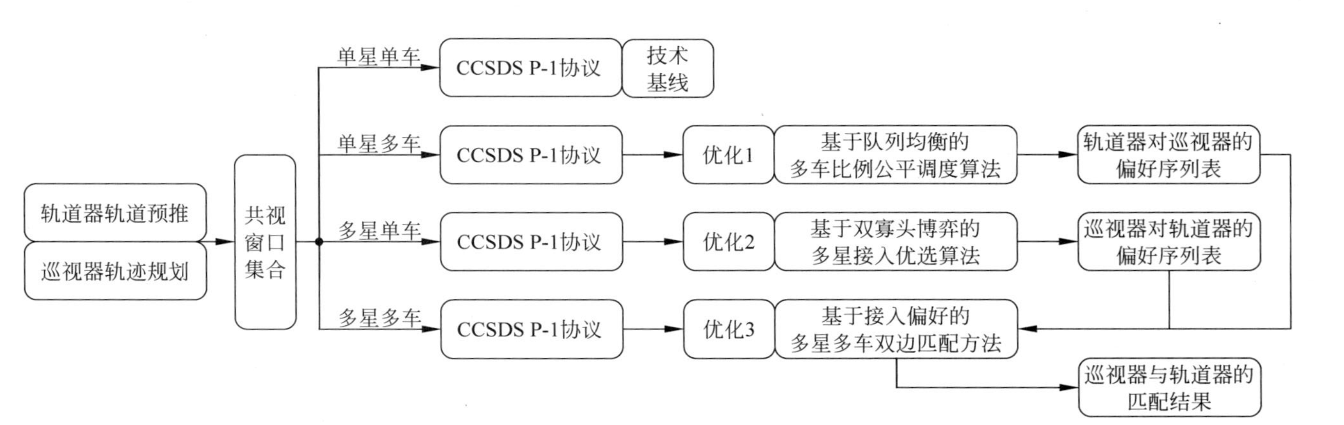

图 4.1　地外天体接入链路多址接入研究架构

根据地外行星轨道器轨道根数可预推指定任务弧段的地面覆盖几何，并由此结合巡视器在地外行星表面运动轨迹计算得到当前弧段的共视窗口集合{可视时段-轨道器-巡视器}，共视窗口可分为单星单车、单星多车、多星单车、多星多车四种情况：

(1) 对于单星单车接入场景，即一个巡视器接入一个轨道器，作为某一航天机构独立执行地外行星探索活动的主要任务模式，本书建议仍然沿用 CCSDS Proximity-1 协议的接纳控制策略，即“单址接入、先到先得、随机退避”。这一方面可以避免因技术升级增加航天器执行常规任务的复杂性，另一方面也可以与现有近距无线链路接入技术兼容、形成资源互补。

(2) 对于单星多车接入场景，即多个巡视器接入一个轨道器，本书对 CCSDS Proximity-1 协议的接纳控制策略进行了优化，提出了基于队列均衡的多车比例公平调度算法，在传统比例公平调度算法基础上引入队列长度作为权衡因子，使算法在公平性、吞吐量、队列均衡性等方面达到综合性能最优。对不同轨道器依次启用该算法，可以得到各轨道器对共视巡视器的偏好序。

(3) 对于多星单车接入场景，即一个巡视器在多个轨道器中选择一个作为接入点，本书对 CCSDS Proximity-1 协议的接纳控制策略进行了优化，提出了基于双寡头博弈的多星接入优选算法，在空间传输距离基础上引入轨道器存储空间状态作为博弈要素，实现不同节点通信资源和存储资源的跨域综合，利用霍特林双寡头模型使算法在单位传输容量系统成本消耗方面性能最优。对不同巡视器依次启用该算法，可以得到各巡视器对共视轨道器的偏好序。

(4) 对于多星多车接入场景，即当共视窗口内出现多个轨道器与多个巡视器同时可见的情况时，结合前述研究分别给定的轨道器偏好序、巡视器偏好序，本书采用了基于接入偏好的多星多车双边匹配方法，以双边联合偏好适合度与评估结果均衡性作为优化目标，通过一对多组合匹配算法获得稳定的多址接入匹配结果，即巡视器只能选择一个轨道器接入、而轨道器可接受多个巡视器接入，实现深空通信网资源的合理分配与使用。

在本书研究中，“星”特指火星轨道器，即地外行星轨道器；“车”特指火星车，即地外行星巡视器；相应研究成果可以据此拓展应用至其他行星表面探测场景中。

4.2 单星多车：基于队列均衡的多车比例公平调度算法

4.2.1 系统模型

在火星中继通信场景中，轨道器以火星第一宇宙速度相对火星表面飞行。考虑到巡视器相对火星表面运行速度远远低于轨道器的速度（可忽略不计），本书选择以轨道器为中心视角观测巡视器，整个跟踪通信行为可等效为巡视器以第一宇宙速度穿越轨道器对火星方向的波束覆盖区域。这种方法将多车观测问题等效转换为单轨道器观测问题，有效降低了问题求解难度。

本节从单星单车场景出发给出了火星中继通信数学模型，然后引入双车相对矢量夹角将火星中继通信扩展至单星双车场景，而“单星多车（$N\geqslant3$）”场景可等效为多个（$N-1$）“单星双车”场景。

1. 单星单车

单星单车场景下的火星中继通信模型如图 4.2 所示。

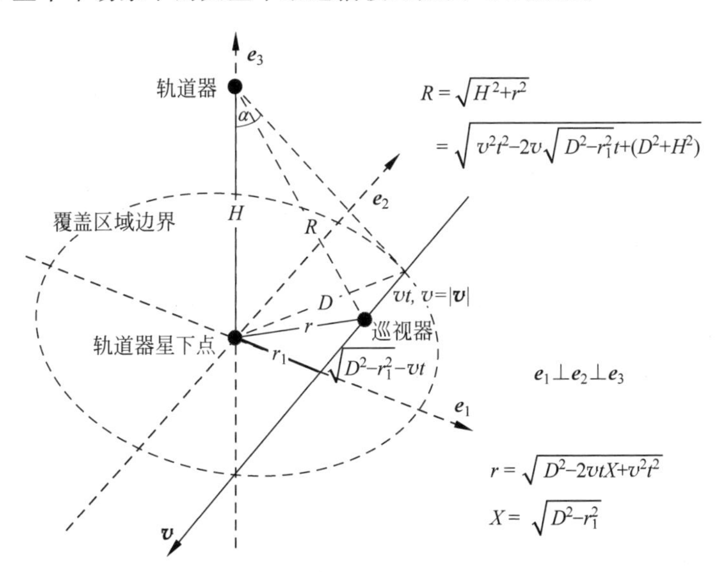

图 4.2 单星单车场景下的火星中继通信模型

其中，

H：轨道器的轨道高度（单位：km）；

α：轨道器半波束角（单位：(°)，通常取 72°）；

D：轨道器波束覆盖半径，$D=H\times\tan\alpha$（单位：km）；

r_1：巡视器运行轨迹与轨道器星下点的最短截距（单位：km）；

v：巡视器运行时速的绝对值，若此处以轨道器视角观察，则巡视器以火星第一宇宙速度运行，约为 3.53km/s；

r：巡视器当前位置距离轨道器星下点的长度（单位：km）；

R：巡视器当前位置距离轨道器的斜距（单位：km）；

t：过境时间（单位：s），即从进站时刻开始记为起始时刻（$t=0$），至航捷时刻记为半程结束时刻，$t_{\max}=X/v=\sqrt{D^2-r_1^2}/v$。

2. 单星双车

通过引入巡视器相对矢量夹角构建单星双车场景下的火星中继通信模型，如图 4.3 所示。

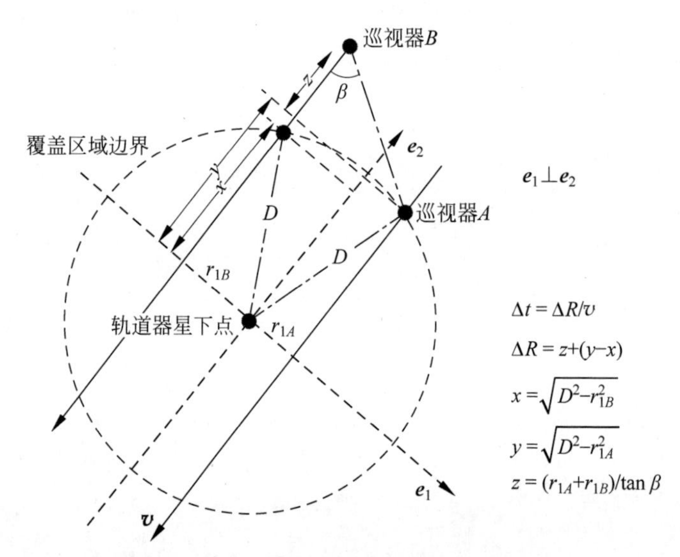

图 4.3 单星双车场景下的火星中继通信模型

其中，

D：轨道器波束覆盖半径（单位：km）；

r_{1A}：巡视器 A 运行轨迹与轨道器星下点的最短截距（单位：km）；

r_{1B}：巡视器 B 运行轨迹与轨道器星下点的最短截距（单位：km）；

v：巡视器运行时速的绝对值，若此处以轨道器视角观察，则巡视器以火星第一宇宙速度运行，约为 3.53km/s；

β：巡视器 B 与巡视器 A 相对矢量与速度方向夹角（单位：(°)），此处范例取值为 60°；

Δt：巡视器 B 进站点时刻延迟于巡视器 A 进站点时刻的时间差(单位：s)，其数学表达式如公式(4-1)所示：

$$\begin{aligned}\Delta t &= \frac{\Delta R}{v} = \frac{z + (y - x)}{v} \\ &= \frac{(r_{1A} + r_{1B})/\tan\beta + (\sqrt{D^2 - r_{1A}^2} - \sqrt{D^2 - r_{1B}^2})}{v}\end{aligned} \tag{4-1}$$

3. 单星多车

“单星多车($N \geqslant 3$)”场景可等效为多个($N-1$)“单星双车”场景，其描述如下：

(1) 巡视器编号记为 i，取值范围为 $0,1,2,\cdots,N-1$，N 表示巡视器数目；

(2) 在 N 个巡视器中选择进入轨道器覆盖区最早的巡视器作为参考对象，并将其编号赋值为 0；

(3) 其他 $N-1$ 个巡视器按照进入轨道器覆盖区先后顺序依次编号为 $1,2,\cdots,N-1$，并将各巡视器与巡视器 0 之间的相对矢量夹角依次记为 $\beta_1,\beta_2,\cdots,\beta_{N-1}$；

(4) 其他 $N-1$ 个巡视器相对巡视器 0 的进站点时间差 Δt_i 表达式如公式(4-2)所示：

$$\begin{aligned}\Delta t_i &= \frac{(r_{10} + r_{1i})/\tan\beta_i + (\sqrt{D^2 - r_{10}^2} - \sqrt{D^2 - r_{1i}^2})}{v}, \\ i &= 1,2,\cdots,N-1\end{aligned} \tag{4-2}$$

从上式可以看出，各巡视器(序号 $1,2,\cdots,N-1$)与巡视器 0 之间进站时间差不仅与轨道器当前轨道高度有关，还与巡视器之间的相对位置关系有关。

4.2.2 调度算法

1. 动态调度算法现状

由于火星中继通信的动态性主要体现在信道容量随着巡视器与轨道器之间的通信距离变化而改变，因此可采用基于速率的多用户接入调度算法。现有常用算法包括最大速率算法、时间轮询算法、比例公平算法，具体如下。

1) 最大速率调度算法

结合文献[6]中的多用户最大载噪比(C/I)调度算法，给出了最大速率调度算法的巡视器选择规则，如公式(4-3)所示，即当前时隙内被调度的巡

视器为

$$j=\underset{i}{\operatorname{argmax}}\{v_i(k)\} \tag{4-3}$$

其中,k 表示轨道器中继通信弧段的第 k 个调度时隙;$v_i(k)$表示第 i 个巡视器在第 k 个时隙内的信息速率,即当前时隙内待传输的数据帧数;j 表示第 k 个调度时隙中授权接入轨道器的巡视器。

2) 时间轮询调度算法

结合文献[7]中时间轮询调度算法的用户选择规则,给出了时间轮询调度算法的巡视器选择规则,如公式(4-4)所示,即当前时隙内被调度的巡视器为

$$j=\operatorname{mod}((k-1),N)+1 \tag{4-4}$$

其中,k 表示轨道器中继通信弧段的第 k 个调度时隙;N 表示巡视器数目。

3) 比例公平调度算法

结合文献[8]中比例公平调度算法的用户选择规则,给出了比例公平调度算法的巡视器选择规则,如公式(4-5)所示,即当前时隙内被调度的巡视器为

$$j=\underset{i}{\operatorname{argmax}}\left\{\frac{v_i(k)}{\overline{v_i(k)}}\right\},\quad \overline{v_i(k)}=\frac{1}{\Delta T}\sum_{m=k-\Delta T}^{k-1} v_i(m) \tag{4-5}$$

其中,$\overline{v_i(k)}$表示截至第 k 个时隙之前的 ΔT 个时隙的平均吞吐量,即在时间窗口$[k-\Delta T,k-1]$内对信息传输速率求平均;参数 ΔT 用来表征时间窗口尺寸,可以根据不同任务背景或仿真条件调整。

2. 调度算法衡量指标

1) 公平性

文献[9]给出了公平性指数的定义,本书在此基础上以第 i 个巡视器的有效调度时隙数占比 η_i 作为变量,用来衡量时分多址(time division multiple access,TDMA)条件下多用户调度的公平性指标(fairness factor,FF),该指标越接近1越好,其数学公式见式(4-6):

$$\mathrm{FF}=\frac{\left(\sum\eta_i\right)^2}{N\sum\eta_i^2}=\frac{\left(\frac{1}{N}\sum\eta_i\right)^2}{\frac{1}{N}\sum\eta_i^2}=\frac{\chi_1^2}{\chi_2} \tag{4-6}$$

其中,N 表示巡视器数目;$\eta_i=T_i^{(P)}/T$ 表示当前跟踪弧段内第 i 个巡视器的有效调度时隙占比,T 表示当前跟踪弧段内的调度时隙总数,$T_i^{(P)}$ 表示当前跟踪弧段内调度算法为第 i 个巡视器分配的调度时隙数目;χ_1 为随机

变量 $\eta=\{\eta_i\}$ 的一阶矩；χ_2 为随机变量 $\eta=\{\eta_i\}$ 的二阶矩。

根据 Jensen 不等式[10]，对于下凸函数 $f(\cdot)$（凸向原点）有 $f\left(\sum\lambda_i\eta_i\right)\leqslant\sum\lambda_i f(\eta_i)$，因此可以得到公平性指标 FF 的数学特性见式(4-7)：

$$\mathrm{FF}=\frac{\left(\sum\eta_i\right)^2}{N\sum\eta_i^2}=\frac{\left(\frac{1}{N}\sum\eta_i\right)^2}{\frac{1}{N}\sum\eta_i^2}\leqslant 1,\quad \lambda_i=\frac{1}{N} \tag{4-7}$$

等号成立的条件为 $\eta_1=\eta_2=\cdots=\eta_n=\hat{\eta}$ $\Big($对于 $\forall\lambda_i>0,\sum\lambda_i=1$ 均成立，原因：方差取值为平方的均值减去均值的平方，若等号成立，则方差为 0，因此各随机变量相同$\Big)$，即各巡视器($i=1,2,\cdots,N$)具有相同的调度时隙占比，此时有式(4-8)：

$$\mathrm{FF}=\frac{\left(\frac{1}{N}\sum\eta_i\right)^2}{\frac{1}{N}\sum\eta_i^2}=\frac{\left(\frac{1}{N}\times N\cdot\hat{\eta}\right)^2}{\frac{1}{N}\times N\cdot\hat{\eta}^2}=1 \tag{4-8}$$

由 $\sum T_i^{(P)}=\sum\hat{\eta}\times T=N\times\hat{\eta}\times T=T$ 推知：$\eta_1=\eta_2=\cdots=\eta_N=\hat{\eta}=\frac{1}{N}$，则在公平性指标最大条件下，巡视器 i 的有效调度时隙占比为 $T_i^{(P)}=T/N$。

2）吞吐量

吞吐量(TP)通常是指接收端在单位时间内获取发送端传输的有效信息量，该指标越大越好，在本书研究中作如下假设：

（1）单位时间用秒表示，时隙大小取值为单位时间，统计区间为当前跟踪弧段进站时隙 1 至出站时隙 n，即$[1,2,\cdots,k,\cdots,n]$调度时隙；

（2）火星中继全链路的发送端为火星表面各用户、接收端为地球深空站，作为转发节点的火星轨道器在对火星方向为数据接收端、在对地球方向为数据发送端；

（3）假定各巡视器发送数据的传输帧长均相同，则信息量可以用数据帧数目表示。

因此，本书中巡视器 i 的吞吐量指的是在当前跟踪弧段内截至当前时隙 m，接收端在单位时隙内获得发送端传输的平均数据帧数，即有式(4-9)：

$$\mathrm{TP}_i(m)=\frac{\sum_{k=1}^{m}R_i^{(P)}(k)}{m} \tag{4-9}$$

其中，$\mathrm{TP}_i(m)$为巡视器 i 在当前时隙 m 的吞吐量；$R_i^{(P)}(k)$为巡视器 i 在第 k 个时隙分配得到可以传输的有效数据帧数目。

3）队列均衡性

队列均衡性（QE）指的是轨道器上面向多个巡视器的数据转发队列长度之间的相对比例关系，采用轨道器上的多个巡视器队列长度序列的统计方差表示，该指标越接近 0 越好，其表达式为式(4-10)：

$$\mathrm{QE}(k)=\mathrm{std}\{q_i(k)\},\quad i=1,2,\cdots,N \tag{4-10}$$

其中，$\mathrm{QE}(k)$表示第 k 个时隙的队列均衡性指标；$q_i(k)$表示巡视器 i 在第 k 个时隙的队列长度；N 表示巡视器数目。

4）多属性决策

众所周知，不同的调度算法在某些指标方面具有优势，但在另一些指标方面可能存在不足，而衡量一个调度算法的好坏往往存在多个评价指标，因此需要采用一种合理有效的手段对各个算法的效能进行评估。在调度问题具有多个属性的条件下（如公平性、吞吐量、队列均衡性等多维度指标），可采用多属性决策[11]（multiple attribute decision making，MADM）进行优化。

常用的多属性决策方法见表 4.1，其中 TOPSIS 方法具有易于实现、评价合理等优点[12-13]，可作为本书开展单星多车资源调度研究的首选方法。

表 4.1 常用的多属性决策方法

主要方法	技 术 特 点
加权求和	通过赋权求和将多目标决策转化为单目标求解，具有计算简单、灵活性高等特点；难点在于权重的选取，比如决策人对目标的重视程度、各参数属性值的准确性与可靠程度等
几何平均	应用范围较窄，主要适用于反映某特定现象的平均水平，即总标志值不是各参数属性值的总和，而是各参数连乘积的形式，如深空通信链路预算
ELECTRE	经过计算处理，得到方案之间的使用准则作为评估的级别超越关系（out ranking relationship），以此为参考淘汰相对较差的方案
MAVT	决策者可对每个不同的属性准则提供不同的属性价值函数，结合每个属性价值函数再经过权重总和计算后，便可以得到每个方案的效用值
TOPSIS	采用与正理想解之间的相对接近程度（距离）来进行方案排序，在选择方案时以距离（通常为 2-范数，即欧氏距离）正理想解最近，且距离负理想解最远的方案为最佳方案

TOPSIS方法的基本计算过程如下所述：

(1) 输入条件

① m_s 个评价目标：$m_s=4$ 个调度算法；

② n_s 个评价指标：$n_s=3$ 个决策属性(公平性、吞吐量、队列均衡性)；

③ $m_s \times n_s$ 维特征矩阵：由 m_s 个评价目标和 n_s 个评价指标组成的特征矩阵见公式(4-11)：

$$\boldsymbol{D}=\begin{pmatrix} x_{11} & \cdots & x_{1n_s} \\ \vdots & x_{i_sj_s} & \vdots \\ x_{m_s1} & \cdots & x_{m_sn_s} \end{pmatrix}=[X_1(x_1),\cdots,X_{j_s}(x_{i_s}),\cdots,X_{n_s}(x_{m_s})] \tag{4-11}$$

其中，$x_{i_sj_s}$ 表示第 i_s 个调度算法的第 j_s 个评价指标。

(2) 计算步骤

步骤1：计算得到规范化决策矩阵 $\boldsymbol{r}_{i_sj_s}$。

$$\boldsymbol{r}_{i_sj_s}=x_{i_sj_s}\Big/\sqrt{\sum_{i_s=1}^{m_s}x_{i_sj_s}^2} \tag{4-12}$$

步骤2：构造加权规范化决策矩阵 $\boldsymbol{v}_{i_sj_s}$。

$$\boldsymbol{v}_{i_sj_s}=\boldsymbol{w}_{j_s}\boldsymbol{r}_{i_sj_s} \tag{4-13}$$

其中，$\boldsymbol{w}_{j_s}$ 表示第 j_s 个评价指标的加权向量。在本书中，为了实现不同评价指标之间的平衡，加权向量中各元素取值均相同，即 $\boldsymbol{w}_{j_s}=[1/n_s,\cdots,1/n_s]$。在其他情况下，设计者可以根据自己的倾向性或使用需求对加权向量 $\boldsymbol{w}_{j_s}$ 的各元素分别赋值。

步骤3：确定正理想解 A^* 和负理想解 A^-。

$$A^*=\left\{\left(\max_{i_s}\boldsymbol{v}_{i_sj_s}\,\middle|\,j_s\in J_1\right),\left(\min_{i_s}\boldsymbol{v}_{i_sj_s}\,\middle|\,j_s\in J_2\right)\right\}=\{v_1^*,\cdots,v_{j_s}^*,\cdots,v_{n_s}^*\} \tag{4-14}$$

$$A^-=\left\{\left(\min_{i_s}\boldsymbol{v}_{i_sj_s}\,\middle|\,j_s\in J_1\right),\left(\max_{i_s}\boldsymbol{v}_{i_sj_s}\,\middle|\,j_s\in J_2\right)\right\}=\{v_1^-,\cdots,v_{j_s}^-,\cdots,v_{n_s}^-\} \tag{4-15}$$

其中，J_1 表示收益指标集，即第 i_s 个目标(调度算法)上的最优值；J_2 表示损失指标集，即在第 i_s 个目标(调度算法)上的最劣值。多属性决策评估性能与 J_1、J_2 的具体取值相关，收益指标 J_1 越大、损失指标 J_2 越小，对评估结果越有利。反之，则对评估结果不利。

步骤4：计算各调度算法与正/负理想解的距离，即分别计算第 i_s 个目标(调度算法)与正理想解的距离 $S_{i_s}^*$，第 i_s 个目标(调度算法)与负理想解的距离 $S_{i_s}^-$。

$$S_{i_s}^* = \sqrt{\sum_{j_s=1}^{n_s}(\boldsymbol{v}_{i_s j_s} - v_{j_s}^*)^2} \tag{4-16}$$

$$S_{i_s}^- = \sqrt{\sum_{j_s=1}^{n}(\boldsymbol{v}_{i_s j_s} - v_{j_s}^-)^2} \tag{4-17}$$

步骤5：将各调度算法按接近程度 $C^* = \{C_{i_s}^*\}$ 由大至小排列优劣次序，C^* 数值最大者最优。

$$C_{i_s}^* = \frac{S_{i_s}^-}{S_{i_s}^* + S_{i_s}^-}, \quad C_{i_s}^* \in [0,1] \tag{4-18}$$

其中，若 $C_{i_s}^* = 0$，则有 $A_{i_s} = A^-$，代表该调度算法实现了系统最劣目标；若 $C_{i_s}^* = 1$，则有 $A_{i_s} = A^*$，代表该调度算法实现了系统最优目标。在实际工程背景下，多属性决策计算结果中存在最优目标和最劣目标的概率很小，C^* 的数值范围一般为(0,1)。

(3) 综合性评价指标

本书以TOPSIS多属性决策计算过程的步骤5得到接近程度 C^* 作为各调度算法综合性评价指标。对于参与比较的调度算法而言，接近程度 C^* 数值最接近于1的算法即被认为是最优算法。

3. 火星中继特点

CCSDS Proximity-1协议是现阶段NASA、ESA火星表面探测任务主用的中继通信协议，具有多址并发接入、单址串行转发、信道动态变化等特点，若改进该协议则其信息传输性能将会得到进一步提升。下面以轨道器视角，按轨道器对火星方向与轨道器对地球方向分别描述其工作特点。

1) 轨道器对火星方向

在对火星方向，轨道器可采用频分多址(frequency division multiple access，FDMA)方式实现多个巡视器的同时接入，并采用自适应速率调整机制动态适应信道条件的变化。

(1) 频分多址

根据CCSDS Proximity-1物理层协议[14]的相关规定，轨道器在物理层最多可同时支持8个巡视器的中继通信接入，主要技术要求包括：

① 前向频率范围：435～450MHz，步进 20kHz；

② 返向频率范围：390～405MHz，步进 20kHz；

③ 前/返向频率需成对匹配使用，并与现有信道 0～信道 7 相互隔离，即只能使用 CCSDS 预留的信道 8～信道 15 提供多址接入服务。

(2) 时变信道

巡视器跟踪轨道器期间，二者的空间距离随着时间不断发生变化，在发射机功率、天线增益等物理参数保持不变的情况下，近距无线链路的信息传输容量也将随着距离变化而变化，具有动态时变特性。CCSDS Proximity-1 数据链路层协议提供了一种自适应速率调整机制，如可变信息速率、调制模式或编码方案等，能够动态适应信道条件变化以确保信息传输的可靠性。在本书中，仅选择可变信息速率作为时变信道条件下的动态自适应控制策略，取值满足 $rate=2^n, n=0,1,2,\cdots,12$，单位为 kb/s，即当传输距离较远时采用低速率、距离较近时切换为高速率。

2) 轨道器对地球方向

在对地球方向，轨道器可采用 CCSDS AOS 协议[15]承载大容量深空探测任务数据，并采用 TDMA 方式实现不同巡视器中继通信数据的串行转发。

(1) 时分多址

根据 CCSDS AOS 链路层协议[15]的相关规定，轨道器最多可同时支持 64 个虚拟信道业务按照不同时隙复接至同一个物理信道来传输高速对地数据。每个时隙轨道器仅调度一个虚拟信道业务，其调度策略与巡视器接入调度策略相匹配，用来实现各巡视器的公平高效接入与数据按需转发。

(2) 时变信道

天体之间的相对运动属于长期变化，地球与火星之间的距离变化相对缓慢，虽然从整个任务周期来看，轨道器直接对地信道属于时变信道，信道容量具有时变性。但对于某个巡视器与轨道器跟踪弧段来说，可以将其信道容量设定为常数。若要对长期通信性能进行分析，则可以考虑采用 3 挡制对地球-火星之间的深空信道进行划分，即地球与火星之间单向时长约为 8～20min，单向距离变化范围约为 $R_{\min}\sim 2.5R_{\min}$，通信速率（约为 $v_{\min}\sim 6.25v_{\min}$）则可划分为 $v_{\min}/2v_{\min}/4v_{\min}$。

4. 基于队列均衡的比例公平调度算法

1) 调度结构

轨道器采用“多漏桶＋令牌桶”的分布式串行调度结构（如图 4.4 所示）进行动态中继信道多巡视器接纳控制，其中：

① 比例公平调度器：多址接入调度系统的核心部件，用来调控漏桶的输出速率和令牌分配机制；

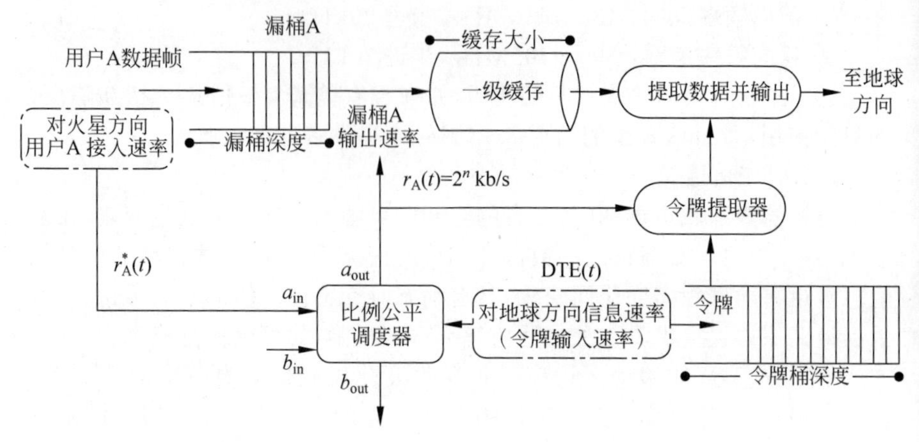

图 4.4 “多漏桶＋令牌桶”分布式串行调度结构

② 多漏桶：每个接入巡视器对应一个漏桶，用于控制轨道器对火星方向各巡视器的动态接入速率，该速率来自于比例公平调度器的调度；

③ 令牌桶：多信源共用轨道器对地球方向传输信道，用于控制时变信道之间的匹配性（令牌桶具有应对数据量突发变化的能力，可以为调度器提供缓冲时间）；

④ 令牌提取器：受控于比例公平调度器的时分调度，即每个时隙仅有一个巡视器获得令牌以传输数据，用于实现时分多址。

该调度结构可实现轨道器对火星方向的短期动态信道频分多址机制与轨道器对地球方向的长期动态信道时分多址机制的分布式串联，有利于多巡视器灵活接入轨道器以及中继业务的高效转发。

2）调度算法

文献[16]提出了多用户调度算法的相关改进算法，引入了排队时延与队列长度作为权衡因子，主要用于时延敏感类业务场景的公平性调度，其用户选择规则分别如式(4-19)、式(4-20)所示：

$$j=\underset{i}{\arg\max}\left\{w_i\times\frac{v_i(k)}{\overline{v_i(k)}}\times\exp\left(\frac{w_i d_i(k)-\overline{\boldsymbol{w}d(k)}}{1+\sqrt{\overline{\boldsymbol{w}d(k)}}}\right)\right\} \tag{4-19}$$

$$j=\underset{i}{\arg\max}\left\{w_i\times\frac{v_i(k)}{\overline{v_i(k)}}\times\exp\left(\frac{w_i d_i(k)-\overline{\boldsymbol{w}d(k)}}{1+\sqrt{\overline{\boldsymbol{w}d(k)}}}\right)\times\exp\left(\frac{q_i(k)-\overline{q(k)}}{1+\overline{q(k)}}\right)\right\} \tag{4-20}$$

其中，w_i 表示第 i 个巡视器的调度权重；$\boldsymbol{w}$ 表示全部 N 个巡视器的调度权重矢量；$d_i(k)$表示第 i 个巡视器在第 k 个时隙产生的数据帧得到调度所要经历的排队时延；$\overline{wd(k)}=\frac{1}{N}\sum_{i=1}^{N}w_i d_i(k)$ 表示全部 N 个巡视器在第 k 个时隙的加权平均排队时延；$q_i(k)$ 表示第 i 个巡视器在第 k 个时隙的队列长度；$\overline{q(k)}=\frac{1}{N}\sum_{i=1}^{N}q_i(k)$ 表示全部 N 个巡视器在第 k 个时隙的平均队列长度。

在火星中继通信场景中，轨道器对地球方向的传输时延达到数十分钟量级，秒量级的排队时延几乎可以忽略不计，此时决定轨道器设计所需队列缓存使用的缓存区大小就提升为重要的考量指标，故可将队列长度参数作为强权衡因子纳入调度算法。此外，深空探测器对存储单元要求非常苛刻，轨道器在轨存储空间非常珍贵，要求不同队列长度之间尽可能保持均衡：

① 每个巡视器的接入时机具有不确定性，轨道器分配给巡视器的可用队列也具有一定随机性，因此在设计队列长度$\{L_i\}$时就应该兼顾不同情况的使用需求，确保所有队列长度相同，即有 $L_1=L_2=\cdots=L_N$。

② 为了确保中继通信期间不存在队列数据溢出，队列可用长度最小值 $L_{\min}$ 应不小于队列等待长度最大值 $Q_{\max}$（以数据帧数目统一表示），即应有 $L_{\min}\geqslant Q_{\max}$，进而可以得到为完成数据中继任务轨道器所需的存储空间的数学表达式 $\mathrm{BS}\geqslant N\times L_{\min}$，其下边界为 $N\times Q_{\max}$。

③ 在相同或近似的业务输入与输出条件下，采用具有最佳队列均衡性的调度算法可以最小化轨道器队列等待长度最大值 $Q_{\max}$，并能使存储空间 BS 接近下边界 $N\times Q_{\max}$，以确保轨道器存储资源的高效使用。

为此，本书在上述算法基础上进行了适应性改进，提出了基于队列均衡的比例公平调度算法，取消了作为弱权衡因子的排队时延参数，并在队列长度因子中增加了权重因子，其巡视器选择规则即当前时隙内被调度的巡视器如式(4-21)所示：

$$j=\arg\max_{i}\left\{w_i\times\frac{v_i(k)}{\bar{v}_i(k)}\times\exp\left(\frac{w_i q_i(k)-\overline{wq(k)}}{1+\sqrt{\overline{wq(k)}}}\right)\right\}\tag{4-21}$$

其中，w_i 表示第 i 个巡视器的队列权重；$\overline{wq(k)}=\frac{1}{N}\sum_{i=1}^{N}w_i q_i(k)$ 表示全部 N 个巡视器在第 k 个时隙的加权平均队列长度。由于本书的优化目标是确保队列尽可能均衡以节省轨道器存储资源空间，因此队列权重因子 w_i 取值均为 $1/N$，即各巡视器相同。

4.2.3 仿真结果

本书通过数学仿真程序对不同应用场景下各类调度算法的工作性能进行了验证，利用多属性决策方法将本书所提算法与最大速率算法、公平时间轮询算法、标准比例公平算法进行了综合性能比较。仿真场景主要分为两类：一类针对火星中继通信任务多巡视器接入场景，以CCSDS Proximity-1协议要求的信息传输速率分挡约束作为条件进行了信息传输性能测试；另一类针对常规多用户接入业务特性，以广义整数泊松分布作为速率约束条件进行了信息传输性能测试。

考虑到"单星多车($N \geqslant 3$)"场景可等效为多个($N-1$)"单星双车"场景，本书仿真测试仅涉及"单星双车"场景，其信息传输性能可据此扩展至多巡视器接入场景，同时本书4.4节也给出了"多星多车"场景下的双边分配效果。

1. 火星中继通信任务场景

1）单跟踪弧段工况

（1）仿真条件

在单跟踪弧段工况下，火星中继通信任务场景仿真条件如下：

① 双巡视器：rover A表示巡视器A、rover B表示巡视器B；

② 巡视器接入速率：符合CCSDS Proximity-1信息传输速率分挡约束2^n kb/s($n=0,1,\cdots,12$)；

③ 轨道器对地球方向信息速率：跟踪期间数值固定，不小于所有巡视器接入速率的最大值；

④ 轨道器轨道高度：跟踪期间数值固定，$H=300$km；

⑤ 巡视器A星下点截距：即巡视器A运行轨迹与轨道器星下点的最短截距，$r_{1A}=100$km；

⑥ 巡视器B星下点截距：即巡视器B运行轨迹与轨道器星下点的最短截距，$r_{1B}=200$km；

⑦ 两车矢量夹角：即巡视器B与巡视器A相对矢量与速度方向夹角$\beta=60°$。

利用前文给出的轨道器与巡视器之间的跟踪几何分析，可以得到火星中继通信任务场景下单星双车接入速率(图4.5)，共计564个时隙，其中巡视器A从第1个时隙开始接入轨道器至第520个时隙结束，巡视器B延迟至第53个时隙接入轨道器至第564个时隙结束。

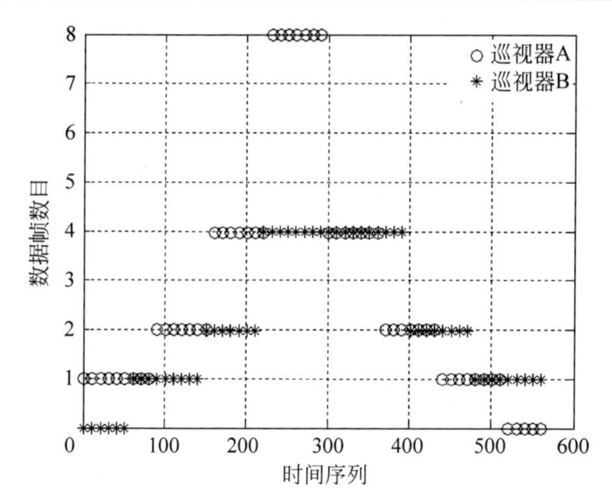

图 4.5 火星中继通信任务场景的单星双车接入速率(单跟踪弧段工况)

为了更为清晰地展示两个巡视器之间信息传输性能方面的不同,图 4.5 对仿真结果进行了降采样显示(并不影响信息传输性能仿真结果与分析结论),本书后续仿真图片也做了相应的显示处理,特此说明。

(2) 调度结果

不同调度算法的多址接入调度结果如图 4.6 所示,参与比较的调度算法包括:

① 算法 1:最大速率调度。

② 算法 2:时间轮询调度。

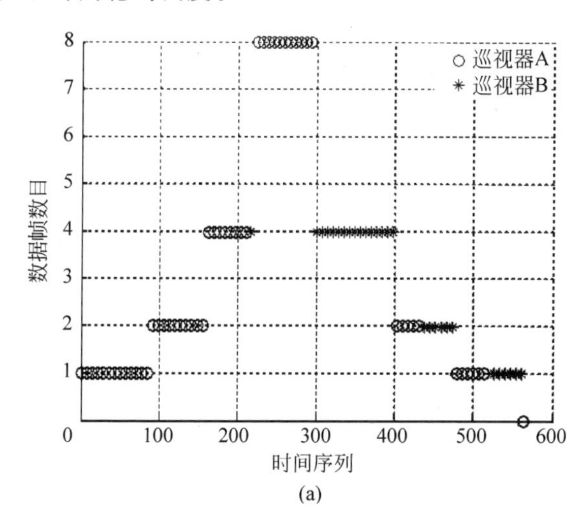

(a)

图 4.6 不同调度算法的多址接入调度结果(单跟踪弧段工况)

(a) 算法 1;(b) 算法 2;(c) 算法 3;(d) 本书提出的算法

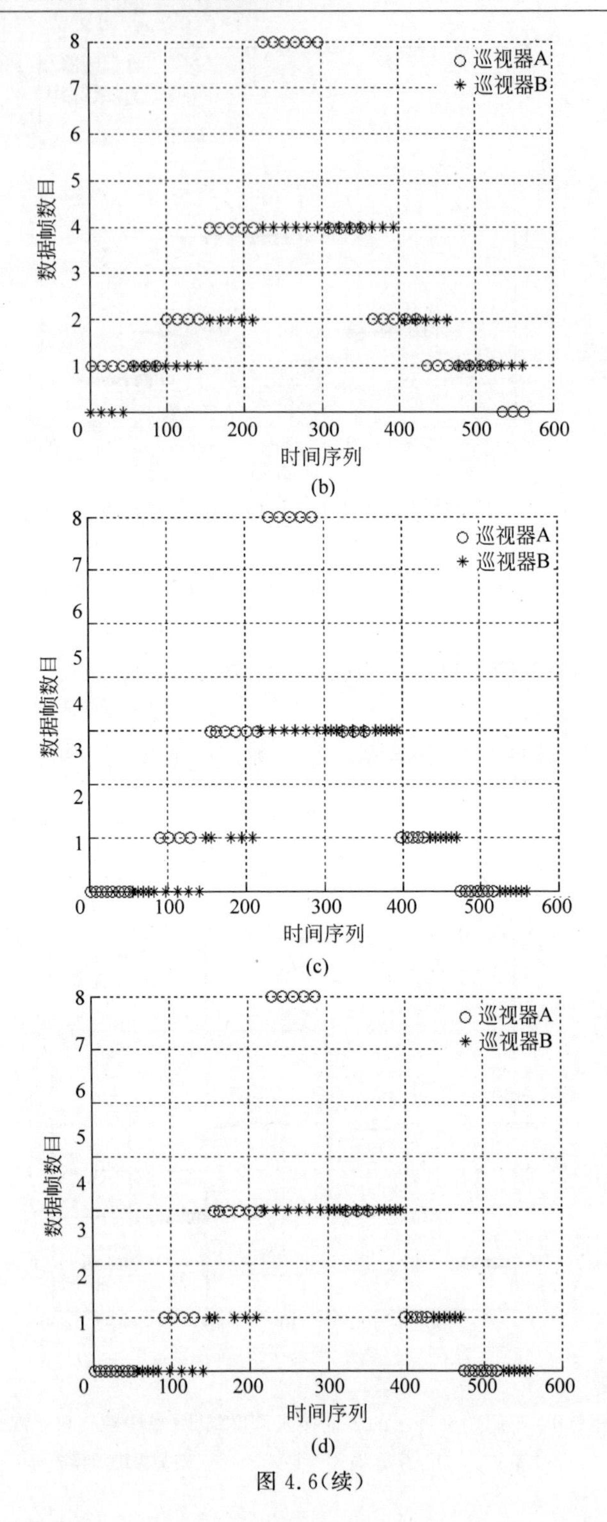

图 4.6(续)

③ 算法 3：比例公平调度。通过多次多属性决策迭代计算，获得了不同轨道高度条件下的最优窗口尺寸 ΔT，分别取值为 $\Delta T=71(H=300\text{km})$、$\Delta T=307(H=400\text{km})$。

④ 本书提出的算法：基于队列均衡的比例公平调度。

(3)多属性决策分析结果

表 4.2 所示为火星中继通信任务场景下各算法多属性决策分析结果。在各项评估指标中，公平性指标越接近 1 越好，总吞吐量越大越好，队列均衡性指标越均衡越好，综合评估 MADM 指标越接近 1 越好。由表 4.2 可知，本书算法 MADM 指标数值最大，可视为最优算法，其综合评估 MADM 指标相比于其他算法分别具有约 57.24%、45.82%、52.36%的性能优势。

表 4.2 火星中继通信任务场景的各算法多属性决策分析结果(单跟踪弧段工况)

评价指标	算法 1	算法 2	算法 3	本书算法
公平性	0.9076	1.0000	0.9964	0.9916
吞吐量	1738.5000	1394.8000	1519.7000	1539.4000
队列均衡性	176.8000	133.7000	231.5000	0.9550
综合评估 MADM 指标	0.4497	0.4849	0.4641	**0.7071**

2) 多跟踪弧段工况

(1) 仿真条件

在多跟踪弧段工况下，火星中继通信任务场景仿真条件如下：

① 双巡视器：rover A 表示巡视器 A、rover B 表示巡视器 B；

② 巡视器接入速率：符合 CCSDS Proximity-1 信息传输速率分挡约束 2^n kb/s$(n=0,1,\cdots,12)$；

③ 轨道器对地球方向信息速率：跟踪期间数值固定，不小于所有巡视器接入速率的最大值；

④ 轨道器轨道高度：跟踪期间数值可变，H 为 300km 或 400km；

⑤ 巡视器 A 星下点截距：即巡视器 A 运行轨迹与轨道器星下点最短截距，固定值 $r_{1\text{A}}=100\text{km}$；

⑥ 巡视器 B 星下点截距：即巡视器 B 运行轨迹与轨道器星下点最短截距，数值可变，即 $r_{1\text{B}}\geqslant 100\text{km}$、步进 50km 取值直至抵达波束边缘；

⑦ 两车矢量夹角：即巡视器 B 与巡视器 A 相对矢量与速度方向夹角，数值可变，即 β 变化范围为 15°起始、步进 15°取值、直至 75°。

(2) $H=300\text{km}$ 仿真结果

固定两车矢量夹角 $\beta=60°$，通过调整巡视器 B 星下点截距 $r_{1\text{B}}$ 给出了不同调度算法的综合评估 MADM 指标曲线，仿真结果如图 4.7 所示。

进一步地，通过调整两车矢量夹角 β、巡视器 B 星下点截距 r_{1B}，给出了不同调度算法的综合评估 MADM 指标曲线，仿真结果见图 4.8，其中横坐标表示巡视器之间的不同几何关系组合序号 Seq，其取值与巡视器 B 星下点截距 r_{1B}、两车矢量夹角 β 的关系如下伪代码所示。

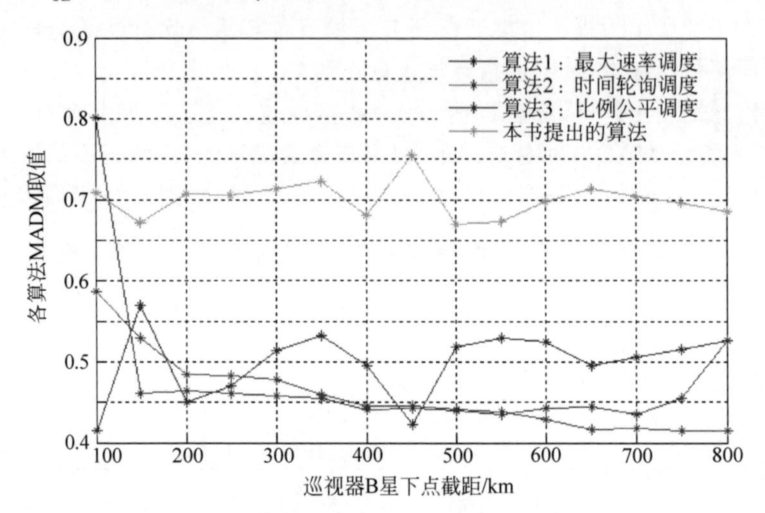

图 4.7 火星中继通信任务场景的各算法 MADM 仿真曲线
（$H=300$km，$\beta=60°$，r_{1B} 变化）（后附彩图）

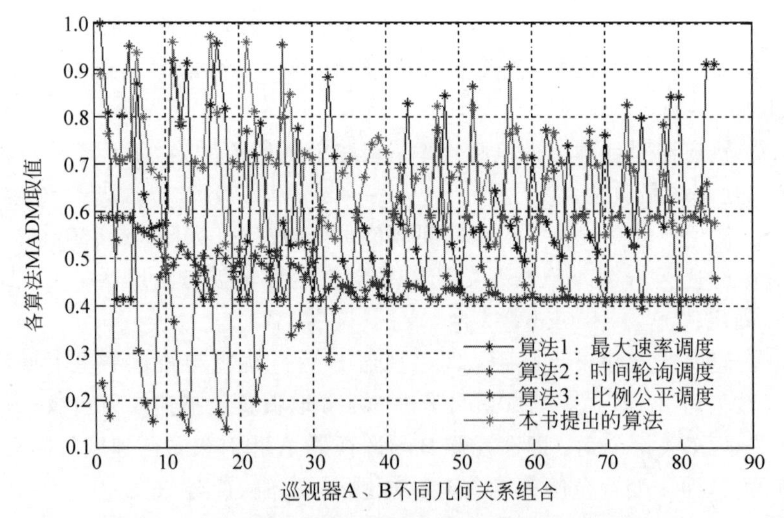

图 4.8 火星中继通信任务场景的各算法 MADM 仿真曲线
（$H=300$km，不同 β 与 r_{1B} 组合）（后附彩图）

初始化 Seq=0

外循环 $r_{1B}=r_{1A}$：步进 50km：波束覆盖边界

内循环 $\beta=15°$：步进 15°：75°

赋值 Seq=Seq+1

表 4.3 给出了多跟踪弧段各算法 MADM 数值的统计均值与方差。由表 4.3 可知，本书算法具有最高的平均学分绩，算法性能最优，综合评估 MADM 指标统计均值相比于其他算法分别具有约 9.60%、49.31%、34.90% 的性能优势。

表 4.3 各算法 MADM 数值的统计结果(H=300km)

MADM 分析结果	算法 1	算法 2	算法 3	本书算法
MADM 统计均值(绩点等级 1)	0.6158(B)	0.4520(D)	0.5003(C)	0.6749(A)
MADM 统计方差(绩点等级 2)	0.1530(C)	0.0516(A)	0.1838(D)	0.1098(B)
综合评估(平均学分绩，GPA)	2.5	2.5	1.5	**3.5**

注：在绩点体制下，绩点等级与绩点(grade point，GP)的换算关系为：A=4.0，B=3.0，C=2.0，D=1.0。

表 4.3 中本书选用绩点体制来评估不同算法的工作性能，其中绩点 A 对应于学分绩 4.0 为最优成绩，绩点 B 对应于学分绩 3.0，绩点 C 对应于学分绩 2.0，绩点 D 对应于学分绩 1.0 为最差成绩，由此推论：

① 对于 MADM 统计均值，其数值越大表明算法的工作性能越好，应分配高绩点成绩；

② 对于 MADM 统计方差，其数值越小表明算法的稳定性越好，应分配高绩点成绩；

③ 对于综合评估，参考平均学分绩(GPA)的计算规则，为 MADM 统计均值(绩点成绩为 GP_1)、MADM 统计方差(绩点成绩为 GP_2)分配相同的学分，由此可以计算得到第 i 个算法的平均学分绩为 $GPA_i=(GP_{i1}+GP_{i2})/2, i=1,2,3,4$。

(3) H=400km 仿真结果

固定两车矢量夹角 $\beta=60°$，通过调整巡视器 B 星下点截距 r_{1B} 给出了不同调度算法的综合评估 MADM 指标曲线，仿真结果如图 4.9 所示。

进一步地，通过调整两车矢量夹角 β、巡视器 B 星下点截距 r_{1B}，给出了不同调度算法的综合评估 MADM 指标曲线，仿真结果如图 4.10 所示。

表 4.4 给出了多跟踪弧段各算法 MADM 数值的统计均值与方差。由表 4.4 可知，本书算法具有最高的平均学分绩，算法性能最优，综合评估

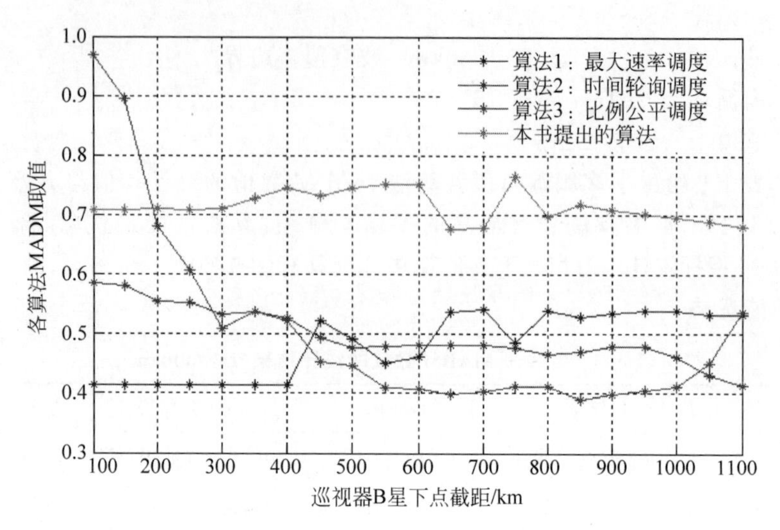

图 4.9 火星中继通信任务场景的各算法 MADM 仿真曲线

(H=400km,β=60°,r_{1B} 变化)(后附彩图)

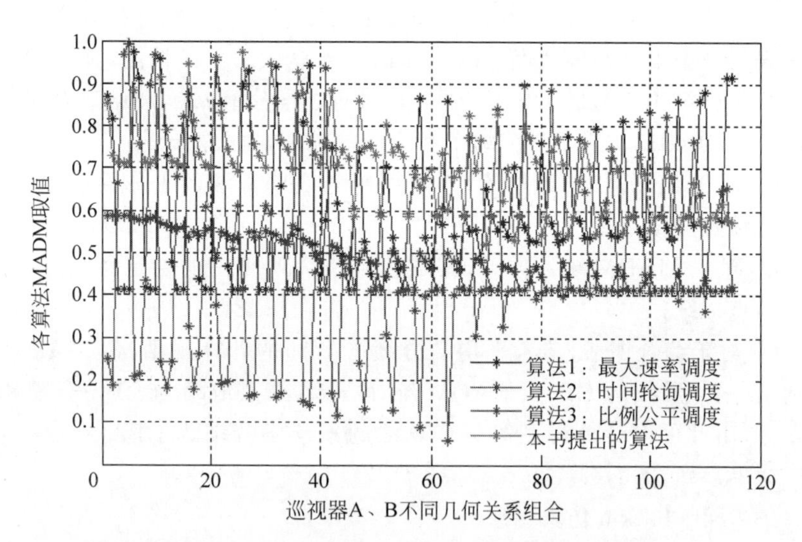

图 4.10 火星中继通信任务场景的各算法 MADM 仿真曲线

(H=400km,不同 β 与 r_{1B} 组合)(后附彩图)

MADM 指标统计均值相比于其他算法分别具有约 15.39%、47.72%、45.89% 的性能优势。

表 4.4 各算法 MADM 数值的统计结果（$H=400$km）

MADM 分析结果	算法 1	算法 2	算法 3	本书算法
MADM 统计均值（绩点等级 1）	0.6100(B)	0.4765(D)	0.4825(C)	0.7039(A)
MADM 统计方差（绩点等级 2）	0.1629(C)	0.0600(A)	0.2199(D)	0.1044(B)
综合评估（平均学分绩，GPA）	2.5	2.5	1.5	**3.5**

3）仿真小结

仿真结果表明，在火星中继通信任务场景中，包括单跟踪弧段工况与多跟踪弧段工况，本书算法（基于指数队列均衡的比例公平调度算法）均能很好地兼顾多用户接入的公平性、吞吐量与队列均衡性，具有最优的多址接入性能。

2. 广义整数泊松分布场景

1）仿真条件

广义整数泊松分布场景的仿真条件如下：

（1）双用户（此处指巡视器）：rover A 表示用户 1、rover B 表示用户 2；

（2）信息传输速率：采用独立同分布的整数泊松分布生成每个时隙的数据帧数表示（即泊松平均速率），其中 λ_A 表示用户 1 的泊松平均速率，λ_B 表示用户 2 的泊松平均速率；

（3）时隙分配：分段设置泊松平均速率，共计 1000 个时隙，划分为 4 个时段：

① 第 1 段：1～250 时隙，用户 1 平均速率为 $\lambda_A=2$ 帧/时隙，用户 2 为 $\lambda_B=2$ 帧/时隙；

② 第 2 段：251～500 时隙，用户 1 平均速率为 $\lambda_A=2$ 帧/时隙，用户 2 为 $\lambda_B=4$ 帧/时隙；

③ 第 3 段：501～750 时隙，用户 1 平均速率为 $\lambda_A=2$ 帧/时隙，用户 2 为 $\lambda_B=8$ 帧/时隙；

④ 第 4 段：751～1000 时隙，用户 1 平均速率为 $\lambda_A=2$ 帧/时隙，用户 2 为 $\lambda_B=16$ 帧/时隙。

在上述仿真条件下，图 4.11 给出了用户 1、用户 2 同时接入轨道器的信息输入速率的仿真范例。

2）调度结果

不同调度算法的多址接入调度结果如图 4.12 所示，参与比较的调度算法包括：

① 算法 1：最大速率调度。

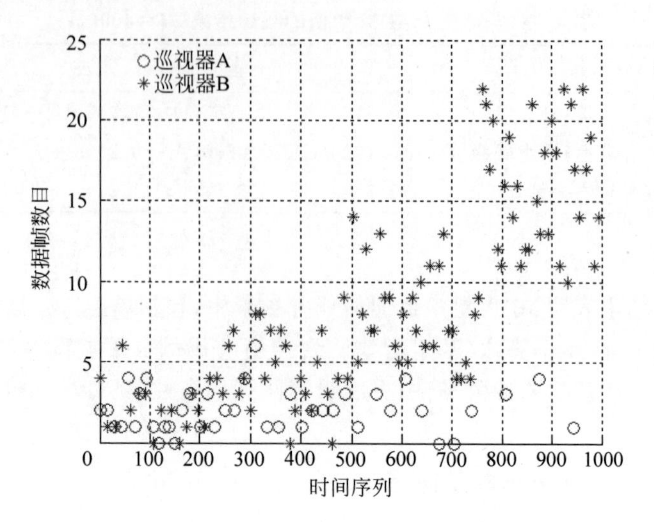

图 4.11 单星双车信息输入速率范例(整数泊松分布)

② 算法 2：时间轮询调度。

③ 算法 3：比例公平调度。通过多次多属性决策迭代计算获得最优窗口尺寸 $\Delta T=128$。

④ 本书提出的算法：基于队列均衡的比例公平调度。

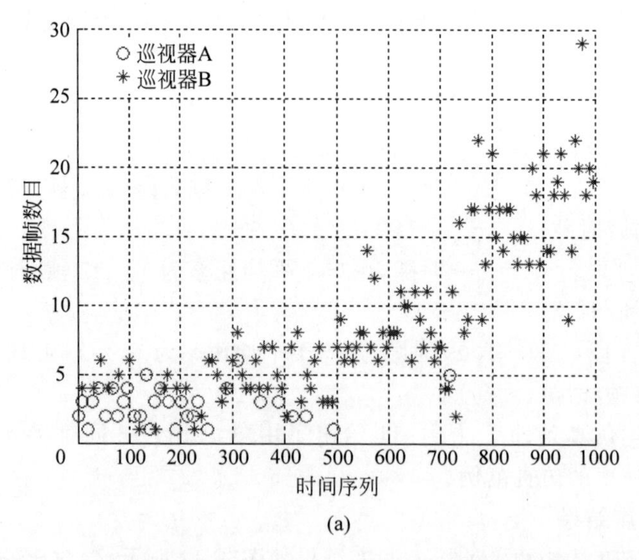

图 4.12 不同调度算法的多址接入调度结果(整数泊松分布情况)

(a) 算法 1；(b) 算法 2；(c) 算法 3；(d) 本书算法

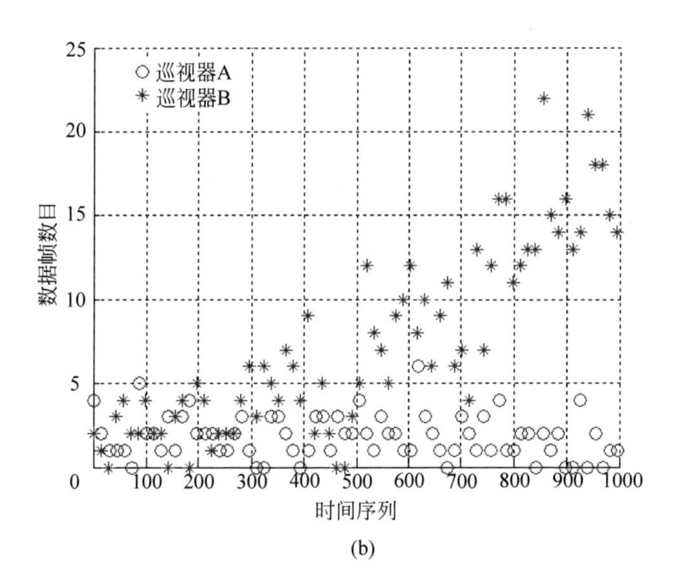
○ 巡视器A
＊ 巡视器B
数据帧数目
0
5
10
15
20
25
100
200
300
400
500
600
700
800
900
1000
时间序列

(b)

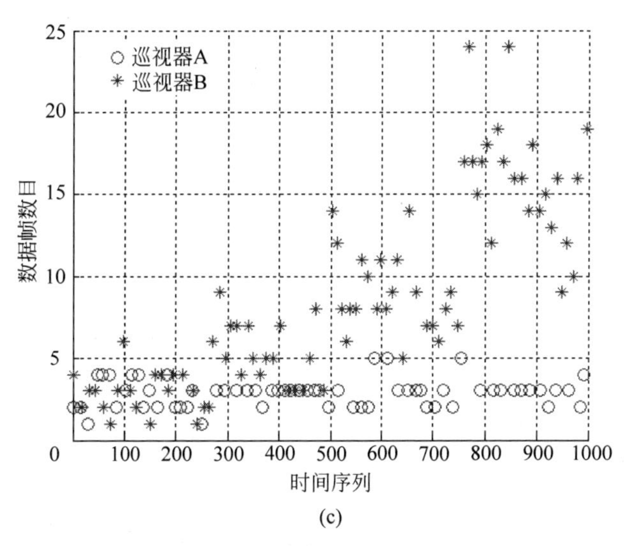
○ 巡视器A
＊ 巡视器B
数据帧数目
0
5
10
15
20
25
100
200
300
400
500
600
700
800
900
1000
时间序列

(c)

图 4.12(续)

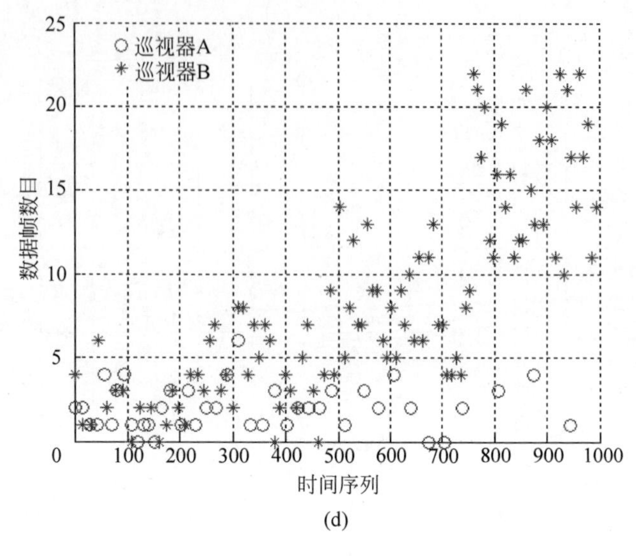

(d)

图 4.12(续)

3) 多属性决策分析结果

表 4.5 所示为广义整数泊松分布场景下各算法多属性决策分析结果。在各项评估指标中,公平性指标越接近 1 越好,总吞吐量越大越好,队列均衡性越均衡越好,综合评估 MADM 指标越接近 1 越好。由表 4.5 可知,本书算法 MADM 指标数值最大,可视为最优算法,其综合评估 MADM 指标相比于其他算法分别具有约 20.59%、52.99%、8.08%的性能优势。

表 4.5 广义整数泊松分布场景的各算法多属性决策分析结果

评价指标	算法 1	算法 2	算法 3	本书算法
公平性	0.7509	1.0000	0.9762	0.8452
吞吐量	7826.0000	4783.0000	6376.0000	6722.0000
队列均衡性	734.6839	1978.5000	1221.2000	0.7071
综合评估 MADM 指标	0.5255	0.4142	0.5863	**0.6337**

仿真结果表明,在广义整数泊松分布场景中,本书算法(基于指数队列均衡的比例公平调度算法)能很好地兼顾多用户接入的公平性、吞吐量与队列均衡性,具有最优的多址接入性能。

4.3 多星单车：基于双寡头博弈的多星接入优选算法

4.3.1 系统模型

1. 术语定义

① 坐标系：二维笛卡儿坐标系，记为 x-O-y；

② 小圆：轨道器 1 的覆盖边缘，具有更低的轨道高度 h_1 和更小的覆盖半径 D_1；

③ 大圆：轨道器 2 的覆盖边缘，具有更高的轨道高度 h_2 和更大的覆盖半径 D_2；

④ 圆心距连线：小圆圆心与大圆圆心之间的水平连线，记为 D_{12}；

⑤ 边缘点：大、小圆与圆心距连线之间的交点，其中 E_{p1} 记为小圆交点，E_{p2} 记为大圆交点；

⑥ 边缘挺进因子：大、小圆边缘点之间的距离，记为 $d_{E_{p12}}=E_{p1}-E_{p2}$；

⑦ 交叠覆盖区域：大、小圆围成的图形在二维平面中的交集，记为 A；

⑧ 交叠覆盖区域右子集：交叠覆盖区域子集，位于巡视器坐标相对于 x 轴垂线右侧，记为 S_{right}；

⑨ 相对几何权重：基于二维坐标系来描述两个轨道器相对空间关系的出现概率，记为 w。

2. 轨道器几何覆盖

图 4.13 给出了不同高度的轨道器 $i(i=1,2)$ 对于火星表面独立覆盖的三维示意图，其中参数 α_i 表示轨道器对火星方向数传机的半波束宽度，h_i 表示轨道器距离火星表面的轨道高度（均为近圆轨道），D_i 表示轨道器覆盖

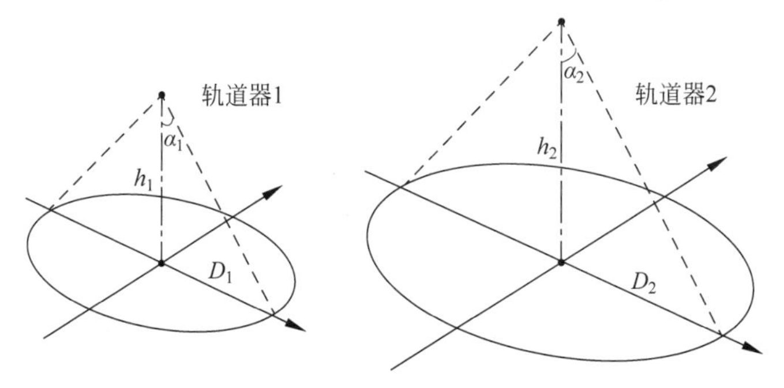

图 4.13 不同轨道器的独立几何覆盖

区域的几何半径，计算公式为 $D_i = h_i \tan\alpha_i$。不失一般性，本书假设轨道器 1 的轨道高度低于轨道器 2($h_1 < h_2$)，这种简化并不影响本书研究所得到的结论。

为了提供更好的数据中继服务支持，轨道器对火星方向的数据中继天线通常设计为准全向天线模式，以提供最佳的火星表面覆盖范围，其半波束角 α_i(见图 4.14)计算方法见公式(4-22)：

$$\frac{\sin(90° + E)}{R_m + h_i} = \frac{\sin(\alpha_i)}{R_m} \Rightarrow \alpha_i = \arcsin\left(\frac{\sin(90° + E)}{R_m + h_i} \cdot R_m\right) \tag{4-22}$$

其中，E 是巡视器 r 的最低观测仰角(工程上一般选择 5°)；$\boldsymbol{v}$ 是轨道器 i 的速度矢量；h_i 是轨道器 i 的轨道高度；R_m 表示火星平均半径。

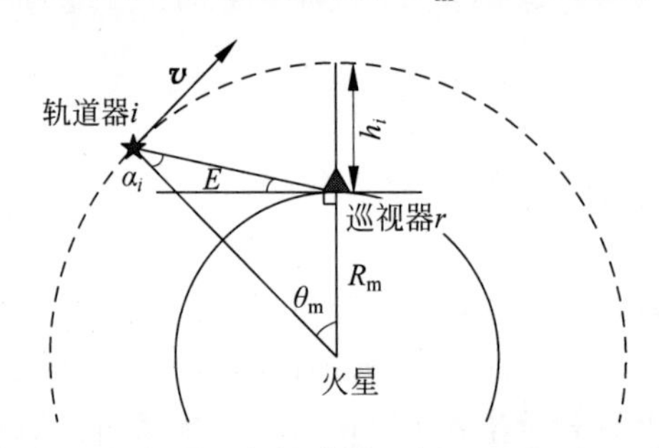

图 4.14 巡视器 r 与轨道器 i 之间观测几何示意图

如果一个巡视器同时被多个轨道器覆盖(通常为两个)，有必要对接入点进行优选以提升数据传输的服务质量。

图 4.15 所示为二维 x-O-y 坐标系下两个轨道器对于巡视器的交叠几何覆盖示意图，其中轨道器 1 的星下点坐标为(0,0)，轨道器 2 的星下点坐标为(D_{12},0)，D_{12} 表示两个轨道器星下点之间的距离；巡视器 r 位于坐标(x,y)；d_1 表示巡视器 r 与轨道器 1 星下点之间的距离，d_2 表示巡视器 r 与轨道器 2 星下点之间的距离。巡视器 r 与两个轨道器之间的空间距离分别为 $r_1 = \sqrt{d_1^2 + h_1^2}$、$r_2 = \sqrt{d_2^2 + h_2^2}$，其中 $d_1 = \sqrt{x^2 + y^2}$、$d_2 = \sqrt{(D_{12} - x)^2 + y^2}$。

为进一步分析交叠覆盖区域面积分布情况，本书构建了相应的三维几何模型，如图 4.16 所示。其中：

① x-y-z：三维笛卡儿坐标系，其中轨道器 1 的星下点位于坐标系原点 O，轨道器 2 的星下点位于 D_{12}，$D_{12} = D_1 + D_2 - d_{E_{p12}}$；

② h_i：轨道器 i 的轨道高度，i=1,2；

③ d_i：巡视器与轨道器 i 星下点之间的空间距离(位于火星表面)，i=1,2；

④ r_i：巡视器与轨道器 i 之间的空间距离，i=1,2；

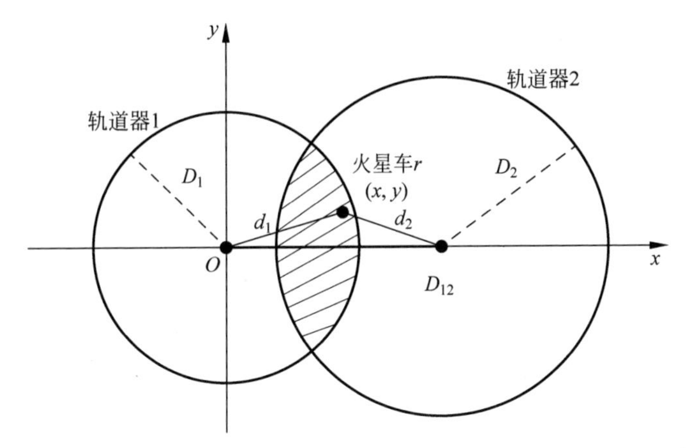

图 4.15 两个轨道器的交叠几何覆盖(图中阴影部分为交叠覆盖区域)

⑤ A：大小圆的交点(y 轴正方向)，其中 $|\boldsymbol{OA}|=D_1$、$|\boldsymbol{D}_{12}\boldsymbol{A}|=D_2$；

⑥ B：小圆与过巡视器垂线的交点(y 轴负方向)，其中 $|\boldsymbol{OB}|=D_1$；

⑦ β：$\boldsymbol{OD}_{12}$ 与 $\boldsymbol{OB}$ 之间夹角，$\beta=\arccos(x/D_1)$；

⑧ β_1：向量 $\boldsymbol{OD}_{12}$ 与向量 $\boldsymbol{OA}$ 之间的夹角，表达式为 $\beta_1=\arccos\left(\frac{D_1^2+D_{12}^2-D_2^2}{2D_1D_{12}}\right)$；

⑨ β_2：向量 $\boldsymbol{D}_{12}\boldsymbol{O}$ 与向量 $\boldsymbol{D}_{12}\boldsymbol{A}$ 之间的夹角，表达式为 $\beta_2=\arccos\left(\frac{D_2^2+D_{12}^2-D_1^2}{2D_2D_{12}}\right)$。

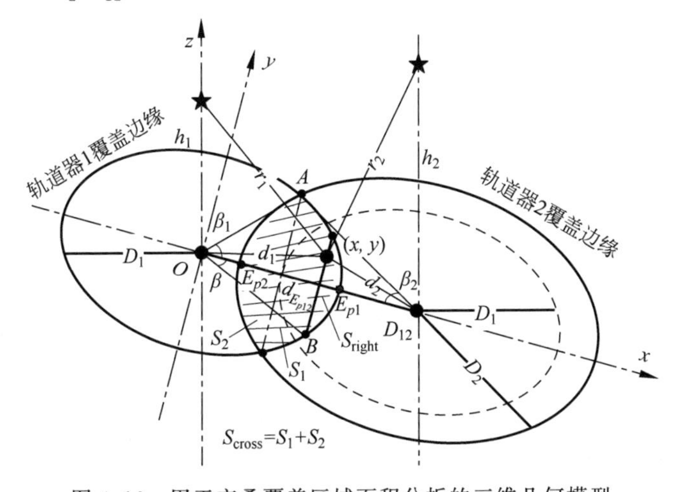

图 4.16 用于交叠覆盖区域面积分析的三维几何模型

3. 约束与假设

1) 跟踪事件

双星单车是火星中继通信多星接入的常见场景,因此本书主要研究巡视器与两个轨道器同时可见条件下的接入优化问题。跟踪弧段时长可用 CT_{ij}^{n} 表示,其中 n 表示跟踪弧段序号,i 表示巡视器序号,j 表示火星轨道器序号。在本书双星单车场景中,将单个巡视器标记为 r,两个轨道器标记为1、2,整个决策空间可表示为 $\{\bigcup_{n} CT_{r1}^{n}\} \cap \{\bigcup_{m} CT_{r2}^{m}\}$。

2) 数据速率

与传统直接对地通信模式相比,基于 CCSDS Proximity-1 协议的火星中继通信的一个明显特点是在巡视器接入信道上采用了 ACM 技术。数据传输速率根据信道状态进行自适应调节,取值满足 $\text{rate}=2^{n}, n=0,1,2,\cdots,12$,即当传输距离较远时采用低速率、距离较近时切换为高速率,遵从平方反比定律。在本书分析中,主要考虑空间距离以及轨道器存储成本的动态变化与巡视器中继接入性能的定量关系,既不考虑不同轨道器之间通信机物理参数的差异,也不涉及不同信道噪声模式对于数据传输性能的影响。

3) 数据量与存储空间

假定巡视器是一个具有海量待传应用数据的信息源,在跟踪过程中可以源源不断地提供返向传输数据。对于轨道器而言,由于在轨存储资源受限且为多类科学任务所共享,因此用于中继转发使用的存储空间往往会设定一个最大使用量,这一约束也需要在进行优化设计时予以考虑。

4. 优化函数

1) 系统成本函数

传统的空间通信问题分析往往聚焦于某个特定的成本开销,一部分研究侧重于传输功率损耗,仅关注传输成本;另一部分研究则侧重于队列长度,仅关注存储成本。对于数据中继业务而言,系统成本函数则需要同时考虑传输成本与存储成本两个影响因素,为进一步给定二者之间的量化关系,本书提出了多属性加权系统成本评估方法,其系统成本函数可表述为 $C_{\tau}(q,r)=\lambda c(q)+t(r)=\lambda A(1-q)^{-\alpha}+tr^{2}$,其中:$C_{\tau}(q,r)$表示第 τ 个时隙的系统成本,$c(q)$表示轨道器存储成本,$t(r)$表示巡视器与轨道器近距无线链路的信息传输成本,q 表示轨道器存储百分比,r 表示巡视器与轨道器之间的无线信号传播距离,A 表示单位存储量的成本开销因子,t 表示单位传播距离的成本开销因子,λ 则是与轨道器存储状态有关的权重因子(用于实现存储成本与传输成本在系统成本函数中的动态平衡)。

2）优化目标

对于航天器尤其是深空探测器而言，能源子系统的长期稳定运转是确保任务有效实施的重要前提。现阶段，航天器能源子系统主要利用太阳能帆板获取日照能量，转换为电能后存储在蓄电池组中，由供配电子系统按需分配给各在轨仪器使用。大量研究与航天工程实践表明，能源子系统的有效工作寿命取决于任务期间的总能源消耗需求。文献[17]分析给出了蓄电池储电容量 C_{B}（capacity of battery）与放电深度 DoD（depth of discharge）之间的数学关系式 $C_{\mathrm{B}}=\dfrac{P_eT_e}{\mathrm{DoD}\cdot N_e\eta_e}$，其中 P_e 表示航天器处于行星阴影区遮挡期间（T_e）的输出功率，N_e 是蓄电池组电池数量，η_e 是电池效率。该公式表明蓄电池储电容量 C_{B} 与放电深度 DoD 成反比关系。由此推知，如果火星中继通信大容量数据传输耗能过大，势必要求更多的可用蓄电池储电容量 C_{B}，从而导致较低的放电深度 DoD。根据文献[17]调研给出的放电深度与航天器有效工作寿命的关系描述，较低的放电深度往往意味着航天器较早地进入了寿命末期，从而减少了航天器的有效工作寿命。

通过上述分析，在设计多星单车接入优选算法的优化目标时，不仅要着眼于提高数据中继的传输容量，还需要综合考虑能源消耗（即系统成本）对轨道器有效工作寿命的影响，因此这也是一个多属性决策问题，优化时需要在传输容量与系统成本之间取得平衡。该问题的优选准则有两个等价描述，即“单位传输容量条件下系统成本最低”与“单位系统成本条件下传输容量最高”，二者互为对偶问题。在本书中，考虑到深空探测任务更倾向于确保航天器长期有效在轨工作，因此多星单车接入优选策略应在满足巡视器中继传输需求的同时，尽可能兼顾延长轨道器有效工作周期，使得轨道器可以在相对较长的生命周期中提供高质量的数据中继服务，即在保证数据吞吐量的前提下尽可能降低功耗（成本）从而延长探测器寿命，因此本书选择前者作为优化目标，即“单位传输容量条件下系统成本最低”，表达式为 $\min\left\{\sum_{\tau}C_{\tau}(q,r)\Big/\sum_{\tau}\mathrm{TP}_{\tau}\right\}$，其中 TP_{τ} 表示第 τ 个时隙的数据传输吞吐量，$C_{\tau}(q,r)$ 表示第 τ 个时隙的系统成本。

4.3.2 优化算法

1. 算法框架

本书提出的多星单车接入优化算法框架为图 4.17 所示的级联递进结构。

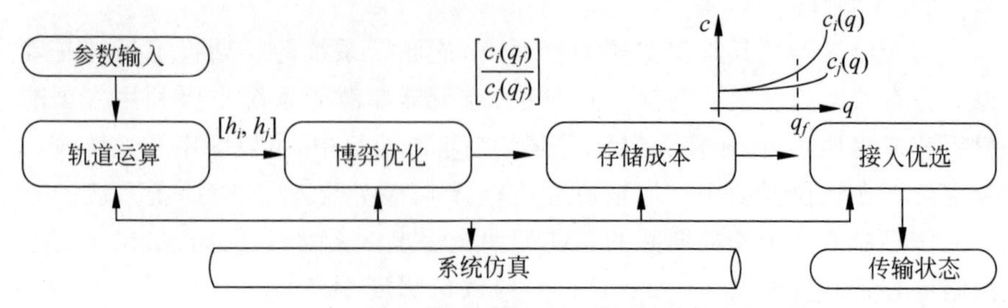

图 4.17 多星单车接入优化算法的级联递进结构框架

① 参数输入：轨道器重访周期，如每天12次。

② 轨道运算：根据重访周期确定火星轨道器运行轨道，其输出参数为不同的轨道高度$[h_i, h_j]$。

③ 博弈优化：根据轨道高度参数对双寡头模型进行适应性改进，给出考虑传输成本的双轨道器中继通信服务纳什均衡价格比率$[c_i(q_f)/c_j(q_f)]$，其中q_f表示存储饱和门限。

④ 存储成本：根据双轨道器价格比率确定每个轨道器的存储成本函数$[c_i(q), c_j(q)]$，其中q表示当前轨道器的存储比率。

⑤ 接入优选：根据存储成本函数与轨道参数，实现多星单车最优接入点选择算法设计，其输出参数为每个时隙的传输状态。

⑥ 传输状态：接入偏好序、传输吞吐量、成本消耗、单位数据量的平均成本消耗。

⑦ 系统仿真：基于优化模型与仿真参数开展性能分析与评估。

2. 双寡头博弈模型

多星单车接入优选问题可以等价转换为经济学领域中双寡头博弈价格竞争问题，即轨道器可等效为提供数据中继服务的供应商，而巡视器则可等效为购买中继服务的消费者。双寡头博弈模型的纳什均衡解即为每个轨道器单位数据量条件下的存储成本，而两个轨道器之间的价格比率则可以作为存储成本函数的输入参数。

1）经典双寡头博弈模型

美国经济学家 Harold Hotelling 于1929年提出了一种新的经典双寡头博弈数学模型[18]，又称"霍特林模型"，该模型用于解决具有服务质量差异性条件下的供应商竞争问题，并在双寡头博弈市场条件下较好地分析了具有位置差异性的价格决策机制。

根据霍特林模型，如果供应商提供的服务之间存在差异性，那么替代性将不会是无限度的。消费者通常对于不同的产品具有不同的喜好倾向，商品的价格也并不是消费者做出购买决策的唯一衡量标准，因此均衡价格将会与边际成本产生一定的分离，从而更加贴近真实市场条件。决策影响因素有很多种类型，通常采用空间差异性，这也是最经典的霍特林模型。在该模型中，不同供应商提供的产品之间并不存在差异性，但是消费者距离供应商位置的远近程度将会带来不同的传输成本。因此，消费者在决策时将会综合考虑产品价格与传输成本两种因素的共同作用。

图 4.18 给出了双寡头博弈条件下的经典霍特林模型，整个城市的节点按照距离分布归一化至一维的单位坐标轴上。假设：①供应商 1 与供应商 2 分别位于 a 与 $1-b$；②$1-a-b\geqslant 0$，即要求供应商 1 位于供应商 2 左侧；③传输成本为空间距离 d 的二次函数，可表示为 td^2，其中 t 为传输成本因子，d 为供应商与消费者之间的空间距离。令 x 表示消费者位于坐标轴上的位置，$D_i(i=1,2)$表示消费者选择供应商 i 的倾向性，p_i 表示供应商 i 的价格，由此可以得到：

(1) 消费者需求量定义：$D_1=x, D_2=1-x$；

(2) 均衡条件：$p_1+t(a-x)^2=p_2+t(1-b-x)^2$；

(3) 纳什均衡解：假设供应商 i 选择价格 p_i 来最大化其效用函数 u_i。给定一阶微分与二阶微分条件，$\partial u_i/\partial p_i=0, \partial^2 u_i/\partial p_i^2>0(i=1,2)$，可以得到价格与效用的纳什均衡解：

$$p_1^*(a,b)=c+t(1-a-b)\left(1+\frac{a-b}{3}\right) \tag{4-23}$$

$$p_2^*(a,b)=c+t(1-a-b)\left(1+\frac{b-a}{3}\right) \tag{4-24}$$

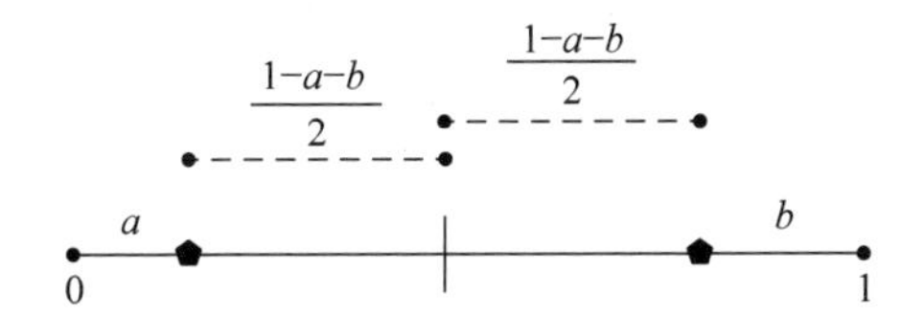

图 4.18 双寡头博弈条件下的经典霍特林模型

2）相似性与技术挑战

经典双寡头博弈霍特林模型与轨道器接入优选问题之间具有数学形式上的相似性：

① 在几何描述方面，霍特林模型采用距离来评估传输成本，这一点对

于轨道器接入优选问题也同样适用，因为轨道器与巡视器之间的无线信号传输损耗主要受空间传输距离影响。

② 在均衡条件方面，霍特林模型采用二次方项来定义传输损耗，这一点与无线信道传播模型相一致，即无线信号传输损耗与距离二次方呈正比。

③ 在均衡解方面，霍特林模型的均衡价格具有数学形式的对称性，仅与供应商当前位置有关，这一点对于轨道器接入优选问题也同样适用，即巡视器只需要关心轨道器的空间距离，与轨道器进入跟踪视场的方位角无关，从而可进一步简化问题的复杂度。

由此可知，可以参考霍特林模型构建轨道器接入优选问题的数学模型。然而，经典双寡头场景与火星中继多星单车接入优选场景之间仍存在着一些差异(见表 4.6)，因此需要进行适应性改进。

表 4.6 经典双寡头场景与多星单车接入优选场景之间的主要区别

比较要素	经典双寡头场景	多星单车接入优选场景
参与对象	消费者与双供应商	巡视器与双轨道器
空间维度	消费者与供应商的位置用一维单位长度坐标轴来表示	轨道器对巡视器的几何覆盖需要用二维笛卡儿坐标系来表示
接入点约束	供应商位置限制于固定位置上求解纳什均衡解	轨道器空间位置动态变化，需求解动态几何关系下的纳什均衡解
用户分布	消费者在一维单位长度坐标轴上呈现出均匀分布	巡视器在二维平面上的分布概率依赖于动态几何条件，具有非均匀分布特性

3) 改进的霍特林模型

为了满足火星中继通信任务需求，本书针对前述技术差异对经典霍特林模型进行了相应的适应性改进，具体分析如下：

(1) 采用交叠覆盖区域面积(S_{cross})来描述轨道器的中继服务能力

交叠覆盖区域面积 S_{cross} 取决于双轨道器之间的相对几何关系，分析可知，较大的 S_{cross} 对应于较高的巡视器接入概率，此时双轨道器系统可以提供更好的数据中继通信服务。整个交叠覆盖区域如图 4.16 阴影所示，该区域可以根据过大、小圆交点 A 的垂线划分为两个子区域，分别标记为 S_1 与 S_2，其中：

$$S_1=\beta_1 D_1^2-\sin\beta_1\cos\beta_1\cdot D_1^2=\left(\beta_1-\frac{1}{2}\sin 2\beta_1\right)D_1^2 \tag{4-25}$$

$$S_2=\beta_2 D_2^2-\sin\beta_2\cos\beta_2\cdot D_2^2=\left(\beta_2-\frac{1}{2}\sin 2\beta_2\right)D_2^2 \tag{4-26}$$

$$S_{\text{cross}}=S_1+S_2=\left(\beta_1-\frac{1}{2}\sin 2\beta_1\right)D_1^2+\left(\beta_2-\frac{1}{2}\sin 2\beta_2\right)D_2^2 \tag{4-27}$$

交叠覆盖区域右子集 S_{right} 是双寡头博弈模型的关键参数，用来表征整个交叠覆盖区域中接入轨道器 2 的分布概率。本书基于改进的霍特林模型，通过求解纳什均衡解寻找最佳的巡视器坐标(x,y)，从而得到均衡条件下的交叠覆盖区域右子集。在图 4.16 所示场景下，其均衡条件可以表述为

$$c_1(q)+tr_1^2=c_2(q)+tr_2^2 \tag{4-28}$$

令 $c_i(q)=Ap_i(q)$，$A=\zeta t$，其中 A 表示存储成本因子，ζ 表示 A 与 t 之间的比率。由此可得，$\zeta p_1(q)+(x^2+y^2+h_1^2)=\zeta p_2(q)+[(D_{12}-x)^2+y^2+h_2^2]$。从而得到过巡视器的垂线表达式为

$$x=\frac{D_{12}}{2}+\frac{h_2^2-h_1^2}{2D_{12}}+\frac{\zeta[p_2(q)-p_1(q)]}{2D_{12}} \tag{4-29}$$

其中，第一部分为圆心距连线的中点；第二部分为轨道高度差异的影响；第三部分为存储成本差异的影响。由此，可以得到交叠覆盖区域右子集 S_{right} 的表达式为

$$S_{\text{right}}=\beta D_1^2-\sin\beta\cos\beta\cdot D_1^2=\left(\beta-\frac{1}{2}\sin 2\beta\right)D_1^2 \tag{4-30}$$

$$\beta=\arccos(x/D_1)=\arccos\left(\frac{D_{12}^2+h_2^2-h_1^2+\zeta[p_2(q)-p_1(q)]}{2D_1D_{12}}\right) \tag{4-31}$$

进而可以得到属于轨道器 1 的交叠覆盖面积为 $A_1=S_{\text{cross}}-S_{\text{right}}=S_1+S_2-S_{\text{right}}$，属于轨道器 2 的交叠覆盖面积为 $A_2=S_{\text{right}}$。

(2) 采用边缘挺进因子 $d_{E_{p12}}$ 来描述二维空间交叠覆盖区域动态变化

火星中继通信任务中，交叠覆盖区域的动态变化可以根据边缘挺进因子 $d_{E_{p12}}$ 进行刻画，主要划分为以下三个阶段。

阶段 1：不存在交叠覆盖。在该阶段，两个轨道器空间距离相距较远，行星表面波束覆盖不存在交叠，如图 4.19 所示。

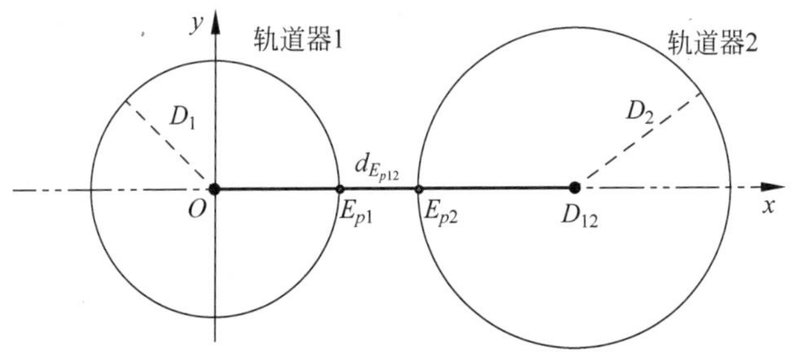

图 4.19 阶段 1 几何覆盖示意图

其中,$E_{p2} \geqslant E_{p1}$,$d_{E_{p12}} = E_{p1} - E_{p2} \leqslant 0$,该阶段为单星单车模式,不属于本书研究范畴。

阶段 2：大圆左侧的交叠覆盖。该阶段是本章的研究重点,双轨道器的行星表面波束交叠覆盖情况如图 4.20 所示,其中轨道器 1 具有较低的轨道高度,对应于较小的覆盖范围,如图 4.20 中蓝圈所示；轨道器 2 具有较高的轨道高度,对应于较大的覆盖范围,如图 4.20 中红圈所示。

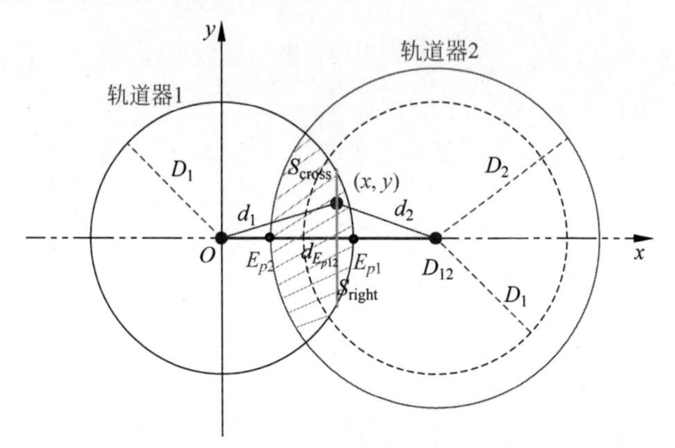

图 4.20 阶段 2 几何覆盖示意图(后附彩图)

在该阶段,边缘挺进因子的边界范围为：

下边界：$E_{p2} < E_{p1}$,$d_{E_{p12}} = E_{p1} - E_{p2} > 0$；

上边界：$d_{E_{p12}} = E_{p1} - E_{p2} < D_1 + D_2$,如图 4.20 中大圆内部虚线构成的小圆所示。

阶段 3：大圆右侧的交叠覆盖。该阶段等效于阶段 2 的几何镜像,如图 4.21 所示,其工作性能与阶段 2 相当,本书不再重复分析。

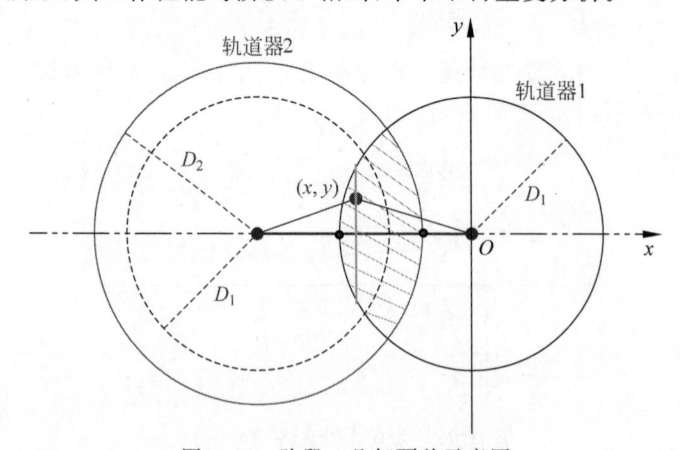

图 4.21 阶段 3 几何覆盖示意图

(3) 采用相对几何权重 $w(d_{E_{p12}})$来描述不同观测条件下巡视器的动态分布概率

两个轨道器之间的相对几何权重用来表征不同跟踪场景的出现概率，该参数与边缘挺进因子 $d_{E_{p12}}$ 相关($d_{E_{p12}}$ 变化情况如图 4.22 所示)，其数值可以通过对当前场景下圆环面积进行积分来获取。

相对几何权重的分析与计算可以划分为三个阶段，如图 4.22 所示。

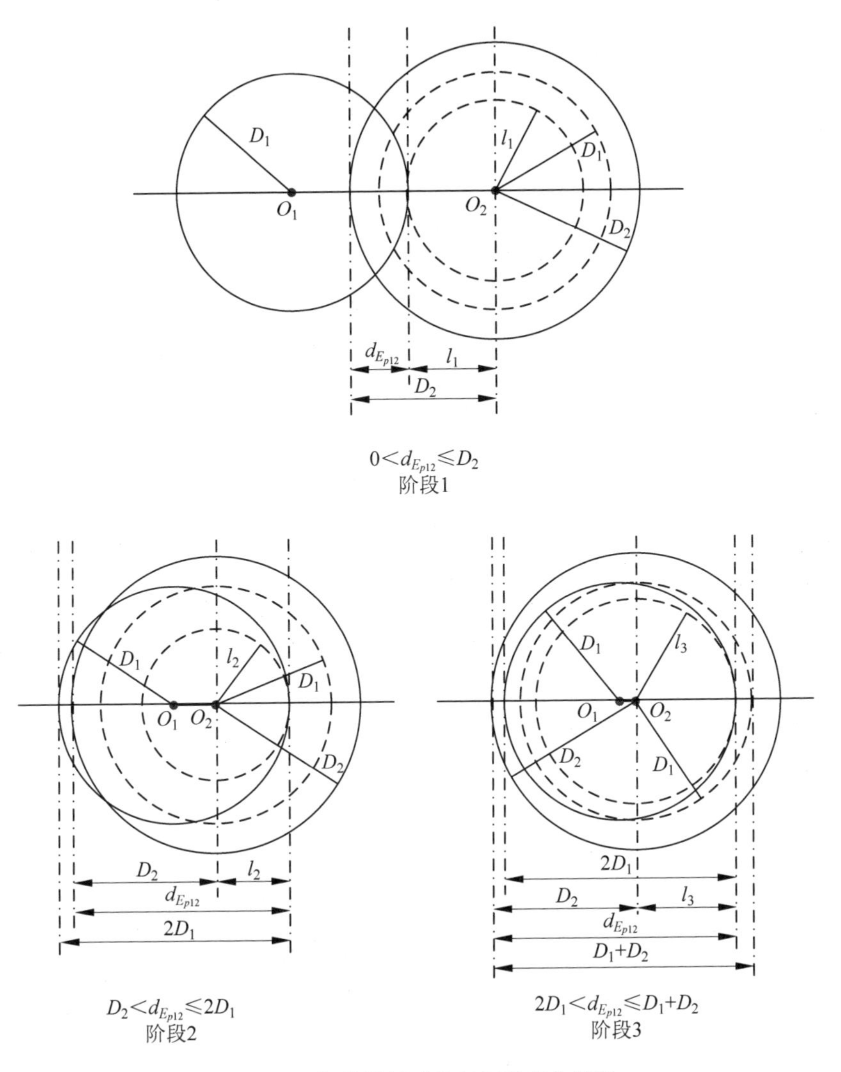

图 4.22 各阶段相对几何权重变化情况

通过数学分析,可以得到相对几何权重的分段函数表达形式为

$$w(d_{E_{p12}})=\begin{cases}\gamma\pi[d_{E_{p12}}(2D_2-d_{E_{p12}})], & 0<d_{E_{p12}}\leqslant D_2\\ \gamma\pi[D_2^2+(d_{E_{p12}}-D_2)^2], & D_2<d_{E_{p12}}\leqslant 2D_1\\ \gamma\pi[D_2^2+(2D_1-D_2)^2], & 2D_1<d_{E_{p12}}\leqslant D_1+D_2\end{cases} \tag{4-32}$$

该分段函数的积分可以表达为 $w_{\text{total}}=w_1+w_2+w_3$,其中:

$$w_1=\int_0^{D_2}\gamma\pi[x(2D_2-x)]\,\mathrm{d}x=\gamma\pi\frac{2}{3}D_2^3 \tag{4-33}$$

$$\begin{aligned}w_2&=\int_{D_2}^{2D_1}\gamma\pi[D_2^2+(x-D_2)^2]\,\mathrm{d}x\\&=\gamma\pi(2D_1-D_2)\left[D_2^2+\frac{(2D_1-D_2)^2}{3}\right]\end{aligned} \tag{4-34}$$

$$\begin{aligned}w_3&=\int_{2D_1}^{D_1+D_2}\gamma\pi[D_2^2+(2D_1-D_2)^2]\,\mathrm{d}x\\&=\gamma\pi(D_2-D_1)[D_2^2+(2D_1-D_2)^2]\end{aligned} \tag{4-35}$$

由此得到:

$$\begin{aligned}w_{\text{total}}&=\int w(d_{E_{p12}})\mathrm{d}(d_{E_{p12}})=w_1+w_2+w_3\\&=\gamma\pi D_2^2\left(-2D_1+\frac{4}{3}D_2+4\frac{D_1^2}{D_2}-\frac{4}{3}\frac{D_1^3}{D_2^2}\right)\end{aligned} \tag{4-36}$$

令总权重取值为1,则可以得到归一化权重因子 γ 的表达式如式(4-37)所示:

$$\gamma=\left[\pi D_2^2\left(-2D_1+\frac{4}{3}D_2+4\frac{D_1^2}{D_2}-\frac{4}{3}\frac{D_1^3}{D_2^2}\right)\right]^{-1} \tag{4-37}$$

可得归一化相对几何权重 w 如式(4-38)所示:

$$w(d_{E_{p12}})=\begin{cases}\dfrac{d_{E_{p12}}(2D_2-d_{E_{p12}})}{D_2^2\left(-2D_1+\frac{4}{3}D_2+4\frac{D_1^2}{D_2}-\frac{4}{3}\frac{D_1^3}{D_2^2}\right)}, & 0<d_{E_{p12}}\leqslant D_2\\ \dfrac{D_2^2+(d_{E_{p12}}-D_2)^2}{D_2^2\left(-2D_1+\frac{4}{3}D_2+4\frac{D_1^2}{D_2}-\frac{4}{3}\frac{D_1^3}{D_2^2}\right)}, & D_2<d_{E_{p12}}\leqslant 2D_1\\ \dfrac{D_2^2+(2D_1-D_2)^2}{D_2^2\left(-2D_1+\frac{4}{3}D_2+4\frac{D_1^2}{D_2}-\frac{4}{3}\frac{D_1^3}{D_2^2}\right)}, & 2D_1<d_{E_{p12}}\leqslant D_1+D_2\end{cases} \tag{4-38}$$

4）纳什均衡解

给定各轨道器存储器初始状态为 $q_1=q_2=q_0$，得到轨道器 1 与轨道器 2 存储效用函数如式(4-39)所示：

$$\begin{cases} u_1(p_1,p_2,d_{E_{p12}})=p_1\cdot A_1(p_1,p_2,d_{E_{p12}})\cdot w(d_{E_{p12}}) \\ u_2(p_1,p_2,d_{E_{p12}})=p_2\cdot A_2(p_1,p_2,d_{E_{p12}})\cdot w(d_{E_{p12}}) \end{cases} \tag{4-39}$$

给定一阶微分条件 $\partial u_i/\partial p_i=0(i=1,2)$，可以得到变量为 p_i 的纳什均衡解方程如式(4-40)所示：

$$\begin{cases} S_1(d_{E_{p12}})+S_2(d_{E_{p12}})-S_{\text{right}}(p_1,p_2,d_{E_{p12}})- \\ \quad p_1\dfrac{\partial S_{\text{right}}(p_1,p_2,d_{E_{p12}})}{\partial p_1}=0 \\ S_{\text{right}}(p_1,p_2,d_{E_{p12}})+p_2\dfrac{\partial S_{\text{right}}(p_1,p_2,d_{E_{p12}})}{\partial p_2}=0 \end{cases} \tag{4-40}$$

这是一个典型的非线性超越方程组，可以通过数值迭代进行求解。该超越方程组的解可用变量 $d_{E_{p12}}$ 表示为 $\{p_1(d_{E_{p12}}),p_2(d_{E_{p12}})\}$，据此推算得到轨道器的加权价格比率 $[c_i(q_f)/c_j(q_f)]$ 如式(4-41)所示：

$$\begin{aligned} \left[\frac{c_i(q_f)}{c_j(q_f)}\right] &= \frac{\displaystyle\int \frac{p_1(d_{E_{p12}})}{p_2(d_{E_{p12}})} w(d_{E_{p12}})\mathrm{d}(d_{E_{p12}})}{\displaystyle\int w(d_{E_{p12}})\mathrm{d}(d_{E_{p12}})} \\ &= \int \frac{p_1(d_{E_{p12}})}{p_2(d_{E_{p12}})} w(d_{E_{p12}})\mathrm{d}(d_{E_{p12}}) \end{aligned} \tag{4-41}$$

3. 存储成本

在本书中，存储成本函数采用幂函数 $c(q)=A\cdot(1-q)^{-\alpha}$ 形式表示，其中 q 表示存储空间使用百分比($0<q<1$)；$1-q$ 表示存储空间剩余可用百分比；A 是存储成本系数($A>0$)；α 为幂指数。

1）一阶导数

存储成本函数 $c(q)$ 的一阶导数如式(4-42)所示：

$$\begin{cases} c(q)=(1-q)^{-\alpha}\Rightarrow c'(q)=\alpha(1-q)^{-\alpha-1} \\ p=1-q \\ c(p)=p^{-\alpha}\Rightarrow c'(p)=-\alpha\cdot p^{-\alpha-1} \end{cases} \tag{4-42}$$

由式(4-42)可以看出，$c(q)$ 的一阶导数取值主要决定于幂指数 α。如果 α 取值为 0，则存储成本函数取值为常数，那么在任何存储条件下均会得到相同的价格，无法引入存储状态带来的成本差异性；如果 α 取值小于0，即 $-\alpha$ 取值大于0，此时存储成本函数为已用存储空间变量 q 的递减函数（即可用存储空间变量 $p=(1-q)$ 的单调递增函数），在已用存储空间增加（可用存储空间不断减少）的条件下出现了价格降低的现象，这一结论违背了经济学领域的资源稀缺性常识，即可用存储空间越少，资源稀缺性增强，其价格理应越高。因此，幂指数取值应该大于0，即 $\alpha>0$。

2）二阶导数

存储成本函数 $c(q)$ 的二阶导数如公式(4-43)所示：

$$c''(q)=\alpha(1+\alpha)(1-q)^{-\alpha-2} \tag{4-43}$$

根据公式(4-43)可以看出，如果幂指数 α 大于0，则有 $c''(q)>0$，即随着存储空间使用率的提高，边际效用（单位存储量的成本消耗）也逐渐提高；同样，较低的存储空间使用率（对应于预留更多的可用空间）对应于更低的成本消耗，这一结论与经典经济学边际效用递减理论相符，即随着消费者可获得产品数量的不断增加，该消费者可以从单位产品获得的边际效用变小。根据 $c(q)$ 一阶导数分析可知幂指数 $\alpha>0$，由此代入公式(4-43)可得 $c(q)$ 的二阶导数大于0，即 $c''(q)>0$，这一结论与经典经济学理论相符。

4. 轨道器优选

本书以CCSDS Proximity-1协议的接纳控制策略为技术基线与其他两种轨道器优选方法进行比较，包括地球轨道卫星星座常用的距离优先算法、本书提出的基于最小化系统成本的优选算法。

1）CCSDS Proximity-1协议

CCSDS Proximity-1协议的接纳控制策略[19]可描述为“单址接入、先到先得”，这意味着巡视器优先选择最早进入可视范围并通过Hailing信道与之完成呼叫建链的轨道器，在跟踪弧段内巡视器一直与该轨道器保持通信连接，直至该轨道器离开可视范围或通过Hailing信道退链为止。

2）距离优先算法

对于地球轨道卫星星座常用的距离优先算法而言[20]，每个通信时隙中巡视器选择空间距离最小的轨道器作为接入节点。在该算法下，第 τ 个时隙的轨道器选择准则如公式(4-44)所示：

$$j_{\tau}=\underset{i}{\operatorname{argmin}}\{r_{i,\tau}\} \tag{4-44}$$

其中，j_{τ} 表示第 τ 个时隙选中的轨道器；$r_{i,\tau}$ 表示第 τ 个时隙巡视器到轨道器 i 之间的空间距离。

3）本书算法：最小化系统成本

对于本书设计的优选算法而言，巡视器在当前时隙中选择具有最小系统成本的轨道器，其中系统成本包括巡视器与轨道器之间的近距无线链路信号传输成本和轨道器中继通信所用的数据存储成本。本书考虑采用等效参数转换方法来定义轨道器优选问题中的传输成本与存储成本，其中传输成本可以通过空间距离进行计算，而存储成本则可以用来衡量轨道器在轨能源消耗情况。在最小化系统成本算法下，第 τ 个时隙的轨道器选择准则如公式(4-45)所示：

$$j_\tau = \arg\min_i \{C_{i,\tau}(q_{i,\tau}, r_{i,\tau})\} \tag{4-45}$$

有

$$\begin{cases} C_{i,\tau}(q_{i,\tau}, r_{i,\tau}) = \lambda c_i(q_{i,\tau}) + t(r_{i,\tau}) \\ c_i(q_{i,\tau}) = A(1 - q_{i,\tau})^{-\alpha_i} \\ q_{i,\tau} = \dfrac{V_{i,0} + V_{i,\tau}}{V_{\text{total}}} = \dfrac{V_{i,0} + \rho r_{i,\tau}^{-2}}{V_{\text{total}}} \end{cases} \tag{4-46}$$

其中，V_{total} 表示各个轨道器的缓冲区空间大小；A 表示各个轨道器幂函数的存储成本系数；$V_{i,0}$ 表示轨道器 i 的初始存储数据量；$q_{i,\tau}$ 表示第 τ 个时隙轨道器 i 的已用存储百分比。基于 4.3.1 节对于数据传输速率取值的约束，巡视器接入速率仅与当前时刻巡视器与轨道器 i 之间的空间距离相关，因此在第 τ 个时隙中巡视器发送至轨道器 i 的数据容量 $V_{i,\tau}$ 可表述为 $V_{i,\tau} = \rho r_{i,\tau}^{-2}$，系数 ρ 为从空间距离到数据容量之间的转换常数。本书中系数 λ 取值为 1，表明传输成本与存储成本对于轨道器接入优选算法而言具有相同权重。

4.3.3 仿真结果

1. 仿真条件

当前在轨运行的火星轨道器多数归属于 NASA 与 ESA，包括火星奥德赛(ODY)[2]，火星侦察轨道器(MRO)[3]，火星快车(MEX)[4]和火星痕迹气体轨道探测器(EMTGO)[21]。这些在轨飞行器除了要完成巡视器的数据中继任务之外，还有很重要的火星探索与勘测任务，如地形地貌观测、火星重力场测量等，其运行轨道设计需要综合考虑多种任务需求[22-24]，因此对于火星中继通信而言其选用轨道并不一定是最优的。此外，每个轨道器都独立执行火星中继任务，并未与邻近空间范围内的其他轨道器进行协同合作，其拓扑构型不能确保最大化数据中继服务能力。

基于当前轨道器数目较少、运行轨道受限的条件，本书提出了对轨道器进行适当的轨道调整，通过优化多星单车覆盖拓扑结构以提升火星中继通信性能，这在一定程度上减少了仿真分析的时间消耗，也符合未来低轨卫星智能按需组网的发展趋势。本书参考地球轨道多星覆盖问题选用了重访轨道[25-27]，即不同轨道器具有不同的重访周期，在 N_d 天内重访 N_p 次的数学表达式见式(4-47)：

$$N_p T_{\mathrm{O}} = N_d T_{\mathrm{G}} \tag{4-47}$$

其中，T_{O} 表示卫星轨道的交点周期；T_{G} 表示格林尼治交点周期。对公式(4-47)进一步推导得到公式(4-48)，其参数(a,e,i,Ω,ω,M)涉及的中心天体为火星。

$$N_p \frac{2\pi}{\sqrt{\mu/a^3}+\omega'+M'} = N_d \frac{2\pi}{\omega_m - \Omega'} \tag{4-48}$$

其中，参数 a 表示半长轴；$\sqrt{\mu/a^3}$ 表示轨道平均动量；e 表示偏心率；i 表示轨道倾角；Ω 表示升交点赤经；ω 表示近火点幅角；M 表示平近点角；ω_m 表示火星自转角速率；Ω'、ω'、M'则表示相应参数的时间变化率。

在本书仿真实验中，两个轨道器的重访轨道设计参数如表4.7所示，巡视器位于火星表面坐标(30°N，15°E)。在两个轨道器与巡视器的交叠覆盖期间，巡视器与轨道器之间跟踪情况及空间距离变化情况见图4.23。

表4.7 火星轨道器重访轨道参数设计

参　数	火星轨道器-高轨	火星轨道器-低轨
历元时刻	2020年1月1日零点(UTC)	2020年1月1日零点(UTC)
重访次数/d	12	13
轨道高度 h/km	494.8808	292.7679
偏心率 e	0.0	0.0
轨道倾角 i/(°)	93.1	93.1
近火点幅角 ω/(°)	80.0	310.0
升交点赤经 Ω/(°)	140.118	95.118
平近点角 M/(°)	0.0	0.0

通过对图4.23所示跟踪情况分析可知，巡视器同时被两个轨道器交叠覆盖的时段占该巡视器全部可用跟踪时段(至少有一个轨道器覆盖)的47.55%，表明在该仿真条件下双轨道器同时可见时段所占比重较大，轨道器接入优选算法在火星中继通信场景中可以获得较为明显的性能收益。此外，通过图4.23给出的跟踪情况还可以分析给出轨道器用于完成数据传输

任务所需的有效存储空间大小，等效于仿真期间各轨道器独自转发数据容量的上边界，简单估算为：平均接入速率×总跟踪时间＝2048kb/s×10^4s＝20.48Gb＝2.56GB。

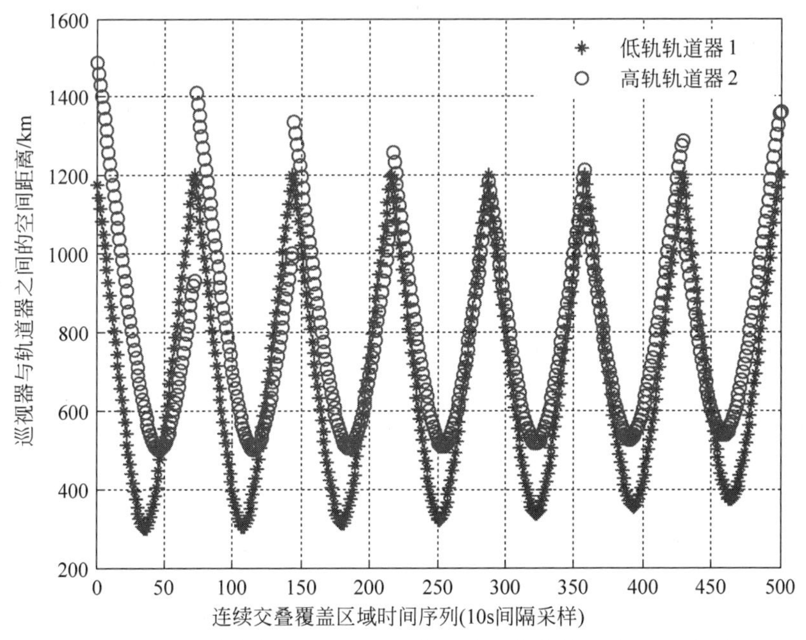

图 4.23 巡视器与轨道器之间的空间距离变化情况（交叠覆盖期间）

2. 改进霍特林模型纳什均衡解

1）纳什均衡价格

图 4.24 所示为均衡价格随挺进因子变化情况示意图，纵轴已按单位价格进行了换算。仿真结果表明，运行轨道较低的轨道器的均衡价格总是高于运行轨道较高的轨道器。通常来讲，为应对轨道摄动与大气阻力等影响，轨道高度低的轨道器需要进行更为复杂、更为频繁的轨道调整工作，从而会耗费更多的燃料。另外，低轨运行的轨道器通常会被赋予更多的火星表面勘测任务，导致低轨飞行的轨道器的存储空间将会被其他科学任务所占用，其用于火星中继通信任务的存储空间也更具有稀缺性。因此，本书对于不同轨道高度运行的轨道器均衡价格的研究结果具有工程使用上的合理性。

2）相对几何权重

图 4.25 所示为均衡条件下相对几何权重随挺进因子变化情况示意图，纵轴已按单位权重进行了换算。仿真结果表明，相对几何权重随着挺进因子增加而增大，与前文理论推导相符。

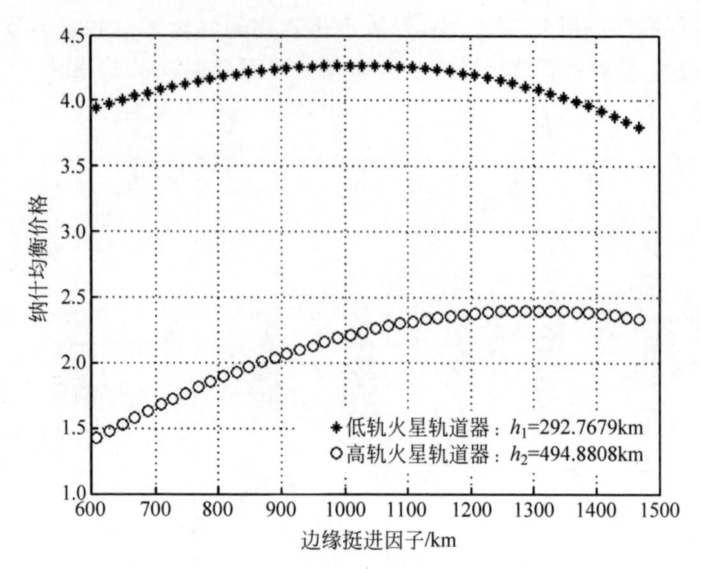

图 4.24 纳什均衡价格随挺进因子变化情况

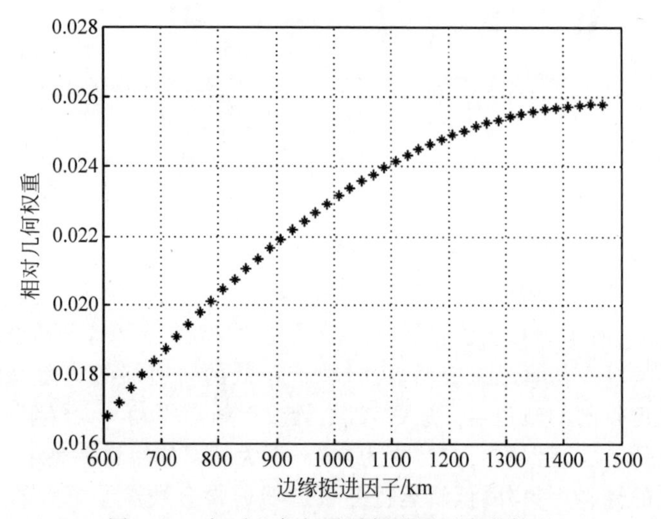

图 4.25 相对几何权重随挺进因子变化情况

根据图 4.24 与图 4.25 所示的仿真分析结果，可以计算得到不同均衡价格条件下两个轨道器之间的存储成本价格比率变化曲线。基于纳什均衡相对几何权重分布条件，本书进一步计算得到了价格比率的期望值为 1.9543，该数值等价于阈值存储容量比率 q_f 条件下的存储成本价格比率 $c_1(q)/c_2(q)$。在工程应用场景下，阈值存储容量比率 q_f 通常取值为 70%，该值可作为缓冲区饱和程度的判别阈值，亦可选作存储成本价格比率的参考变量。

3）加权面积与成本

图 4.26 与图 4.27 分别给出了均衡条件下加权面积与加权成本随挺进因子变化的仿真结果。仿真结果表明，即使在非纳什均衡条件下低轨轨道器的独立覆盖面积与纳什均衡条件下两个航天器交叠覆盖面积相等的情况下，纳什均衡加权成本总是低于非纳什均衡，这也意味着改进霍特林博弈模型能够有效工作于多星单车场景，可进一步降低火星中继通信成本、提高系统工作效用。

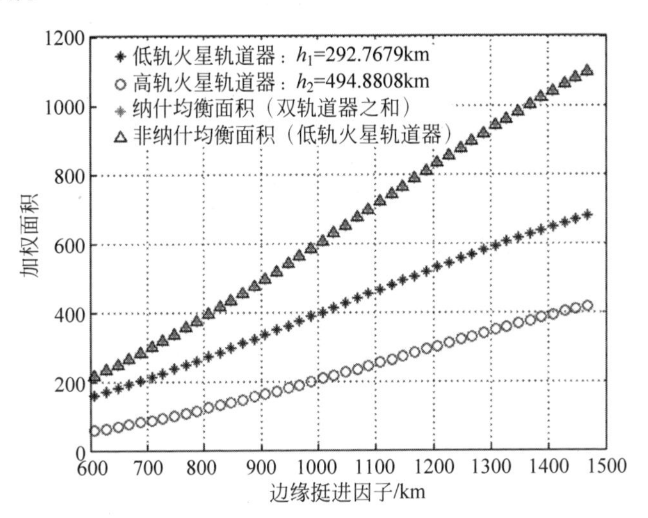

图 4.26 加权面积随挺进因子变化情况

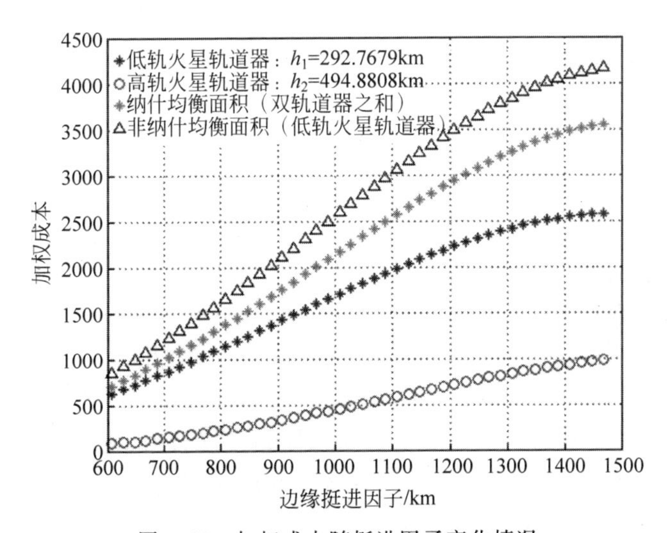

图 4.27 加权成本随挺进因子变化情况

3. 存储成本函数

根据上文计算得到的阈值存储容量比率 q_f 条件下的存储成本价格比率 $c_1(q)/c_2(q)$,可以进一步求解具有不同幂指数 α_1、α_2 的不同轨道器的存储成本函数。

假定低轨轨道器1幂指数 $\alpha_1=1.0$,则有:

$$c_1(q)=A(1-q)^{-\alpha_1}\big|_{q_f=0.7}=A(1-0.7)^{-1.0} \tag{4-49}$$

$$c_2(q)=A(1-q)^{-\alpha_2}\big|_{q_f=0.7}=A(1-0.7)^{-\alpha_2} \tag{4-50}$$

$$\frac{c_1(q_f)}{c_2(q_f)}=(1-0.7)^{\alpha_2-1}=1.9543 \Rightarrow \alpha_2 \approx 0.4435 \tag{4-51}$$

图4.28所示为不同轨道器的存储成本曲线,其中横坐标表示存储空间百分比,纵坐标按照单位价格进行了换算。

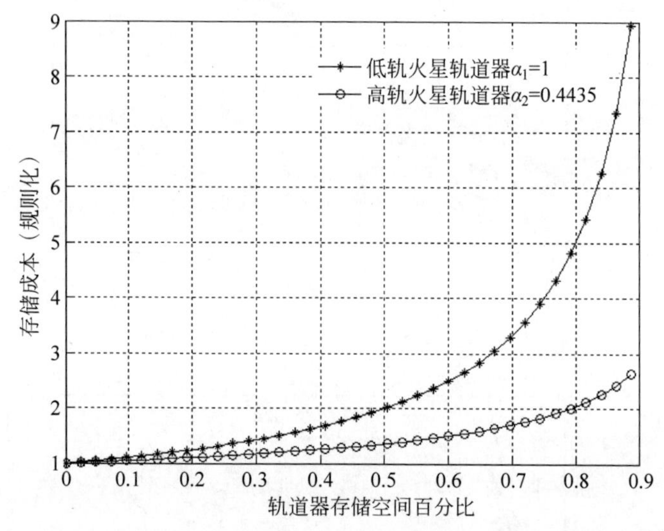

图4.28 不同轨道器的存储成本曲线

4. 轨道器接入优选性能

为了分析不同存储状态对于算法性能的影响,本书对4.3.2节给出的三种轨道器接入优选算法分别进行了编程实现,即CCSDS Proximity-1协议、距离优先算法、本书提出的最小系统成本优先算法,并设计了多个仿真实验对其工作性能进行测试。仿真中以轨道高度较低、接入条件更好的轨道器1的初始存储状态为变量,假定轨道高度较高的轨道器2存储空间充足,通过服务接受概率、系统成本、传输容量、单位传输容量下系统成本等统计参数对仿真结果进行了详细的对比分析。

1）服务接受概率

服务接受概率（service acceptance probability，SAP）用来衡量当前算法下轨道器成功接入的中继服务申请数占服务申请总数的百分比，采用多跟踪弧段统计平均方式计算成功接入的中继服务数目除以轨道器接收到的总服务请求数目。轨道器对巡视器中继服务申请的接受与否，取决于当前时隙该轨道器的可用存储空间状态，若该轨道器在当前时隙内没有足够的缓存空间用于存储巡视器中继转发数据，那么巡视器的中继服务申请就会被该轨道器拒绝，待传数据帧也会被轨道器丢弃，从而造成吞吐量损失。

图4.29给出了不同算法的服务接受概率性能比较，仿真结果分析如下：

（1）CCSDS Proximity-1协议与距离优先算法的服务接受概率均随着轨道器1初始存储空间的增大而不断降低，说明在轨道器1可用存储空间不断减少情况下，这两种算法的服务拒绝概率都在不断增加。

（2）距离优先算法性能优于CCSDS Proximity-1协议，其原因在于，轨道高度较低的轨道器1轨道相位角速度更快、通常先于轨道器2进入巡视器可见范围，在CCSDS Proximity-1协议接纳控制策略下，轨道器1将获得更多的巡视器中继服务申请，从而加速耗尽了可用存储空间，导致后续更大概率出现中继服务拒绝的情况。

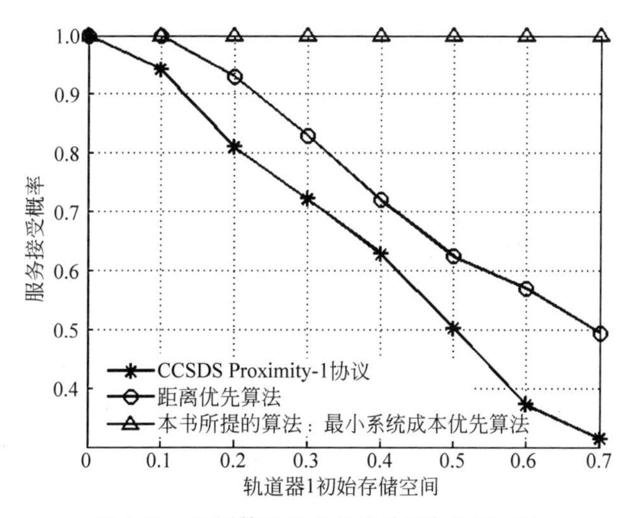

图4.29 不同算法的服务接受概率性能比较

(3) 本书提出的最小系统成本优先算法的服务接受概率一直等于100%,说明该算法在任何条件下都可以确保轨道器接受巡视器的中继服务申请,不存在服务拒绝情况。

2) 系统成本

图4.30给出了不同算法的系统成本性能比较,为了便于进行直观比较,本书将全部仿真结果中的最小值设为基数,然后计算各仿真结果与该基数的比率以进行规则化显示,仿真结果分析如下:

(1) 对于CCSDS Proximity-1协议,巡视器在绝大多数时隙中选择轨道高度较低(进入可见范围较早)的轨道器1作为接入点,理论上应具有最高的系统成本。然而,中继服务拒绝可以在一定程度上降低系统成本,随着服务接受概率曲线的快速下降,CCSDS Proximity-1协议的系统成本曲线也快速下降,并略低于距离优先算法。

(2) 对于距离优先算法,巡视器仅依赖于传输成本(空间距离)选择接入轨道器,因此轨道高度较低的轨道器1具有较高的接入概率,系统成本较高。然而,较高的中继服务拒绝概率在一定程度上降低了系统成本,因此该算法的系统成本变化曲线随着初始存储空间增大而下降。

(3) 对于本书算法,巡视器综合考虑传输成本和存储成本选择接入轨道器,其系统成本是三个算法中最低的。在本算法中,轨道高度较高的轨道器2具有更多的接入机会,从而降低了系统成本。

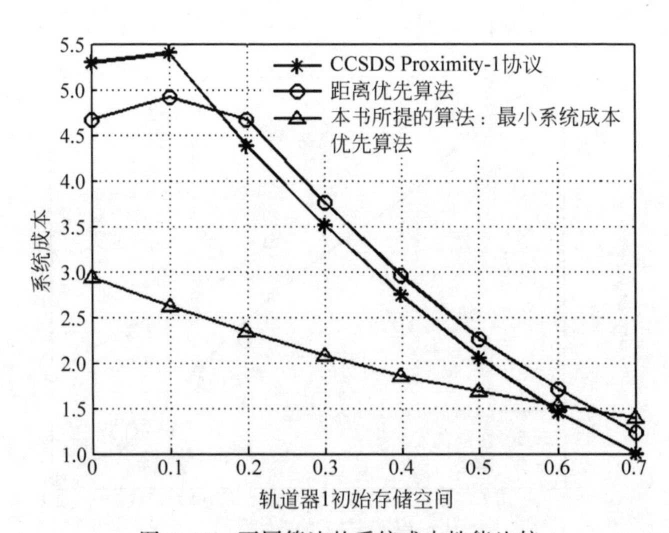

图4.30 不同算法的系统成本性能比较

3）传输容量

图4.31给出了不同算法的传输容量性能比较，为了便于进行直观比较，本书将全部仿真结果中的最小值设为基数，然后计算各仿真结果与该基数的比率以进行规则化显示，仿真结果分析如下：

（1）对于CCSDS Proximity-1协议，巡视器在绝大多数时隙中选择轨道高度较低（进入可见范围较早）的轨道器1作为接入点，理论上应具有最高的信息传输容量。然而，中继服务拒绝可以在一定程度上降低传输容量，随着服务接受概率曲线的快速下降，CCSDS Proximity-1协议的传输容量曲线也快速下降，并略低于距离优先算法。

（2）对于距离优先算法，巡视器仅依赖于传输成本（空间距离）选择接入轨道器，因此轨道高度较低的轨道器1具有较高的接入概率，传输容量较高。然而，较高的中继服务拒绝概率在一定程度上降低了传输容量，因此该算法的传输容量变化曲线随着初始存储空间增大而下降。

（3）对于本书算法，巡视器综合考虑传输成本和存储成本选择接入轨道器，当轨道器1初始存储空间占可用存储空间的比例大于50%时，该算法的传输容量要优于其他两种算法。同时，由于优化中引入了存储成本，使得传输容量曲线变化较为平缓。此外，虽然空间距离较远导致轨道高度较高的轨道器2具有更高的传输成本，但是由于其存储成本相对较低，增加了系统成本低于轨道器1的概率，因此在本书算法中轨道器2获得了更多的接入机会。

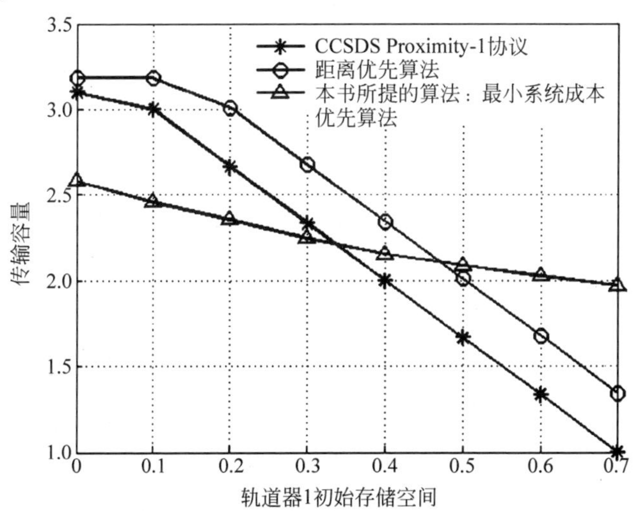

图4.31 不同算法的传输容量性能比较

4）单位传输容量系统成本

图4.32给出了不同算法的单位传输容量系统成本性能比较，为了便于进行直观比较，此处计算图4.30所示各算法系统成本与图4.31所示各算法传输容量的比率以进行规则化显示，仿真结果分析如下：

(1) 对于所有算法而言，系统成本曲线下降趋势大于传输容量曲线下降趋势，因此各算法的单位传输容量系统成本曲线在初始存储空间达到一定比例后均随着初始存储空间的增加而不断下降。

(2) 距离优先算法、本书算法均优于CCSDS Proximity-1协议，分别具有约9.31%、36.14%的性能提升，说明在现有CCSDS Proximity-1协议基础上进行轨道器接入优化可以有效提升系统性能。

(3) 对于距离优先算法，其系统成本与传输容量均大于其他两种算法。然而，与本书算法相比，距离优先算法的系统成本增量要大于传输容量的增量，因此导致该算法在单位传输容量系统成本方面要高于本书算法。

(4) 本书算法具有最低的单位传输容量系统成本，与CCSDS Proximity-1协议、距离优先算法相比，分别具有约36.14%、29.59%的性能提升。

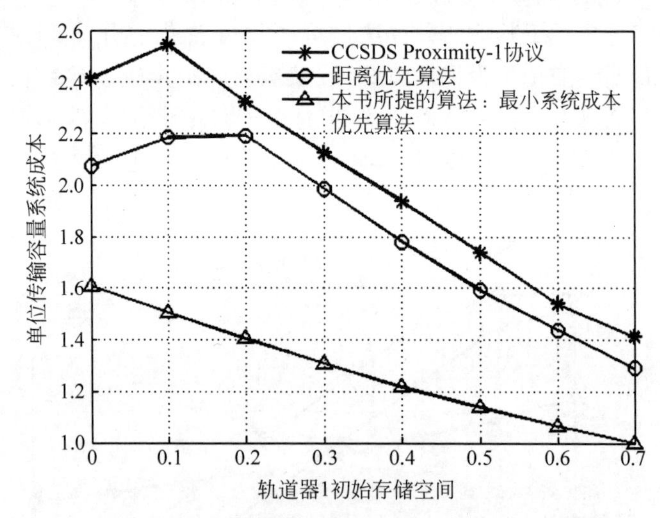

图4.32 不同算法的单位传输容量系统成本性能比较

通过上述仿真结果可知，本书提出的算法（最小系统成本优先算法）优于其他两种接入优选算法（CCSDS Proximity-1协议、距离优先算法），在服务接受概率、系统成本、传输容量、单位传输容量系统成本等技术指标上均有较好的工作性能，可以在火星中继多星单车接入场景中发挥出较高的工作效能。

4.4　多星多车：基于接入偏好的多星多车双边匹配方法

4.4.1　系统模型

1. 双边匹配

在资源供给方与资源需求方存在多对多关系时，为获得最佳资源配置方案，在集中管理模式下通常可采用组合优化方式进行求解，比如航天测控资源分配问题[28]。然而，对于社会经济生活中存在的大量资源配置问题，更多体现的是资源供给方与资源需求方的双重选择问题，无法单纯依靠第三方机构进行决策分配，因此需要引入博弈论思想开展相关研究。

匹配理论[29-30]是经济学领域的一个研究分支，最早由美国的两位数学家 David Gale 与 Lolyd Shaplev 于 1962 年提出并用于择偶匹配、工厂招工、大学录取等问题，参与的对象包括未婚男女、工人和企业、学校和学生，其中“双边”指的是博弈的参与者分属于两个互不相交的集合，“匹配”指的是双方博弈的本质，即遵循各自的“偏好列表”挑选合适的对方[31]。

在火星中继通信场景中，双边匹配对象由 N 个轨道器和 M 个巡视器组成，可以用两个不相交的集合 ORB 和 ROV 表示。一个匹配是从巡视器一方到轨道器一方的一个映射，确定了每一个巡视器接入到哪一个轨道器，每一个轨道器接纳了哪些巡视器，及哪些巡视器与哪些轨道器没有发生匹配。一个匹配的稳定是指每一个参与者的匹配对象都是可接受的，且不存在一对未发生匹配的参与者，它们互相的偏好恰好与对方一致。

在双边匹配的研究范畴里[30]，如果每位男生最多能向一位女生求婚，每位女生最多能接受一位男生的求婚，这样的匹配被称为“一对一匹配”（如择偶匹配）；如果每个工人最多能到一个工厂工作，而一个工厂却可以招收多个工人，这样的匹配被称为“一对多匹配”（如劳动力市场）；如果一个学生可以选多门课程，一个课程可以容纳多名学生，这样的匹配被称为“多对多匹配”（如大学选课）。于是，双边匹配可以分为三种类型，即一对一、一对多、多对多。在火星中继通信场景中，每个轨道器可接入多个巡视器，而每个巡视器只能选择一个轨道器接入，与劳动力市场情况相类似，因此属于一对多双边匹配问题[32]。下面本书给出火星中继场景下一对多双边匹配的定义。

定义 1：匹配

一个匹配 FIT 是从集合 ORB∪ROV 到由 ORB∪ROV 的所有子集构

成的集合的一个映射,满足对所有轨道器(N 个)$s \in \mathrm{ORB}$ 和所有巡视器(M 个)$r \in \mathrm{ROV}$,有:

(1) $\mathrm{FIT}(r) \in \mathrm{ORB} \cup \{\varnothing\}$,$\mathrm{FIT}(s) \subseteq \mathrm{ROV}$;

(2) $s = \mathrm{FIT}(r) \Leftrightarrow r \in \mathrm{FIT}(s)$。

条件(1)表明 FIT 是一个映射,表征轨道器子集与巡视器子集之间的匹配关系,即巡视器 r 或者与轨道器子集的某一元素相互匹配,或者无法接入轨道器;轨道器 s 可以与巡视器子集的一个或多个元素相互匹配。条件(2)表明匹配双方的特性,即一个巡视器接入一个轨道器,意味着该轨道器接受了巡视器的接入申请。

每一个轨道器 $s \in \mathrm{ORB}$ 在 ROV 上存在一个完备的、严格的、具有传递性的偏好序 $P(s)$,其形式为 $P(s) = \{r_1, r_2, \cdots, r_M\}$,如果让轨道器 s 在所有巡视器中做选择,则轨道器 s 的第一选择是接受巡视器 r_1 的接入申请;如果巡视器 r_1 已经接入其他轨道器,则轨道器 s 按顺位接受巡视器 r_2 的接入申请;当排序不同的巡视器同时提出接入申请时,轨道器 s 优选排序靠前的巡视器。通常情况下,本书用 $rP(s)r'$ 表示轨道器偏好 r 胜于 r',其中 $P(s)$ 表示在巡视器 r、r' 同时提出接入申请时,轨道器 s 优先选择巡视器 r;用 $rR(s)r'$ 表示轨道器偏好 r 不少于 r',其中 $R(s)$ 表示在巡视器 r、r' 同时提出接入申请时,轨道器 s 或者选择巡视器 r,或者二者任选其一。在本书研究中,所有巡视器 $r \in \mathrm{ROV}$ 均为各轨道器的可接受对象,可表示为 $rR(s)\varnothing$。

每一个巡视器 $r \in \mathrm{ROV}$ 在 ORB 上存在一个完备的、严格的、具有传递性的偏好序 $P(r)$,其形式为 $P(r) = \{s_1, s_2, \cdots, s_N\}$,如果让巡视器 r 在所有轨道器中做选择,则巡视器 r 优选向排序靠前的轨道器提出接入申请。通常情况下,本书用 $sP(r)s'$ 表示巡视器偏好 s 胜于 s',用 $sR(r)s'$ 表示巡视器偏好 s 不少于 s'。在本书研究中,所有轨道器 $s \in \mathrm{ORB}$ 均为各巡视器可接受对象,可表示为 $sR(r)\varnothing$。

本书用 $P = \{P(s), s \in \mathrm{ORB}\} \oplus \{P(r), r \in \mathrm{ROV}\}$ 表示火星中继通信双边匹配研究中所有参与者偏好序的集合,称为“偏好束”。给定一个巡视器子集 $R \in \mathrm{ROV}$ 和一个偏好束 P,每一个轨道器 s 都能确定其在 R 中最期望接入的巡视器集合,可以用 $C_s(R)$ 表示,称为 s 在 R 中的选择集。即有 $C_s(R) \subseteq R$,且对任意的 $R' \subseteq R$ 有 $C_s(R)R(s)R'$。

定义 2:稳定匹配

如果匹配 FIT 满足:

(1) 对所有的单元,$k \in \mathrm{ORB} \cup \mathrm{ROV}$,$\mathrm{FIT}(k)R(k)\varnothing$;

（2）对所有的轨道器，$s \in \mathrm{ORB}, C_s(\mathrm{FIT}(s))=\mathrm{FIT}(s)$。

则称 FIT 是一个稳定匹配。

双边匹配研究的一个核心要点在于考证博弈是否存在稳定匹配，当博弈双方在对方偏好列表上均有严格偏好时，Gale 和 Shapley 证明了该博弈一定存在稳定匹配。在本书 4.2 节与 4.3 节的内容中，轨道器对巡视器的偏好序列表、巡视器对轨道器的偏好序列表均为严格偏好，因此火星中继通信场景多星多车双边匹配问题存在稳定匹配。

2. 分配评估指标

本书以偏好适合度（fitness of preference，FoP）作为双边匹配方法的评估指标，用于定量描述各参与单元的分配结果与其偏好列表之间的适合程度，计算规则如下所述。

1）计算权值向量

各单元（轨道器、巡视器）根据偏好列表，按各自列表中各元素的优先顺序依次赋权获得权值向量，即：

（1）第 i 个轨道器的权值向量 $\boldsymbol{W}_i=[\mathrm{rover}_{i,1}\mapsto(1/2)^1,\cdots,\mathrm{rover}_{i,m_i}\mapsto(1/2)^{m_i},\cdots,\mathrm{rover}_{i,M_i}\mapsto(1/2)^{M_i}]$。其中，$i=1,2,\cdots,N$ 表示轨道器编号，N 为全部轨道器数目；$m_i=1,2,\cdots,M_i$ 表示第 i 个轨道器的偏好列表中各巡视器的序号，M_i 为第 i 个轨道器的配额；rover_{i,m_i} 表示第 i 个轨道器的偏好列表中排第 m_i 顺位的巡视器，其权值为 $(1/2)^{m_i}$。

（2）第 j 个巡视器的权值向量 $\boldsymbol{W}_j=[\mathrm{orbiter}_{j,1}\mapsto(1/2)^1,\cdots,\mathrm{orbiter}_{j,n_j}\mapsto(1/2)^{n_j},\cdots,\mathrm{orbiter}_{j,N_j}\mapsto(1/2)^{N_j}]$。其中，$j=1,2,\cdots,M$ 表示巡视器编号，M 为全部巡视器数目；$n_j=1,2,\cdots,N_j$ 表示第 j 个巡视器的偏好列表中各轨道器的序号，N_j 为第 j 个巡视器的配额；$\mathrm{orbiter}_{j,n_j}$ 表示第 j 个巡视器的偏好列表中排第 n_j 顺位的轨道器，其权值为 $(1/2)^{n_j}$。

2）计算最佳期望匹配估值

各单元（轨道器、巡视器）对各自权值向量求和以获得最佳期望匹配估值，即：

（1）第 i 个轨道器的最佳期望匹配估值：$\mathrm{FoP}_i^{(\mathrm{opt})}=\sum_{m_i=1}^{M_i}(1/2)^{m_i}$；

（2）第 j 个巡视器的最佳期望匹配估值：$\mathrm{FoP}_j^{(\mathrm{opt})}=\sum_{n_j=1}^{N_j}(1/2)^{n_j}$。

在一对多双边匹配场景中，每个巡视器仅与一个轨道器产生匹配，即

$N_j=1$,则各巡视器的最佳期望匹配估值均为1/2。

3）计算实际匹配估值

利用双边匹配算法求解得到实际分配结果,结合各单元的权值向量计算实际匹配估值,即:

（1）第 i 个轨道器的实际匹配估值见式(4-52)：

$$\mathrm{FoP}_i^{(\mathrm{real})}=\sum_{\hat{m}_i=1}^{\hat{M}_i}\boldsymbol{W}_i\left(\mathrm{rover}_{i,\hat{m}_i}\right)=\sum_{\hat{m}_i=1}^{\hat{M}_i}(1/2)^{\mathrm{seq}\left(\mathrm{rover}_{i,\hat{m}_i}\right)} \tag{4-52}$$

其中,$\hat{m}_i=1,2,\cdots,\hat{M}_i$ 表示第 i 个轨道器的巡视器接入顺序；$\hat{M}_i$ 为第 i 个轨道器的实际匹配巡视器数量,$\hat{M}_i\leqslant M_i$；$\mathrm{rover}_{i,\hat{m}_i}$ 表示第 $\hat{m}_i$ 个接入轨道器 i 的巡视器编号；seq(·)为偏好列表元素排位提取函数；$\mathrm{seq}\left(\mathrm{rover}_{i,\hat{m}_i}\right)$表示 $\mathrm{rover}_{i,\hat{m}_i}$ 在轨道器 i 偏好列表中的排位。

（2）第 j 个巡视器的实际匹配估值见式(4-53)：

$$\mathrm{FoP}_j^{(\mathrm{real})}=\sum_{\hat{n}_j=1}^{\hat{N}_j}\boldsymbol{W}_j\left(\mathrm{orbiter}_{j,\hat{n}_j}\right)=\sum_{\hat{n}_j=1}^{\hat{N}_j}(1/2)^{\mathrm{seq}\left(\mathrm{orbiter}_{j,\hat{n}_j}\right)} \tag{4-53}$$

其中,$\hat{n}_j=1,2,\cdots,\hat{N}_j$ 表示第 j 个巡视器的轨道器接入顺序；$\hat{N}_j$ 为第 j 个巡视器的实际匹配轨道器数量,$\hat{N}_j\leqslant N_j$；$\mathrm{orbiter}_{j,\hat{n}_j}$ 表示第 $\hat{n}_j$ 个接受巡视器 j 的轨道器编号；seq(·)为偏好列表元素排位提取函数；$\mathrm{seq}\left(\mathrm{orbiter}_{j,\hat{n}_j}\right)$表示 $\mathrm{orbiter}_{j,\hat{n}_j}$ 在巡视器 j 偏好列表中的排位。

在一对多双边匹配场景中,每个巡视器仅能与一个轨道器产生匹配,即 $N_j=1$,实际分配结果中各巡视器至多可以获得1个轨道器分配结果(可能没有),即 $\hat{N}_j=0,1$,实际匹配估值可简化为式(4-54)：

$$\mathrm{FoP}_j^{(\mathrm{real})}=\hat{N}_j\cdot(1/2)^{\mathrm{seq}\left(\mathrm{orbiter}_{j,1}\right)}=\begin{cases}(1/2)^{\mathrm{seq}\left(\mathrm{orbiter}_{j,1}\right)}\leqslant 1/2, & \hat{N}_j=1\\ 0, & \hat{N}_j=0\end{cases} \tag{4-54}$$

4）计算单边偏好适合度

结合各单元的最佳期望匹配估值与实际匹配估值,分别计算轨道器子集、巡视器子集的单边偏好适合度,即:

(1) 轨道器子集的单边偏好适合度见式(4-55)：

$$\mathrm{FoP}_{\mathrm{orbiter}}=\frac{\sum_{i=1}^{N}\mathrm{FoP}_{i}^{(\mathrm{real})}}{\sum_{i=1}^{N}\mathrm{FoP}_{i}^{(\mathrm{opt})}}=\frac{\sum_{i=1}^{N}\sum_{\hat{m}_i=1}^{\hat{M}_i}(1/2)^{\mathrm{seq}(\mathrm{rover}_{i,\hat{m}_i})}}{\sum_{i=1}^{N}\sum_{m_i=1}^{M_i}(1/2)^{m_i}} \tag{4-55}$$

由公式(4-55)可知，轨道器子集单边偏好适合度 $\mathrm{FoP}_{\mathrm{orbiter}}$ 计算方法为所有轨道器实际匹配估值 $\mathrm{FoP}_{i}^{(\mathrm{real})}$ 之和除以所有轨道器最佳期望匹配估值 $\mathrm{FoP}_{i}^{(\mathrm{opt})}$ 之和，取值范围为[0,1]。其中 0 表示没有巡视器接入，在实际工程中要予以避免；1 表示接入巡视器满足全部轨道器的最佳期望匹配，这种情况的出现一方面与巡视器的接入偏好有关，同时也依赖于轨道器偏好列表之间的相关性。此处忽略了各巡视器的接入顺序，以最后的稳定匹配结果为准。

(2) 巡视器子集的单边偏好适合度见式(4-56)：

$$\mathrm{FoP}_{\mathrm{rover}}=\frac{\sum_{j=1}^{M}\mathrm{FoP}_{j}^{(\mathrm{real})}}{\sum_{j=1}^{M}\mathrm{FoP}_{j}^{(\mathrm{opt})}}=\frac{\sum_{j=1}^{M}\hat{N}_j(1/2)^{\mathrm{seq}(\mathrm{orbiter}_{j,1})}}{(1/2)M},\quad \hat{N}_j=0,1 \tag{4-56}$$

由公式(4-56)可知，巡视器子集单边偏好适合度 $\mathrm{FoP}_{\mathrm{rover}}$ 计算方法为所有巡视器实际匹配估值 $\mathrm{FoP}_{j}^{(\mathrm{real})}$ 之和除以所有巡视器最佳期望匹配估值 $\mathrm{FoP}_{j}^{(\mathrm{opt})}$ 之和，取值范围为[0,1]。其中 0 表示全部巡视器都没有接入合适的轨道器，在实际工程中要予以避免；1 表示全部巡视器都匹配到了最合适的轨道器，这种情况主要取决于轨道器的接入资源是否充足。

3. 匹配优化目标

1) 双边联合偏好适合度最优

为给出系统层面的评估结果，可由任务规划者根据轨道器与巡视器的倾向性偏好，对轨道器子集单边偏好适合度 $\mathrm{FoP}_{\mathrm{orbiter}}$、巡视器子集单边偏好适合度 $\mathrm{FoP}_{\mathrm{rover}}$ 分别赋予一定权值后进行加权求和得到双边联合偏好适合度 $\mathrm{FoP}_{\text{two-sides}}$，取值范围(0,1)。其中轨道器子集的权值为 α、巡视器子集的权值为 $\beta=(1-\alpha)$，默认权值 $\alpha=\beta=0.5$，其计算公式见式(4-57)：

$$\mathrm{FoP}_{\text{two-sides}}=\alpha\cdot\mathrm{FoP}_{\mathrm{orbiter}}+\beta\cdot\mathrm{FoP}_{\mathrm{rover}} \tag{4-57}$$

双边联合偏好适合度 $\mathrm{FoP}_{\text{two-sides}}$ 可以用来表征匹配结果的全局最优性，该数值越大说明匹配结果的整体偏好满足度越高，更有利于地外行星接入资源的高效使用。因此，以双边联合偏好适合度作为优化目标的优化函数见公式(4-58)：

$$
\begin{aligned}
\{\text{rover}_{i,\hat{m}_i}\},\{\text{orbiter}_{j,\hat{n}_j}\} &= \underset{\{\text{rover}_{i,\hat{m}_i}\}^*,\{\text{orbiter}_{j,\hat{n}_j}\}^*}{\operatorname{argmax}} \{\text{FoP}_{\text{two-sides}}\} \\
&= \underset{\{\text{rover}_{i,\hat{m}_i}\}^*,\{\text{orbiter}_{j,\hat{n}_j}\}^*}{\operatorname{argmax}} \{\alpha \cdot \text{FoP}_{\text{orbiter}} + \beta \cdot \text{FoP}_{\text{rover}}\} \\
&= \underset{\{\text{rover}_{i,\hat{m}_i}\}^*,\{\text{orbiter}_{j,\hat{n}_j}\}^*}{\operatorname{argmax}} \left\{ \alpha \cdot \frac{\sum_{i=1}^{N}\sum_{\hat{m}_i=1}^{\hat{M}_i}(1/2)^{\text{seq}(\text{rover}_{i,\hat{m}_i})}}{\sum_{i=1}^{N}\sum_{m_i=1}^{M_i}(1/2)^{m_i}} + \right. \\
&\qquad \left. \beta \cdot \frac{\sum_{j=1}^{M}\hat{N}_j \cdot (1/2)^{\text{seq}(\text{orbiter}_{j,1})}}{(1/2)\cdot M} \right\}
\end{aligned}
\tag{4-58}
$$

2）评估结果均衡性最优

为评估匹配结果对于双边子集的均衡性，可以在双边联合偏好适合度的基础上，进一步计算给出评估结果均衡性指标，取值范围(−1,1)，计算步骤如下：

(1) 轨道器子集对于双边联合偏好适合度的贡献占比见式(4-59)：

$$
\text{Ratio}_{\text{orbiter}} = \frac{\alpha \cdot \text{FoP}_{\text{orbiter}}}{\text{FoP}_{\text{two-sides}}} = \frac{\alpha \cdot \text{FoP}_{\text{orbiter}}}{\alpha \cdot \text{FoP}_{\text{orbiter}} + \beta \cdot \text{FoP}_{\text{rover}}} \tag{4-59}
$$

(2) 巡视器子集对于双边联合偏好适合度的贡献占比见式(4-60)：

$$
\text{Ratio}_{\text{rover}} = \frac{\beta \cdot \text{FoP}_{\text{rover}}}{\text{FoP}_{\text{two-sides}}} = \frac{\beta \cdot \text{FoP}_{\text{rover}}}{\alpha \cdot \text{FoP}_{\text{orbiter}} + \beta \cdot \text{FoP}_{\text{rover}}} \tag{4-60}
$$

(3) 评估结果均衡性指标见式(4-61)：

$$
\begin{aligned}
\text{Ratio}_{\text{two-sides}} &= \text{Ratio}_{\text{orbiter}} - \text{Ratio}_{\text{rover}} \\
&= \frac{\alpha \cdot \text{FoP}_{\text{orbiter}} - \beta \cdot \text{FoP}_{\text{rover}}}{\alpha \cdot \text{FoP}_{\text{orbiter}} + \beta \cdot \text{FoP}_{\text{rover}}}
\end{aligned}
\tag{4-61}
$$

评估结果均衡性指标 $\text{Ratio}_{\text{two-sides}}$ 可以用来表征双边匹配结果估值的差异性，该数值的正负取值代表分配结果有利方向，正值代表有利于轨道器、负值代表有利于巡视器；该数值的绝对值越小说明匹配均衡性越好，更有利于地外行星接入资源的公平配置，因此可以用评估结果均衡性指标的绝对值作为优化目标的优化函数：

$$\{\text{rover}_{i,\hat{m}_i}\},\{\text{orbiter}_{j,\hat{n}_j}\} = \underset{\{\text{rover}_{i,\hat{m}_i}\}^*,\{\text{orbiter}_{j,\hat{n}_j}\}^*}{\text{argmin}} \{|\text{Ratio}_{\text{two-sides}}|\}$$
$$= \underset{\{\text{rover}_{i,\hat{m}_i}\}^*,\{\text{orbiter}_{j,\hat{n}_j}\}^*}{\text{argmin}} \left\{\frac{|\alpha \cdot \text{FoP}_{\text{orbiter}} - \beta \cdot \text{FoP}_{\text{rover}}|}{\alpha \cdot \text{FoP}_{\text{orbiter}} + \beta \cdot \text{FoP}_{\text{rover}}}\right\} \tag{4-62}$$

4.4.2　匹配方法

1. CCSDS Proximity-1 协议

CCSDS Proximity-1 协议工作在单址接入方式下，一个轨道器仅能与一个巡视器配对，巡视器接入方式为“先到先得、随机退避”。

1）最佳期望匹配估值

在 CCSDS Proximity-1 协议单址接入方式下，每个轨道器仅与一个巡视器产生匹配，即 $M_i=1$，则各轨道器的最佳期望匹配估值均为 1/2，即 $\text{FoP}_i^{(\text{opt})}=1/2$；每个巡视器仅与一个轨道器产生匹配，即 $N_j=1$，则各巡视器的最佳期望匹配估值均为 1/2，即 $\text{FoP}_j^{(\text{opt})}=1/2$。

2）实际匹配估值的统计均值

在 CCSDS Proximity-1 协议“先到先得、随机退避”接入方式下，每个轨道器获得各巡视器的概率分布为均匀分布，取值为 $1/M$；实际匹配巡视器数量 $\hat{M}_i=1$；轨道器 i 的实际匹配估值的统计均值为式(4-63)：

$$\text{FoP}_i^{(\text{real})} = \sum_{j=1}^{M}(1/M)(1/2)^j = (1/M)[1-(1/2)^M] \tag{4-63}$$

在 CCSDS Proximity-1 协议“先到先得、随机退避”接入方式下，每个巡视器单独接入某轨道器的理论概率分布为均匀分布，取值为 $1/N$；实际匹配轨道器数量 $\hat{N}_j=0$ 或 1，可匹配概率为 N/M；则有各巡视器实际接入某轨道器的联合概率为 $(1/N)(N/M)=1/M$。巡视器 j 的实际匹配估值的统计均值为式(4-64)：

$$\text{FoP}_j^{(\text{real})} = \sum_{i=1}^{N}(1/M)(1/2)^i = (1/M)[1-(1/2)^N] \tag{4-64}$$

3）单边偏好适合度的统计均值

（1）轨道器子集的单边偏好适合度的统计均值为式(4-65)：

$$\mathrm{FoP}_{\mathrm{orbiter}}=\frac{\sum_{i=1}^{N}\mathrm{FoP}_i^{(\mathrm{real})}}{\sum_{i=1}^{N}\mathrm{FoP}_i^{(\mathrm{opt})}}=\frac{\sum_{i=1}^{N}(1/M)[1-(1/2)^M]}{\sum_{i=1}^{N}(1/2)}=\frac{2[1-(1/2)^M]}{M} \tag{4-65}$$

(2) 巡视器子集的单边偏好适合度的统计均值为式(4-66)：

$$\mathrm{FoP}_{\mathrm{rover}}=\frac{\sum_{j=1}^{M}\mathrm{FoP}_j^{(\mathrm{real})}}{\sum_{j=1}^{M}\mathrm{FoP}_j^{(\mathrm{opt})}}=\frac{\sum_{j=1}^{M}(1/M)[1-(1/2)^N]}{\sum_{j=1}^{M}(1/2)}=\frac{2[1-(1/2)^N]}{M} \tag{4-66}$$

4) 双边联合偏好适合度指标的统计均值

双边联合偏好适合度指标的统计均值为式(4-67)：

$$\mathrm{FoP}_{\text{two-sides}}=\alpha\cdot\mathrm{FoP}_{\mathrm{orbiter}}+\beta\cdot\mathrm{FoP}_{\mathrm{rover}}=2\alpha\frac{1-(1/2)^M}{M}+2\beta\frac{1-(1/2)^N}{M}=\left.\frac{2(\alpha+\beta)-2\alpha(1/2)^M-2\beta(1/2)^N}{M}\right|_{\substack{\alpha+\beta=1\\ M,N\gg 1}}\rightarrow\frac{2}{M} \tag{4-67}$$

在 $\alpha=\beta=0.5$、$N=4$、$M=8$ 的条件下，该指标计算约为 0.2417。

5) 评估结果均衡性指标的统计均值

评估结果均衡性指标的统计均值为式(4-68)：

$$\mathrm{Ratio}_{\text{two-sides}}=\mathrm{Ratio}_{\mathrm{orbiter}}-\mathrm{Ratio}_{\mathrm{rover}}=\frac{\alpha\cdot\mathrm{FoP}_{\mathrm{orbiter}}-\beta\cdot\mathrm{FoP}_{\mathrm{rover}}}{\alpha\cdot\mathrm{FoP}_{\mathrm{orbiter}}+\beta\cdot\mathrm{FoP}_{\mathrm{rover}}}=\left.\frac{\beta(1/2)^N-\alpha(1/2)^M}{(\alpha+\beta)-\alpha(1/2)^M-\beta(1/2)^N}\right|_{\alpha=\beta} \tag{4-68}$$

在 $\alpha=\beta=0.5$、$N=4$、$M=8$ 的条件下，该指标计算约为 0.0303，绝对值接近 0，表明 CCSDS Proximity-1 协议在评估结果均衡性方面具有较好的性能。

2. 基于接入偏好的双边匹配方法

本书提出了一种基于接入偏好的多星多车双边匹配方法，在给定轨道器子集、巡视器子集接入偏好列表的条件下，利用多种基础胶囊算法组合并行求解多个稳定匹配解，并采用偏好适合度对匹配结果进行评估，最后根据所要求的优化目标选择最优的匹配结果。

1)基础胶囊算法

现有双边匹配研究领域中常用的几种方法包括 Boston 算法[33]、Defer-Accept 算法[29]、TTC 算法[34]等。

(1) Boston 算法

Boston 算法，又称“波士顿机制”，其基本步骤为：

① 所有巡视器向自己偏好中排名前列的轨道器提出接入申请；

② 各轨道器根据自己偏好选取给定额度数目的巡视器；

③ 重复上述步骤，直至全部巡视器分配完毕或者全部轨道器没有剩余名额为止。

(2) Defer-Accept 算法

Defer-Accept 算法，又称“延迟接受算法”，其基本步骤为：

① 按轮“出牌”，先到者先保留资格，即先申请接入的巡视器优先被轨道器保留接入资格；

② 后来高偏好的巡视器可“插队”，先到的低偏好巡视器可被轨道器“抛弃”；

③ 重复上述步骤，直至全部巡视器分配完毕或者全部轨道器没有剩余名额为止。

(3) TTC 算法

TTC 算法，又称“最适交易循环算法”，其基本步骤为：

① 每个巡视器维护一个单向循环链表，规则为：巡视器 i→高偏好轨道器 j→高偏好巡视器 k→…→巡视器 i，直至递归回该巡视器；

② 删除已经完成分配的轨道器配额和巡视器，获得剩余的轨道器名额和巡视器；

③ 重复上述步骤，直至全部巡视器分配完毕或者全部轨道器没有剩余名额为止。

(4) 小结

上述三种算法适用范围各有不同，不同场景下工作性能各有优劣。通过测试三种算法的时间复杂度，Boston 算法的时间复杂度最低，TTC 算法次之，Defer-Accept 算法的时间复杂度最高；从后续仿真实例可以看出，Defer-Accept 算法的综合性能最优，说明该算法用时间复杂度换取了更高的工作性能，符合“NFL——No Free Lunch”理论的基本认知。本书中将这些算法进行组合对双边匹配问题进行并行求解，并根据优化目标对匹配结果择优选择，算法复杂度等同于具有最大复杂度的算法。

2）匹配流程

基于接入偏好的多星多车双边匹配方法的工作流程如图4.33所示，具体步骤如下：

（1）根据当前时隙共视轨道器与巡视器集合，生成单边偏好序列表集合：

① 以多个巡视器 $R\in \mathrm{ROV}$ 同时申请接入轨道器 $s\in \mathrm{ORB}$ 为输入条件，采用4.2节给出的基于队列均衡的多车比例公平调度算法，获得各轨道器 s 对于共视巡视器子集 R 的严格偏好序 $P(s)$；

② 以单个巡视器 $r\in \mathrm{ROV}$ 可选择接入多个轨道器 $S\in \mathrm{ORB}$ 为输入条件，采用4.3节给出的基于双寡头博弈的多星接入优选算法，获得各巡视器 r 对于共视轨道器子集 S 的严格偏好序 $P(r)$；

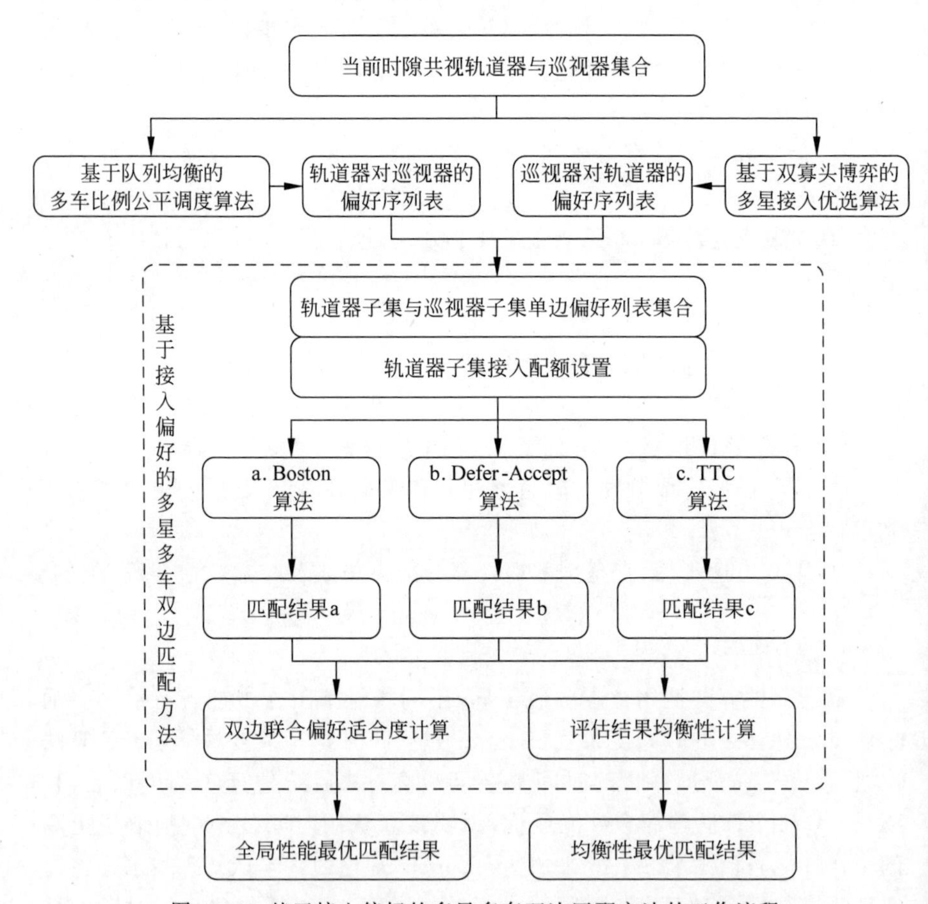

图4.33　基于接入偏好的多星多车双边匹配方法的工作流程

③ 根据轨道器对巡视器的偏好序列表$\{P(s), s \in \mathrm{ORB}\}$，以及巡视器对轨道器的偏好序列表$\{P(r), r \in \mathrm{ROV}\}$，生成单边偏好序列表集合 $P = \{P(s), s \in \mathrm{ORB}\} \oplus \{P(r), r \in \mathrm{ROV}\}$。

（2）根据输入的单边偏好序列表集合，参照航天工程任务设计或仿真实验需求中对各轨道器接入配额进行合理设置，并行开展多个基础算法的双边匹配运算，其中：

① 算法 a：Boston 算法，获得轨道器与巡视器的双边匹配结果 a；

② 算法 b：Defer-Accept 算法，获得轨道器与巡视器的双边匹配结果 b；

③ 算法 c：TTC 算法，获得轨道器与巡视器的双边匹配结果 c。

（3）以多种基础算法得到的分配结果作为输入条件，对轨道器子集与巡视器子集分别进行偏好适合度估计，根据不同的优化目标得出当前时隙的最优双边匹配结果，其中：

① 通过双边联合偏好适合度计算，获得全局性能最优双边匹配结果；

② 通过评估结果均衡性计算，获得均衡性最优双边匹配结果。

4.4.3 仿真结果

1. 仿真条件

1）对象数目

仿真中，在火星轨道器与巡视器共视范围内，假设共有轨道器 4 个，序号为 1～4；共有巡视器 8 个，序号为 1～8。

2）轨道器偏好列表

仿真中，各轨道器对 8 个巡视器（序号 1～8）的偏好列表通过随机排列函数产生（按优先顺序从左至右依次降低）：

（1）轨道器 1 偏好列表⇒[7 8 3 4 1 2 5 6]

（2）轨道器 2 偏好列表⇒[3 1 6 2 4 8 5 7]

（3）轨道器 3 偏好列表⇒[1 8 3 5 4 7 2 6]

（4）轨道器 4 偏好列表⇒[4 3 5 1 8 2 6 7]

3）巡视器偏好列表

仿真中，各巡视器对 4 个轨道器（序号 1～4）的偏好列表通过随机排列函数产生（按优先顺序从左至右依次降低）：

（1）巡视器 1 偏好列表⇒[4 3 2 1]

（2）巡视器 2 偏好列表⇒[4 3 2 1]

(3) 巡视器 3 偏好列表⇒[3 4 1 2]

(4) 巡视器 4 偏好列表⇒[4 1 3 2]

(5) 巡视器 5 偏好列表⇒[4 3 1 2]

(6) 巡视器 6 偏好列表⇒[2 4 3 1]

(7) 巡视器 7 偏好列表⇒[4 3 1 2]

(8) 巡视器 8 偏好列表⇒[3 1 4 2]

4) 匹配约束

(1) CCSDS Proximity-1 协议

“单址接入、先到先得、随机退避”,即每个轨道器仅能接纳一个巡视器的接入,每个巡视器同一时隙只能选择一个轨道器接入,当发生接入冲撞时采用随机退避方式随机延迟一段时间重新接入。

(2) 双边匹配方法

根据前文给出的“一对多”双边匹配模型,火星中继多星多车双边匹配的主要约束条件为:每个轨道器可接入巡视器的数目可设,每个巡视器同一时隙只能选择一个轨道器接入。

2. CCSDS Proximity-1 性能仿真

基于仿真条件给出的轨道器与巡视器偏好列表,通过蒙特卡罗仿真进行了测试验证,并与本书提出的新算法进行了性能比较。在轨道器资源相对稀缺的情况下(轨道器数目 N 少于巡视器数目 M),该方式等效为一个排列问题,即按照随机排序方式从 M 个巡视器中挑选出 N 个依次接入各轨道器,排列空间规模可表示为排列数公式:$A_M^N=M!/(M-N)!, N<M$。为了获得较为准确的统计性能,仿真次数应不少于排列空间规模的 10 倍,在 $N=4$、$M=8$ 的条件下仿真次数取值为 16 800。

1) 双边联合偏好适合度

双边联合偏好适合度统计均值为 0.2426,与理论计算结果 0.2417 基本相当,仿真结果见图 4.34。

2) 单边评估结果均衡性

单边评估结果均衡性统计均值为−0.0658,其绝对值与理论计算结果 0.0303 基本相当,表明 CCSDS Proximity-1 协议在单边评估结果均衡性方面具有较好的性能,仿真结果见图 4.35。

3. 双边匹配性能仿真

仿真中本书按照轨道器子集可接入配额划分为 4 种情况,即资源匮乏、资源不足、资源平衡、资源超量,并较为全面地测试了不同算法在不同资源

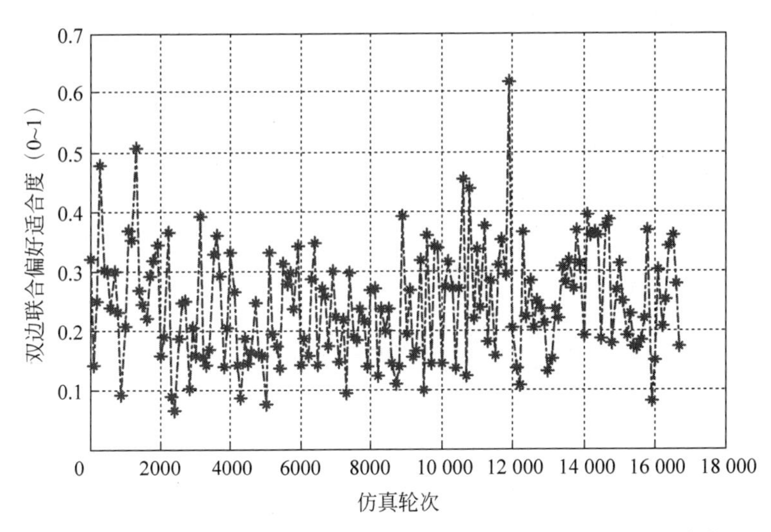

图 4.34 CCSDS Proximity-1 协议双边联合偏好适合度多轮次仿真结果

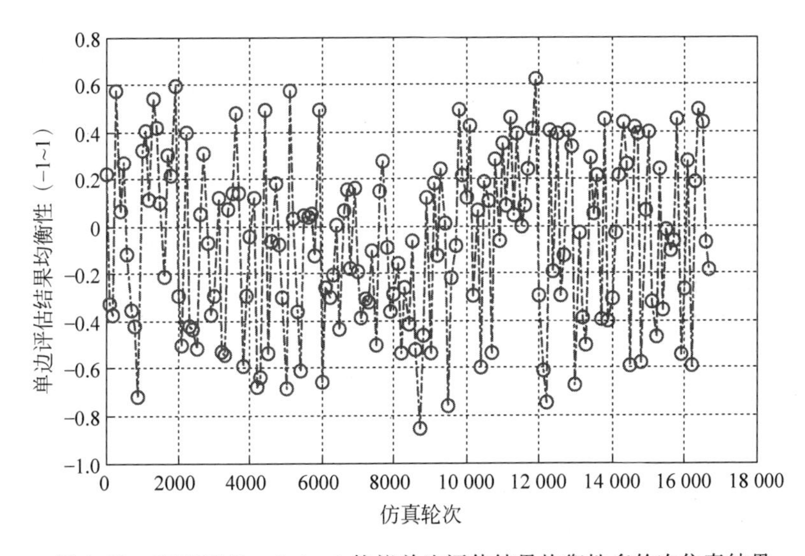

图 4.35 CCSDS Proximity-1 协议单边评估结果均衡性多轮次仿真结果

配置条件下的双边匹配性能。

1）资源匮乏

在火星中继通信场景中，资源匮乏意味着巡视器子集数目大于轨道器子集可接入配额，而各轨道器接入能力仅为 1 个巡视器。

表 4.8 给出了轨道器 1～4 可接入巡视器配额为[1,1,1,1]条件下轨道

器与巡视器双边匹配结果：

(1) 双边联合偏好适合度最优

Defer-Accept 算法评估结果最优，轨道器子集单边偏好适合度 1.0000(完全匹配)、巡视器子集单边偏好适合度 0.2344，双边联合偏好适合度 0.6172(最大值)；评估结果均衡性指标 0.6203，分配结果有利于轨道器子集。分配结果为：轨道器 1←→巡视器 7，轨道器 2←→巡视器 3，轨道器 3←→巡视器 1，轨道器 4←→巡视器 4。

(2) 评估结果均衡性最优

Boston 算法均衡性最优，评估结果均衡性指标 0.2571(绝对值最小)，分配结果有利于轨道器子集。分配结果为：轨道器 1←→巡视器 7，轨道器 2←→巡视器 6，轨道器 3←→巡视器 8，轨道器 4←→巡视器 4。

表 4.8 轨道器与巡视器双边匹配结果[1,1,1,1]

算　法	轨道器可接入配额				单边偏好适合度		双边联合偏好适合度	评估结果均衡性
	1	1	1	1	轨道器子集	巡视器子集		
Boston	7	6	8	4	0.6875	0.4063	0.5469	**0.2571**
Defer-Accept	7	3	1	4	1.0000	0.2344	**0.6172**	0.6203
TTC	3	4	2	1	0.1133	0.2344	0.1738	−0.3483

2) 资源不足

巡视器子集数目大于轨道器子集可接入配额，各轨道器接入能力具有不平衡性，即有的轨道器仅支持 1 个巡视器接入，有的轨道器可支持 2 个巡视器同时接入，仿真结果如下。

(1) 资源配额 1：轨道器 1～4 可接入巡视器配额为[2,2,1,1]

表 4.9 给出了轨道器 1～4 可接入巡视器配额为[2,2,1,1]条件下轨道器与巡视器双边匹配结果：

① 双边联合偏好适合度最优

Boston 算法评估结果最优，轨道器子集单边偏好适合度 0.7000、巡视器子集单边偏好适合度 0.4688，双边联合偏好适合度 0.5844；评估结果均衡性指标 0.1979，分配结果有利于轨道器子集。分配结果为：轨道器 1←→巡视器 7、3，轨道器 2←→巡视器 6、1，轨道器 3←→巡视器 8，轨道器 4←→巡视器 4。

② 评估结果均衡性最优

TTC 算法均衡性最优，评估结果均衡性指标−0.0684(绝对值最小)，分配结果有利于巡视器子集。分配结果为：轨道器 1←→巡视器 3、7，轨道器 2⟷巡视器 4、6，轨道器 3⟷巡视器 2，轨道器 4⟷巡视器 1。

表 4.9　轨道器与巡视器双边匹配结果[2,2,1,1]

算　　法	轨道器可接入配额				单边偏好适合度		双边联合偏好适合度	评估结果均衡性
	2	2	1	1	轨道器子集	巡视器子集		
Boston	[7,3]	[6,1]	8	4	0.7000	0.4688	**0.5844**	0.1979
Defer-Accept	[7,3]	[6,2]	1	4	0.7250	0.4063	0.5656	0.2818
TTC	[3,7]	[4,6]	2	1	0.3406	0.3906	0.3656	**−0.0684**

(2) 资源配额 2：轨道器 1～4 可接入巡视器配额为[1,1,2,2]

表 4.10 为轨道器 1～4 可接入巡视器配额为[1,1,2,2]条件下轨道器与巡视器双边匹配结果：

① 双边联合偏好适合度最优

Defer-Accept 算法评估结果最优，轨道器子集单边偏好适合度 0.9500(接近完全匹配，即轨道器 4 的第 2 顺位巡视器 3 被轨道器 2 选中，不得已选了第 3 顺位巡视器 5)、巡视器子集单边偏好适合度 0.4844，双边联合偏好适合度 0.7172；评估结果均衡性指标 0.3246，分配结果有利于轨道器子集。分配结果为：轨道器 1⟷巡视器 7，轨道器 2⟷巡视器 3，轨道器 3⟷巡视器 1、8，轨道器 4⟷巡视器 4、5。

② 评估结果均衡性最优

Boston 算法均衡性最优，评估结果均衡性指标 −0.0048(绝对值最小)，分配结果对于轨道器子集和巡视器子集基本相当。分配结果为：轨道器 1⟷巡视器 7，轨道器 2⟷巡视器 6，轨道器 3⟷巡视器 8、3，轨道器 4⟷巡视器 4、5。

表 4.10　轨道器与巡视器双边匹配结果[1,1,2,2]

算　　法	轨道器可接入配额				单边偏好适合度		双边联合偏好适合度	评估结果均衡性
	1	1	2	2	轨道器子集	巡视器子集		
Boston	7	6	[8,3]	[4,5]	0.6500	0.6563	0.6531	**−0.0048**
Defer-Accept	7	3	[1,8]	[4,5]	0.9500	0.4844	**0.7172**	0.3246
TTC	3	5	[2,8]	[1,4]	0.3812	0.4844	0.4328	−0.1191

3) 资源平衡

巡视器子集数目等于轨道器子集可接入配额，各轨道器接入能力相当，即每个轨道器可同时支持 2 个巡视器接入。

表 4.11 给出了轨道器 1～4 可接入巡视器配额为[2,2,2,2]条件下轨

道器与巡视器双边匹配结果：

① 双边联合偏好适合度最优

Defer-Accept 算法评估结果最优，轨道器子集单边偏好适合度 0.7292、巡视器子集单边偏好适合度 0.6563，双边联合偏好适合度 0.6927。分配结果为：轨道器 1⟷巡视器 7、3，轨道器 2⟷巡视器 6、2，轨道器 3⟷巡视器 1、8，轨道器 4⟷巡视器 4、5。

② 评估结果均衡性最优

Defer-Accept 算法均衡性最优，评估结果均衡性指标为 0.0526（绝对值最小），分配结果对于两个子集基本相当，略有利于轨道器子集。

表 4.11　轨道器与巡视器双边匹配结果[2,2,2,2]

算　法	轨道器可接入配额				单边偏好适合度		双边联合偏好适合度	评估结果均衡性
	2	2	2	2	轨道器子集	巡视器子集		
Boston	[7,2]	[6,1]	[8,3]	[4,5]	0.6302	0.7031	0.6667	−0.0547
Defer-Accept	[7,3]	[6,2]	[1,8]	[4,5]	0.7292	0.6563	**0.6927**	**0.0526**
TTC	[3,7]	[5,6]	[2,8]	[1,4]	0.5260	0.6406	0.5833	−0.0982

4）资源超量

巡视器子集数目不大于单个轨道器可接入数目，各轨道器接入能力相当，即每个轨道器可同时支持全部巡视器接入。

表 4.12 给出了轨道器 1～4 可接入巡视器配额为[8,8,8,8]条件下轨道器与巡视器双边匹配结果，从表中结果可以看出，在资源超量供给时，虽然各巡视器接入的轮次稍有区别，如在 Boston 算法与 Defer-Accept 算法中轨道器 3 的接入顺序为[8,3]，而 TTC 算法中轨道器 3 的接入顺序为[3,8]，但最终各匹配算法的匹配结果完全一致；评估结果均衡性指标均为 −0.5350，分配结果有利于巡视器子集。分配结果为：轨道器 1⟷无巡视器，轨道器 2⟷巡视器 6，轨道器 3⟷巡视器 3、8，轨道器 4⟷巡视器 1、2、4、5、7。

表 4.12　轨道器与巡视器双边匹配结果[8,8,8,8]

算　法	轨道器可接入配额				单边偏好适合度		双边联合偏好适合度	评估结果均衡性
	8	8	8	8	轨道器子集	巡视器子集		
Boston	—	6	[8,3]	[4,5,1,2,7]	0.3029	1.0000	0.6515	−0.5350
Defer-Accept	—	6	[8,3]	[4,5,1,2,7]	0.3029	1.0000	0.6515	−0.5350
TTC	—	6	[3,8]	[1,4,2,5,7]	0.3029	1.0000	0.6515	−0.5350

4. 性能比较

表4.13给出了CCSDS Proximity-1协议(统计均值)与本书提出的双边匹配方法之间的性能比较,各轨道器可接入配额均设置为1个巡视器。从表中可以看出:

(1) 在双边联合偏好适合度方面,与CCSDS Proximity-1协议相比,本书提出的双边匹配方法具有较为明显的性能优势;

(2) 在单边评估结果均衡性方面,CCSDS Proximity-1协议均衡性较好,本书提出的双边匹配方法得到的匹配结果有利于轨道器子集。

表4.13 CCSDS Proximity-1协议与本书匹配方法之间的性能比较

方法	轨道器可接入配额				双边联合偏好适合度	单边评估结果均衡性
CCSDS Proximity-1协议	1	1	1	1	0.2426	−0.0658
本书匹配方法	1	1	1	1	0.6172	+0.2571

4.5 本章小结

本章围绕基于多属性决策的地外天体接入链路多址接入技术,以火星中继通信任务中普遍采用的CCSDS Proximity-1单址接入策略为技术基线进行优化,综合考虑了公平性、吞吐量、队列均衡性、传输距离、存储空间等技术指标。本章主要内容包括:

① 开展了单星多车公平接入方面的研究,构造了轨道器视角下的多车接入几何模型,给出了"多漏桶+令牌桶"的分布式串行数据调度结构,提出了基于队列均衡的比例公平调度算法[35],与最大速率、时间轮询、比例公平等调度算法相比,本书的新算法在吞吐量、公平性、队列均衡性等方面综合性能最佳,具有不低于15%的性能优势。

② 开展了多星单车智能选切方面的研究,通过几何建模对经典双寡头博弈模型进行了适应性改进,得到了双星单车条件下的纳什均衡解,确定了各轨道器的存储成本函数,提出了最小系统成本优先算法[36],与CCSDS Proximity-1协议、距离优先等算法相比,本书的新算法在吞吐量、存储成本、传输成本等方面综合性能最佳,具有不低于29%的性能优势。

③ 开展了多星多车资源配置方面的研究,当共视窗口内出现多个轨道器与多个巡视器同时可见的情况时,结合前述研究分别给定的轨道器、巡视

器偏好列表，提出了基于接入偏好的多星多车双边匹配方法[37]，以双边联合偏好适合度与评估结果均衡性作为优化目标，通过一对多组合匹配算法获得了稳定的多址接入匹配结果，与CCSDS Proximity-1协议结果相比具有较为明显的性能优势。

综上可知，基于多属性决策的地外天体接入链路多址接入技术能够进一步提升近距无线链路的智能接入水平，可用于我国自主火星探测及未来其他行星表面探索的中继通信。

参考文献

[1] TAYLOR J, CHEUNG K, WONG C. DESCANSO design and performance summary series article 1: Mars global surveyor telecommunications[M]. Pasadena: NASA JPL, 2001.

[2] MAKOVSKY A, BARBIERI A, TUNG R. DESCANSO design and performance summary series article 6: Odyssey telecommunications[M]. Pasadena: NASA JPL, 2002.

[3] TAYLOR J, LEE D K, SHAMBAYATI S. DESCANSO design and performance summary series: Mars reconnaissance orbiter telecommunications[M]. Pasadena: NASA JPL, 2006.

[4] CHICARRO A, MARTIN P, TRAUTNER R. The Mars express mission: An overview[J]. Mars Express, 2004, 1240: 3-13.

[5] POWELL J. Electra Mars radio relay[J]. Spaceflight, 2014, 56(2): 70-72.

[6] 3GPP. 3GPPTR25. 848V4. 0. 0(2001-03), Physical layer aspects of UTRA high speed downlink packet access (release 4)[S]. 2001.

[7] OFUJI Y, MORIMOTO A, ABETA S, et al. Comparison of packet scheduling algorithms focusing on user throughput in high speed downlink packetaccess[C]//Proc. 13th IEEE Int. Symp. Personal, Indoor and Mobile Radio Commun.: volume 3. Lisboa, Portugal: IEEE, 2002: 1462-1466.

[8] KOLDING T E, FREDERIKSEN F, MOGENSEN P E. Performance aspects of wcdma systems with highspeed downlink packet access (hsdpa)[C]//Proc. 56th IEEE Veh. Technol. Conf. (VTC 2002 - Fall): volume 1. Vancouver, Canada: IEEE, 2002: 477-481.

[9] GALKIN A, YANOVSKY G G. Resource allocation in multiservice networks using fairness index[C]//EUROCON'09, Vol. 2009. Fiuggi, Italy: IEEE, 2009: 1810-1814.

[10] 顾学迈，石硕，贾敏. 信息与编码理论[M]. 哈尔滨：哈尔滨工业大学出版社，2014.

[11] 徐玖平，吴巍．多属性决策的理论与方法[M]．北京：清华大学出版社，2006.
[12] LIU S M，SU P，XU M H. An improved topsis vertical handoff algorithm for heterogeneous wireless networks [C]//12th International Conference on Communication Technology. Nanjing，China：IEEE，2010：750-754.
[13] 李丽娜．几种典型类型的多属性决策方法[D]．成都：西南交通大学，2013.
[14] Proximity-1 space link protocol-physical layer，issue 4：CCSDS 211. 1-B-4[R]. Washington D. C.：CCSDS，2013.
[15] AOS data link protocol，issue 3：CCSDS 732. 0-B-3[R]. Washington D. C.：CCSDS，2015.
[16] WANG L C，CHEN M C. Comparisons of link-adaptation-based scheduling algorithms for the WCDMA system with high-speed downlink packet access[J]. Canadian Journal of Electrical & Computer Engineering，2004，29(1)：109-116.
[17] 朱毅麟．卫星设计寿命影响分析[J]．航天器工程，2007(4)：13-22.
[18] HOTELLING H. Stability in competition[J]. Economic Journal，1929，39：41-57.
[19] Proximity-1 space link protocol-rationale，architecture，and scenarios，issue 2：CCSDS 210. 0-G-2[R]. Washington D. C.：CCSDS，2013.
[20] CHOWDHURY P K，ATIQUZZAMAN M，IVANCIC W. Handover schemes in satellite networks：State-of-the-art and future research directions [J]. IEEE Communications Surveys & Tutorials，2006，8：2-14.
[21] KORABLEV O，TROKHIMOVSKY A，GRIGORIEV A V，et al. Three infrared spectrometers，an atmospheric chemistry suite for the exomars 2016 trace gas orbiter[J]. Journal of Applied Remote Sensing，2014，8(1)：084983.
[22] SANCTIS M，ROSSI T，LUCENTE M，et al. Flower constellation of orbiters for martian communication[C]//Proc. IEEE Aerosp. Conf. Piscataway：IEEE，2007：1-11.
[23] SANCTIS M，ROSSI T，LUCENTE M，et al. Space system architectures for interplanetary internet[C]//Proc. IEEE Aerosp. Conf. Piscataway：IEEE，2010：1-8.
[24] DAN A，GLADDEN R. Mars relay operations service（maros）：Managing strategic and tactical relay for the evolving Mars network[C]//Proc. IEEE Aerosp. Conf. Piscataway：IEEE，2012：1-11.
[25] MORTARI D，WILKINS M P. Flower constellation set theory part Ⅰ：Compatibility and phasing[J]. IEEE Transactions on Aerospace & Electronic Systems，2008，44(3)：953-962.
[26] WILKINS M P，MORTARI D. Flower constellation set theory part Ⅱ：Secondary paths and equivalency[J]. IEEE Transactions on Aerospace & Electronic Systems，2008，44(3)：964-976.
[27] MORTARI D，SANCTIS M D，LUCENTE M. Design of flower constellations for telecommunication services[J]. Proceedings of the IEEE，2011，99(11)：

2008-2019.

[28] 鄢青青,沈怀荣,邵琼玲.航天测控资源调度问题建模与求解研究综述[J].系统仿真学报,2015,27(1):1-12.

[29] KAMECKE U. Two sided matching: A study in game-theoretic modeling and analysis[J]. Economica,1992,59(236):487.

[30] 李建荣,吴欲波.匹配博弈理论及其发展[J].江西科技师范大学学报,2014(3):69-73.

[31] KLAUS B,MANLOVE D F,ROSSI F. Matching under preferences[J]. Cahiers de Recherches Economiques du Département d'économie,2014.

[32] MARTÍNEZ R,MASSÓ J,NEME A,et al. Single agents and the set of many-to-one stable matchings[J]. Journal of Economic Theory,2000,91(1):91-105.

[33] CANTALA D, PEREYRA J S. Priority-driven behaviors under the boston mechanism[J]. Review of Economic Design,2017,21(1):49-63.

[34] MORRILL T. Two simple variations of top trading cycles[J]. Economic Theory,2015,60(1):123-140.

[35] WAN P,ZHAN Y,PAN X,et al. Scheduling algorithm for the multiple rovers' access to single orbiter on the Mars relay communication links[J]. International Journal of Satellite Communications and Networking,2019,37(6):612-629.

[36] WAN P,ZHAN Y,PAN X. Study on the optimal access orbiter selection algorithm in Mars automatic relay communications[J]. IEEE Transactions on Aerospace and Electronic Systems,2020,56(4):2934-2946.

[37] WAN P,ZHAN Y. Study on the two-sides matching between multiple rovers and multiple orbiters in Mars relay communications[J]. China Communications,2020,17(7):80-93.

第5章 地外天体表面设施高效传输

5.1 引言

对在轨航天器而言(如载人空间站、地球观测卫星、深空探测器等),平台遥测数据具有重要作用,它是航天器在轨运行状态的重要表征。平台遥测数据具有如下特点：①参数种类多：航天器通常由多个分系统构成,遥测参数种类众多,包括姿态角、电压、电流、温度等；②参数行为特征各异：有的稳态变化,有的周期变化,有的随机变化；③遥测数据是地面任务控制中心完成平台工作状态监视、异常检测与故障诊断、飞行控制效果监测等任务不可或缺的依据。

地外行星探测赋予了巡视器多种科学探索使命,包括地表勘探、大气探测、土壤分析等,由于设备状态参数众多,遥测参数回传种类及数据量与日俱增,给通信链路带来了较大的压力。遥测数据高效传输是地外行星探测的重要保障。对于深空探测器而言(如在行星表面工作的巡视器),在传输距离遥远、发射功率受限的条件下,遥测信源应尽可能降低遥测数据的传输速率以保障链路电平余量,亦或在相同传输带宽条件下传递更多的遥测参数。因此,考虑到超远距离导致地面无法提供实时监控,除了骨干网络信道扩容、多址接入能力提升之外,深空探测器遥测信源应具备一定的智能处理能力,在不丢失关键信息的条件下实现遥测数据的高效传输。

由于遥测参数的采集是周期性的,大部分参数变化非常缓慢,每次采样新增的信息量非常有限,因此遥测数据的高度冗余为降低冗余信息传输速率、提升有效信息传输速率提供了可能性。通过对清华大学灵巧通信试验卫星遥测数据进行分析,结果表明有效遥测数据的占比只有约10%；ESA研究报告[1]中也指出,航天器遥测数据中大约50%～90%的信息比特并未携带任何有用信息。如果对遥测数据进行有效压缩,就有可能大幅度改善遥测数据的实际传输速率。由于航天器平台会对遥测数据的采集引入一定的随机噪声,在压缩遥测数据时一定范围内的失真不会影响信号的性质,为了进一步提升压缩效率,一种可行的方法是有损压缩。为了消除深空探测器遥测数据中的冗余信息,提高深空遥测数据有效信息传输量、丰富可传输遥测参数,本章研究了基于在轨自学习的遥测数据弹性传输方法,具体方案如图5.1所示。具体包括：

(1) 遥测特性分析

根据深空探测器遥测数据的时间序列特征,通过数学方程或逻辑表达式对遥测数据行为特征进行建模。此工作不仅有助于模拟生成遥测参数,

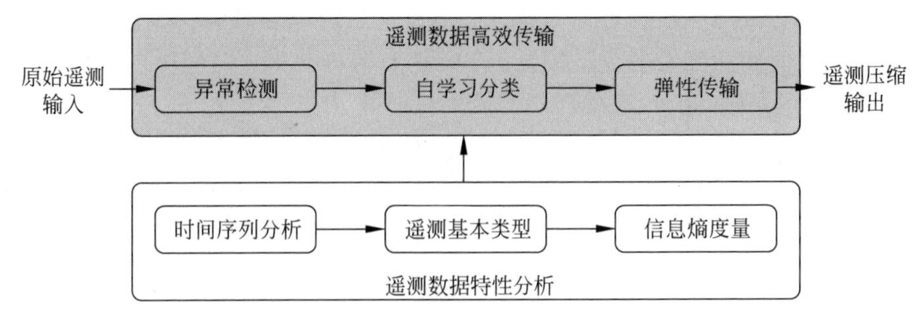

图 5.1 遥测数据弹性传输研究架构

也是开展遥测特征提取、自学习分类、弹性传输等研究的前提条件。在此基础上,本书还分析了遥测数据的时域分布特征,并计算了其信息熵。

(2) 异常检测清洗

遥测数据的重要性要求我们的设计能有效处理遥测数据在采集过程中出现的野值。由于野值会偏离正常数值范围,为提高整个系统的稳健性,需在发送端的弹性压缩中增加容错机制。本书对基于局部数据特征的遥测数据异常清洗方法展开研究,实现了野值的判断与清洗。

(3) 遥测自学习分类

由于遥测数据的表达方式、处理方式与遥测量的行为特征之间存在紧密的关联,需要研究基于遥测数据自动得到其特征的方法,并对相似的遥测参数进行分类以进一步降低遥测数据处理的复杂度。通过自学习对遥测特征进行分类可得到稳恒参数、线性变化参数、周期变化参数等。

(4) 遥测弹性传输

本书设计了基于分类特征的遥测数据弹性传输系统,发送端根据遥测自学习分类结果有针对性地提取遥测时间序列的特征参数,并将不同种类的遥测特征按照约定帧格式进行封装;接收端接收后可依据数据类型与特征参数进行高精度数据恢复,从而实现不同类别遥测数据的高效弹性传输。

5.2 遥测特性分析

5.2.1 时间序列特性

时间序列数据,简称“时间序列”,是一种以时间顺序进行索引的数据集,通常为等间隔采样得到的离散数据序列,包括一维时间序列、多维时间序列。多参数遥测数据可视为典型的高维离散时间序列，航天任务中通常采用固定时间间隔对各分系统设备单元进行采样获得。时间序列的行为特征取决于多种因素[2]，某些因素会带来长期的、确定性的影响，体现出趋势性和规律性；某些因素会带来短期的、非确定性的影响，体现出非规律性。现实生活中的时间序列的主要影响因素包括：

① 趋势项：时间序列体现出连续上升、连续下降或者随着时间稳态变化的行为特征，通常具有趋势行为特征的时间序列都会受到长期因素的影响。

② 周期项：时间序列在相对较小的时间尺度下体现出围绕某个趋势水平线上下波动的行为特征，并在相对较长时间范围内维持这一变化特征。例如，巡视器太阳能电池板温度变化具有一定的周期性，即以火星自转一圈为一个周期，其中光照区内温度较高、阴影区内温度较低。

③ 季节项：时间序列在相对较大的时间尺度下体现出周期性变化的行为特征，而该变化与季节更替具有相关性。

④ 非规则项：时间序列体现出非规则变化的行为特征，该变化往往由非确定性因素引起。

时间序列可以根据不同的规则划分为多种类型，如：以维度为准则，可划分为一维时间序列与多维时间序列；以连续性为准则，可划分为离散时间序列与连续时间序列；以统计特性为准则，可划分为平稳时间序列与非平稳时间序列。时间序列的低阶矩往往用来描述特征统计特性，如统计均值、方差、自相关等。对于离散时间序列$\{X_t, t \in T\}$而言，X_t 是概率密度为 $p(X_t)$的随机变量。

① 均值：随机变量 X_t 的均值定义为$\mu_t = E(X_t) = \sum_{t=-\infty}^{+\infty} p(X_t) X_t$。

② 方差：随机变量 X_t 的方差定义为σ_t，有 $\sigma_t^2 = \mathrm{Var}(X_t) = E(X_t - \mu_t)^2 = \sum_{t=-\infty}^{+\infty} p(X_t)(X_t - \mu_t)^2$。

③ 自相关：随机变量 X_t 的自相关定义为 $\gamma(t,s) = \mathrm{Cov}(X_t, X_s) = E(X_t - \mu_t)(X_s - \mu_s)$，$\forall t, s \in T$。

对于实测数据分析而言，通常用弱平稳条件来验证时间序列的平稳性。如果实测时间序列能够满足如下 3 个条件，则可以判断为是弱平稳。

① $\forall t, j \in T, E(X_t) = E(X_{t-j}) = \mu \stackrel{\mathrm{def}}{=} \mathrm{const}$。

② $\forall t, j \in T, \mathrm{Var}(X_t) = \mathrm{Var}(X_{t-j}) = \sigma^2 \stackrel{\mathrm{def}}{=} \mathrm{const}$。

③ $\forall t,j,s\in T,\gamma(t,t-s)=\gamma(t-j,t-j-s)=\gamma(s)$。

5.2.2 遥测数据类型

多参数遥测数据可视为典型的高维离散时间序列，航天任务中通常采用固定时间间隔对各分系统设备单元进行采样获得。在时间序列分析中，常用平稳性与趋势特征对遥测数据进行分类。

图 5.2 给出了航天器遥测数据分类二叉树，主要可以划分为 4 个基类，即：平稳序列（含随机数据、稳恒数据）、线性序列、周期序列、一般非线性序列。

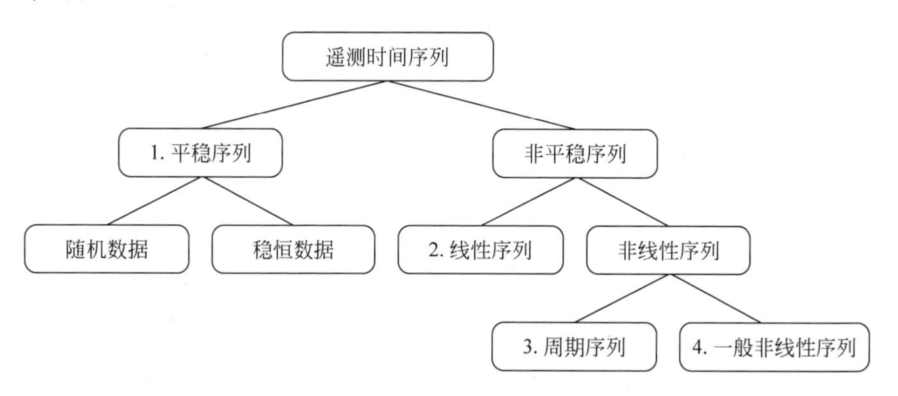

图 5.2 航天器遥测数据分类二叉树

1. 平稳序列

1）随机数据

遥测数据中较为典型的随机数据服从高斯分布或泊松分布，其数学形式为 $Y_t=\varepsilon_t$。

（1）高斯分布：高斯型时间序列可归类为平稳随机过程，特征统计量中均值 $E(Y_t)=\mu$，方差 $\mathrm{Var}(Y_t)=\sigma^2$，自相关 $\mathrm{Cov}(Y_t,Y_s)=\gamma_{t-s}=0$。在卫星遥测数据中，某些零均值遥测参数通常受加性高斯白噪声的影响，可以被归类为具有平稳特性的随机数据。

（2）泊松分布：卫星平台有许多具有随机性的遥测参数并非高斯分布，以遥测参数“单粒子翻转数目”为例，这类观测量通常可采用齐次泊松过程加以描述，其统计特征并不满足平稳过程的约束要求，其中均值 $E(Y_t)=\mu=\lambda t$，方差 $\mathrm{Var}(Y_t)=\sigma^2=\lambda t$，自相关 $\mathrm{Cov}(Y_t,Y_s)=\gamma_{t-s}=\lambda\min\{s,t\}$，各统计量均随时间变化。因此，对于齐次泊松过程，虽然其属于非平稳过程，但是其一次差分属于平稳过程，具体证明过程见证明1。

证明1：齐次泊松过程的一次差分过程属于平稳过程。

根据齐次泊松过程$N(t)$的性质可知，设$0\leqslant t_0<t_1<t_2<\cdots<t_n$由$n$个增量过程构成，则$n$个增量$N(t_1)-N(t_0),N(t_2)-N(t_1),\cdots,N(t_n)-N(t_{n-1})$相互独立同分布，构成一个独立增量过程。设$\Delta Y_n=N(t_n)-N(t_{n-1})$，则有：

① 均值：$E(\Delta Y_n)=\lambda t_n-\lambda t_{n-1}=\lambda$；

② 方差：$\mathrm{Var}(\Delta Y_n)=\lambda$。具体推导如下：

$E(Y_t)=\lambda t,\mathrm{Var}(Y_t)=\lambda t=E(Y_t^2)-(E(Y_t))^2=E(Y_t^2)-\lambda^2t^2$，则有：

$E(Y_t^2)=\lambda t+\lambda^2t^2$

$E(\Delta Y_t)=\lambda t-\lambda(t-1)=\lambda$

$\mathrm{Var}(\Delta Y_t)=E(\Delta Y_t^2)-(E(\Delta Y_t))^2=E(Y_t^2+Y_{t-1}^2-2Y_tY_{t-1})-\lambda^2=E(Y_t^2)+E(Y_{t-1}^2)-2E(Y_tY_{t-1})-\lambda^2$

根据齐次泊松过程自相关函数特性：$E(Y_tY_{t-1})=\lambda^2t(t-1)+\lambda\min(t,t-1)$，有：

$\mathrm{Var}(\Delta Y_t)=\lambda t+\lambda^2t^2+\lambda(t-1)+\lambda^2(t-1)^2-2[\lambda^2t(t-1)+\lambda(t-1)]-\lambda^2=\lambda$

③ 自相关：$\mathrm{Cov}(\Delta Y_n,\Delta Y_\mathrm{m})=E(\Delta Y_n\Delta Y_\mathrm{m})-E(\Delta Y_n)E(\Delta Y_\mathrm{m})=0$

证毕

2）稳恒数据

非零稳恒数据的数学表达式为$Y_t=\mu$，特征统计量中均值$E(Y_t)=\mu$，方差$\mathrm{Var}(Y_t)=0$，自相关$\mathrm{Cov}(Y_t,Y_s)=\gamma_{t-s}=0$，所有统计量均与时间无关。具有加性高斯白噪声条件的非零稳恒数据的数学表达式为$Y_t=\mu+\varepsilon_t$，其中$\mu\neq0,\varepsilon_t\sim N(0,\sigma^2)$，为独立同分布；特征统计量中均值$E(Y_t)=\mu\neq0$，方差$\mathrm{Var}(Y_t)=\sigma^2$，自相关$\mathrm{Cov}(Y_t,Y_s)=\gamma_{t-s}=0$，所有统计量也与时间无关。因此，稳恒数据可以归类为平稳时间序列。

2. 线性序列

在相对较短的时间尺度范围内，如巡视器与轨道器之间的跟踪弧段通常约10min，某些遥测参数体现出较为明显的线性趋势，其数学表达式为$Y_t=\mu+Y_{t-1}+\varepsilon_t$，可归类为差分平稳过程。随着时间变化进行迭代计算有

$Y_t=Y_0+\mu t+\sum_{i=1}^{t}\varepsilon_i$，设初值$Y_0=0$，则有$Y_t=\mu t+\sum_{i=1}^{t}\varepsilon_i$，主要由一个确定性时间趋势项和一个随机游走过程构成。线性序列均值表达式为$E(Y_t)=\mu t$，其数值随时间变化。因此，线性序列应划归非平稳序列，其行为特征主要表现为线性趋势项，即斜率μ，该特征参数可以通过线性回归进行求解。

3. 周期序列

在相对较短的时间尺度范围内（如一个地球日或火星日），航天器的某些遥测参数会体现出周期变化特性，如太阳能帆板温度。周期序列的数学表达式为$Y_t=\mu_t+\varepsilon_t=f(t)+\varepsilon_t$，其中$f(t)$是含时间因子的趋势变化函数，往往具有周期行为特征。该时间序列的均值为$E(Y_t)=E(f(t))$，与时间相关。因此，周期序列应划归非平稳序列，其行为特征主要表现为函数$f(t)$决定的周期性趋势，可以通过快速傅里叶变换（fast Fourier transform，FFT）或经验模态分解（empirical mode decomposition，EMD）[3-4]等方式获得。

4. 一般非线性序列

实际航天任务中的遥测时间序列通常包含多种行为特征，若不存在某类占主导地位的行为趋势，则无法对该数据进行类别划分，在本书中将这种时间序列划归至一般非线性序列。

5.2.3 信息熵分析

1. 时间序列信息熵

信息熵可以用来分析遥测数据中有效信息随时间的变化情况，分析结果可以作为遥测分类算法中参数初始化的参考，比如滑动窗口尺寸设置与步进间隔取值。航天器寿命周期内的绝大部分时段处于长期在轨运行阶段，平台各分系统维持在正常工作状态，因此在轨遥测系统可以看作一个离散稳恒信源。根据航天器设计，遥测信源的数值特征可以表述为$\{a_1,a_2,\cdots,a_K\}$，其中K是量化空间的大小，即字典规模，因此该离散稳恒信源的时间序列可以表述为$\{\cdots,u_{-1},u_0,u_1,\cdots,u_i,\cdots\}$。

根据稳态随机过程特性可知，信源输出序列的有限维分布概率与时间轴的起始时刻无关，即有$P(u_i,u_{i+1},\cdots,u_{i+N}=\vec{A})=P(u_j,u_{j+1},\cdots,u_{j+N}=\vec{A})$，其中$\vec{A}$表示某特定的数据序列。

假设遥测数据时间序列长度有限（记为N），如设为每个地面测控站跟踪弧段内的时隙数目或者滑动窗口尺寸，则有限长度时间序列可以表示为随机向量$\boldsymbol{U}=(u_1,u_2,\cdots,u_N)$,其信息熵可以表示为联合信息熵$H(\boldsymbol{U}_1,\boldsymbol{U}_2,\cdots,\boldsymbol{U}_N)$。量化空间中各挡位的平均信息熵可以表示为$H_N(\boldsymbol{U})=\frac{1}{N}H(\boldsymbol{U}_1,\boldsymbol{U}_2,\cdots,\boldsymbol{U}_N)$。如果$H_N(\boldsymbol{U})$取值在$N\to\infty$时收敛到有限数值,那么该数值即可定义为遥测信源的信息熵率$H_\infty(\boldsymbol{U})$,其数学表达式为$H_\infty(\boldsymbol{U})=\lim\limits_{N\to\infty}H_N(\boldsymbol{U})$。航天任务遥测数据通常采用模数转换、量化采样得到,量化间隔取值为任务给定的最大值与最小值之差除以量化数目K得到的等间隔划分。在实际工程数据处理中,量化数目K可取值为有限时间序列长度N的最大值。

2. 遥测数据信息熵

为实现高准确度数据分类,我们应尽可能降低待处理数据的信息熵率以降低信息的不确定性,为此就需要获得足够多的有效信息。对于航天任务而言,就是要在各跟踪弧段中设定合理的数据采集时长,即合适的滑动窗口尺寸。本书将滑动窗口尺寸设为系统优化参数,记为W,其取值应满足5.2.2节给出全部4种遥测基本类型的分类需求,即$W=\max\{W_i\},i=1,2,3,4$。每种遥测类型信息熵的数学分析如下所述。

1) 平稳序列

(1) 随机数据

对于随机数据而言,遥测数据时间序列可以建模为独立无记忆稳恒信源,前后时刻信源输出信息彼此独立,则其联合信息熵表述为$H(\boldsymbol{U}_1,\boldsymbol{U}_2,\cdots,\boldsymbol{U}_N)=\sum_{i=1}^{N}H(\boldsymbol{U}_i)=N\cdot H(\boldsymbol{U}_i),i=1,2,\cdots,N$。因此,随机数据的信息熵率可表示为$H_\infty(\boldsymbol{U})=H_N(\boldsymbol{U})=H(\boldsymbol{U}_i)=H_1(\boldsymbol{U})$,该信息熵率的取值与参数$N$无关。下面以遥测参数“GPS观测卫星数”为例,分析符合独立稳恒信源特性的遥测时间序列的信息熵率特点。

对于航天器平台而言,GPS观测卫星数是一个随机观测量,现阶段采用1字节表征,其范围为0~255。实际上,GPS卫星有效数目为24,共有25种状态($K=25$),经验上只需5b表示即可。理论上,由熵的极值性可知,熵率$H_\infty(\boldsymbol{U})=H_1(\boldsymbol{U})\leqslant\log_2K\approx4.6439$,即只需4.6439b便可表示(取整为5b)。上述公式等号成立的条件是各卫星数目出现概率相同,通常情况下实际分布概率并非均匀分布,因此等号不会成立,即实测数据的信息熵率小于等概率分布。下面进行简要的分析证明。

证明 2：GPS 观测卫星数目参数信息熵率小于等概分布信息熵率。

泊松分布是一种统计与概率论中常见的离散概率分布，适合用于描述单位时间内随机事件发生次数的概率分布。如某一服务设施在一定时间内受到的服务请求的次数、电话交换机接收到呼叫的次数、汽车站台的候车人数等。对于遥测参数“GPS 卫星数目”而言，表示的是当前观测时隙内卫星平台接收到 GPS 卫星导航信号的有效数目，这与泊松过程定义相符。

设观测量为离散型随机变量 X，其概率分布为：$p_i=P(X=x_i)$，$i=1,2,\cdots,n$。其中，$X=[x_1,x_2,\cdots,x_n](n>0)$为状态空间，$\sum_{i=1}^{n}p_i=1$，则 X 的信息熵定义为：$H=-\sum_{i=1}^{n}p_i\log_b p_i$，$b$ 为对数的底，当 $b=2$ 时信息熵单位为比特(bit)，当 $b=\mathrm{e}$ 时信息熵单位为纳特(nat)。通常以 $b=2$ 为底评价信息熵，则有 $H_{\mathrm{bit}}=H_{\mathrm{nat}}/\ln 2$，下面以 e 为底进行推导，计算结果需要进行相应的转换。

设随机变量 X 服从参数为 λ 的泊松分布，其概率密度为式(5-1)：

$$p_i=P(X=x_i=k)=\frac{\lambda^k}{k!}\mathrm{e}^{-\lambda}(\lambda>0,k=i-1),\quad \sum p_i=\sum p_k=1 \tag{5-1}$$

对于泊松分布而言，$E[p_i]=\lambda$，则有式(5-2)：

$$\begin{aligned}
H_{\mathrm{nat}}&=-\sum_{i=1}^{n}p_i\ln p_i=-\sum_{k=0}^{n-1}p_k\ln p_k\\
&=-\sum p_k\left[\ln\left(\frac{\lambda^k}{k!}\cdot\mathrm{e}^{-\lambda}\right)\right]=-\sum p_k\left[\ln\left(\frac{\lambda^k}{k!}\right)-\lambda\right]\\
&=-\sum p_k\cdot k\cdot\ln\lambda+\sum p_k\cdot\ln k!+\lambda\\
&=-\ln\lambda\cdot E[p_k]+\sum\frac{\lambda^k}{k!}\mathrm{e}^{-\lambda}\ln k!+\lambda\\
&=\lambda(1-\ln\lambda)+\mathrm{e}^{-\lambda}\sum_{k=0}^{n-1}\frac{\lambda^k\ln k!}{k!}
\end{aligned} \tag{5-2}$$

设观测均值取值 $\lambda=6$，$X=[x_1,x_2,\cdots,x_n]=[0,1,2,\cdots,24]$为状态空间，则通过计算可得熵率：$H_\infty(\boldsymbol{U})=H_1(\boldsymbol{U})=H_{\mathrm{bit}}=3.3172<4.6439$，即在独立稳恒信源符合泊松分布特性条件下，GPS 观测卫星数目参数的熵率小于等概率分布信息熵。

证毕

(2) 稳恒数据

对于稳恒数据而言，遥测数据长时间维持在一个数值上，因此信息熵率为 0。

2) 非平稳序列

对于非平稳序列而言，先前采样的历史数据与后续待采样的数据之间存在统计关联性，可以用离散有记忆稳恒信源 $f(t)$ 来表示。证明可知，非平稳序列也存在信息熵率 $\lim\limits_{N\to\infty} H_N(\boldsymbol{U})$。在等时隙间隔 Δt 采样条件下，各量化挡位出现概率 p 正比于相邻挡位之间的数值差分，即 $p \propto \frac{f(t)-f(t-\Delta t)}{\Delta t} \overset{\text{def}}{=} f'(t)$。

(1) 线性序列

对于线性序列而言，$f'(t)=\text{const}\neq 0$，其量化空间中各量化挡位的出现概率相同，即有 $p_i=p_j=\text{const}(i,j\in K;\ i\neq j)$。由此可以计算信息熵率为式(5-3)：

$$
H_N(\boldsymbol{U}) = -\sum_{i=1}^{K-N+1} p_i \log_2 p_i = \log_2(K-N+1),
$$

$$
\boldsymbol{U}=\{u_1,u_2,\cdots,u_N\},\quad p_i=\frac{1}{K-N+1} \tag{5-3}
$$

其中，$\boldsymbol{U}=\{u_1,u_2,\cdots,u_N\}$ 是 N 次采样得到的遥测时间序列，其熵率 $H_N(\boldsymbol{U})$ 随着 N 增加而逐渐降低。

(2) 周期序列

对于周期数据而言，$f'(t)\neq\text{const}$，其量化空间中各量化挡位的出现概率并不相同，可以通过对当前跟踪弧段中的采样数据进行一次差分得到。对于某些特殊的周期序列可以通过数学函数计算得到，以正弦函数为例，$f(t=i)=\sin(i\cdot(\pi/2)/(K-1))$，$i=0,1,2,\cdots,K-1$，其中 K 为量化空间的挡位数目。其一次差分函数为 $f'(i)\propto\cos(i\cdot(\pi/2)/(K-1))$。令 $p_i=g(i)=\beta\cos(i\cdot(\pi/2)/(K-1))$ 表示第 i 个量化挡位的出现概率，其中 β 为可调比例系数，由此可以给出不同长度时间序列的信息熵率 $H_N(\boldsymbol{U})$，如公式(5-4)所示，该熵率随着 N 的增加而逐渐降低。

$$
H_N(\boldsymbol{U}) = -\sum_{i=0}^{K-N} p_i \log_2 p_i,\quad \boldsymbol{U}=\{u_1,u_2,\cdots,u_N\},
$$

$$
p_i=\cos\left(\frac{i}{K-1}\frac{\pi}{2}\right)\bigg/\sum_{i=0}^{K-N}\cos\left(\frac{i}{K-1}\frac{\pi}{2}\right) \tag{5-4}
$$

(3) 一般非线性序列

对于一般非线性序列而言，$f'(t) \neq \text{const}$，其量化空间中各量化挡位的出现概率并不相同，也可以通过对当前跟踪弧段或滑动窗口中的采样数据进行一次差分得到。一般非线性序列的信息熵率满足 $0 \leqslant H_N(\boldsymbol{U}) \leqslant \log_2 K$。本书采用一般稳恒信源模型来推导一般非线性函数的单位长度信息熵变化情况，具体推导过程如下所述。

证明 3：对于离散稳恒信源，若 $H_1(\boldsymbol{U}) < +\infty$，则熵率 $\lim\limits_{N\to\infty} H_N(\boldsymbol{U})$ 存在。

由信源稳恒性以及无条件熵不小于条件熵的性质，可知：

$$\begin{aligned} H(\boldsymbol{U}_{N-1} \mid \boldsymbol{U}_1\boldsymbol{U}_2\cdots\boldsymbol{U}_{N-2}) &= H(\boldsymbol{U}_N \mid \boldsymbol{U}_2\boldsymbol{U}_3\cdots\boldsymbol{U}_{N-1}) \\ &\geqslant H(\boldsymbol{U}_N \mid \boldsymbol{U}_1\boldsymbol{U}_2\cdots\boldsymbol{U}_{N-1}) \end{aligned}$$

说明条件熵 $H(\boldsymbol{U}_N \mid \boldsymbol{U}_1\boldsymbol{U}_2\cdots\boldsymbol{U}_{N-1})$ 随着 N 的增加而不断减小，于是有：

$$\begin{aligned} H(\boldsymbol{U}_1\boldsymbol{U}_2\cdots\boldsymbol{U}_N) &= N \cdot H_N(\boldsymbol{U}) \\ &= H(\boldsymbol{U}_1) + H(\boldsymbol{U}_2 \mid \boldsymbol{U}_1) + \cdots + H(\boldsymbol{U}_N \mid \boldsymbol{U}_1\boldsymbol{U}_2\cdots\boldsymbol{U}_{N-1}) \\ &= H(\boldsymbol{U}_N) + H(\boldsymbol{U}_N \mid \boldsymbol{U}_{N-1}) + \cdots + H(\boldsymbol{U}_N \mid \boldsymbol{U}_1\boldsymbol{U}_2\cdots\boldsymbol{U}_{N-1}) \\ &\geqslant N \cdot H(\boldsymbol{U}_N \mid \boldsymbol{U}_1\boldsymbol{U}_2\cdots\boldsymbol{U}_{N-1}) \end{aligned}$$

另一方面，有：

$$\begin{aligned} H(\boldsymbol{U}_1\boldsymbol{U}_2\cdots\boldsymbol{U}_N) &= N \cdot H_N(\boldsymbol{U}) \\ &= H(\boldsymbol{U}_N \mid \boldsymbol{U}_1\boldsymbol{U}_2\cdots\boldsymbol{U}_{N-1}) + H(\boldsymbol{U}_1\boldsymbol{U}_2\cdots\boldsymbol{U}_{N-1}) \\ &= H(\boldsymbol{U}_N \mid \boldsymbol{U}_1\boldsymbol{U}_2\cdots\boldsymbol{U}_{N-1}) + (N-1) \cdot H_{N-1}(\boldsymbol{U}) \end{aligned}$$

结合上述公式可以推导出：$H_{N-1}(\boldsymbol{U}) \geqslant H_N(\boldsymbol{U})$。

因此，对于一般非线性函数，有：$+\infty > H_1(\boldsymbol{U}) \geqslant \cdots \geqslant H_{N-1}(\boldsymbol{U}) \geqslant H_N(\boldsymbol{U}) \geqslant 0$。

由熵的极值性可知，$H_1(\boldsymbol{U}) \leqslant \log_2 K$，因此可知对于一般非线性函数，其不同时序长度条件下单位长度信息熵 $H_N(\boldsymbol{U})$ 具有如下关系式：

- $0 \leqslant H_\infty(\boldsymbol{U}) \leqslant \cdots \leqslant H_N(\boldsymbol{U}) \leqslant \cdots \leqslant H_1(\boldsymbol{U}) \leqslant \log_2 K$。
- 其下界为 0，上界为 $\log_2(K)$，K 为状态空间数目。

证毕

---

3. 信息熵计算

计算周期序列或一般非线性序列信息熵的算法主要有近似熵算法[5]

(approximate entropy，ApEn)、排列熵算法[6]（permutation entropy，PermEn)、样本熵算法[7]（sample entropy，SampEn)等。通过调研可知，近似熵算法 ApEn 是一种与模型无关的统计算法，广泛用于各种时间序列分析场景中，包括确定性时间序列与随机时间序列，其中较低的 ApEn 数值表示较高的稳定性与相关性，而较高的 ApEn 数值则表示较高的独立性。本书选择近似熵算法 ApEn 作为遥测时间序列的信息熵算法。

5.3 异常检测清洗

5.3.1 技术现状

1. 现有方法

对于深空探测器遥测数据而言，空间环境瞬态剧烈变化与设备线路噪声将会给信号采集带来噪声干扰，从而使得遥测数据中掺杂随机分布的异常数据，如图 5.3 所示。

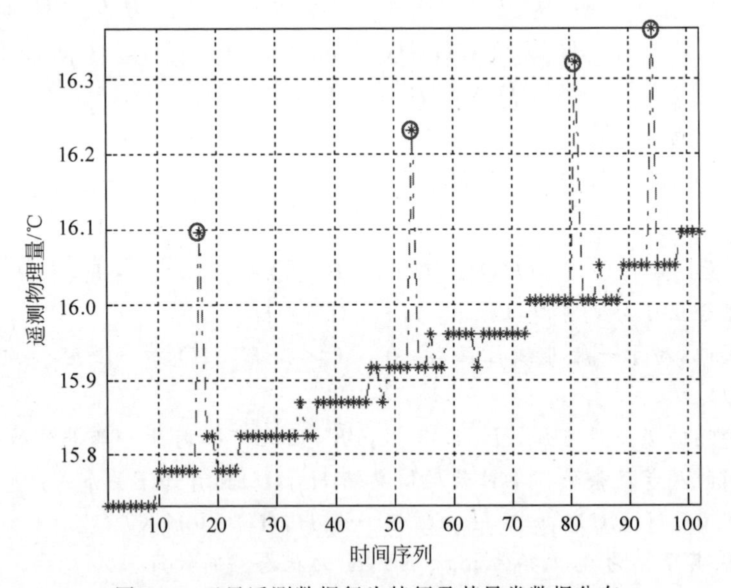

图 5.3 卫星遥测数据行为特征及其异常数据分布

目前常用的异常检测方法包括边界检测、趋势预测、速率约束、密度（距离）检测等方法。

(1) 边界检测：卫星任务中应用最为广泛的异常检测方法，通常由飞控人员根据地面测试阶段获得的样本以及以往卫星任务的经验，提供各个遥测参数工作的正常边界，当数据超过上下界范围则认为是异常数据。

(2) 趋势预测：时间序列通常具有一定趋势，通过估计时间序列的行为趋势，对后续数据行为进行预测并给出自适应检测边界[8-13]，当数据超过预测范围则认为是异常数据。

(3) 速率约束：时间序列具有一维时变特性，基于速率的清洗方法[8]采用了前后点之间速率范围(即斜率)受限的思想，若速率过大就说明当前点具有异变特性，认为是异常数据。

(4) 密度(距离)检测：基于密度(距离)的异常检测算法[14]在多维大数据处理中应用广泛，即给定一个距离阈值，若该范围内某点的邻居数目少于给定检测阈值 k，则认为是异常数据；换算为单位距离，该方法同构于在单位空间范围内用户密度检测。

2. 客观不足

对于遥测时间序列而言，现有异常检测方法具有以下客观不足。

(1) 边界检测效果有限：采用常用的边界检测方法，各参数检测边界固定，仅能发现少数极端突变数据，对于短期行为变化并不敏感，需研究适用于局部异常检测的算法。如图 5.4 所示，短期数据存在异常跳变，但是并未超出边界范围，存在漏检。

(2) 趋势检测困难：高实时性处理要求与受限的在轨资源不允许长期观测来获得统计规律，遥测时间序列往往具有非理想趋势，短期统计结果并不稳定，需研究一种基于少量数据的轻量级算法。如图 5.5 所示，短期数据的趋势项(斜率)估值并不稳定。

(3) 速率检测范围受限：当时间序列呈现出随机特性时，前后数据之间的速率变化无规律且速率跳变过大，速率检测无法正常工作，需要根据遥测行为类型进行特殊处理；此外，速率检测边界也是固定的，对于短期速率超出边界的正常数据存在误判的可能性，需研究适用于局部异常检测的算法。周期变化的正常数据，前半周期为 $\sin x$、后半周期为 $\sin 2x$，后者速率为前者两倍，如图 5.6 所示，以前者速率边界检测后者则存在部分数据误检。

(4) 忽视远近效应：传统的基于密度(距离)的算法并未考虑前后序列权重对于评估当前点紧密程度的影响。对于时变信源而言，虽然前后数据之间具有一定的相关性，但是这种相关性会随着间隔时间的增长而越来越弱。若忽略这种效应，则会出现异常点数值与较晚时刻数据数值相当的情

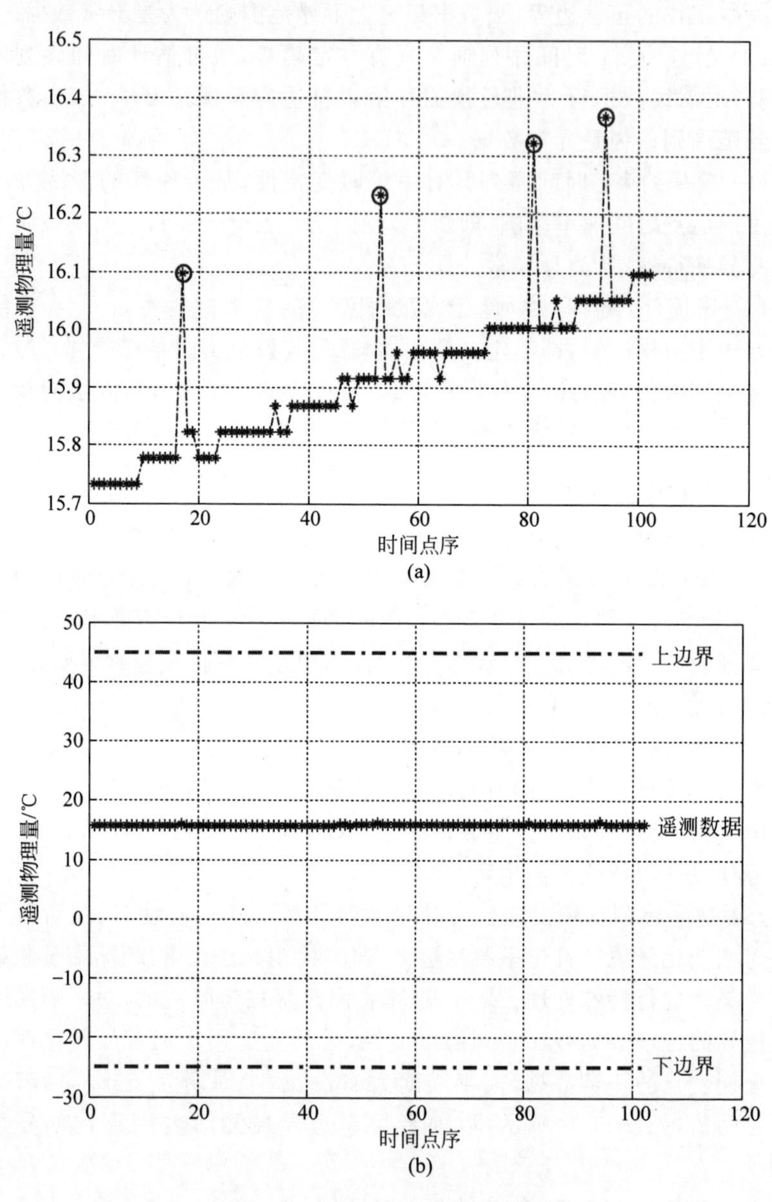

图 5.4　边界检测存在漏检情况

(a) 原始数据(四个异常点)；(b) 边界检测(无异常)

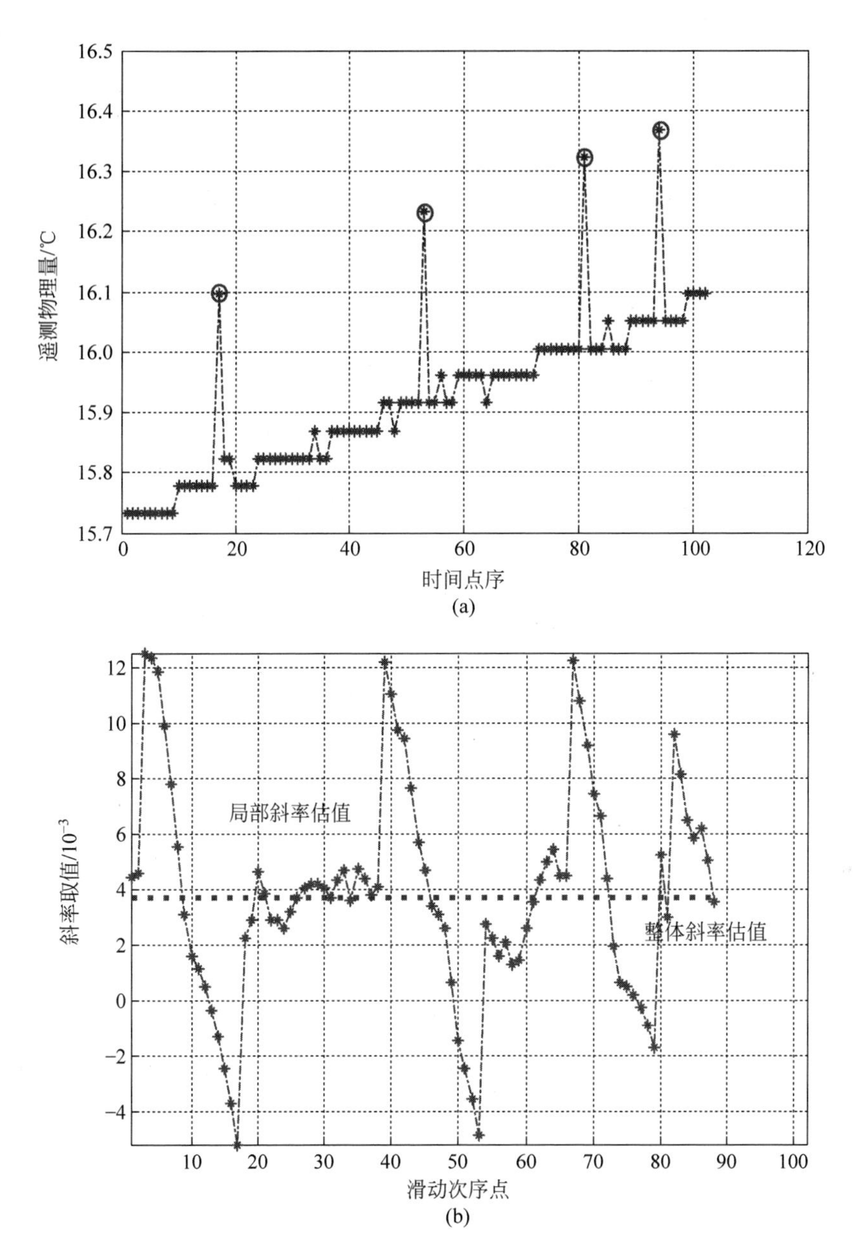

图 5.5 趋势预测存在局部估值不稳定

(a) 原始数据(四个异常点)；(b) 斜率估值不稳定(窗口尺寸 15 点)

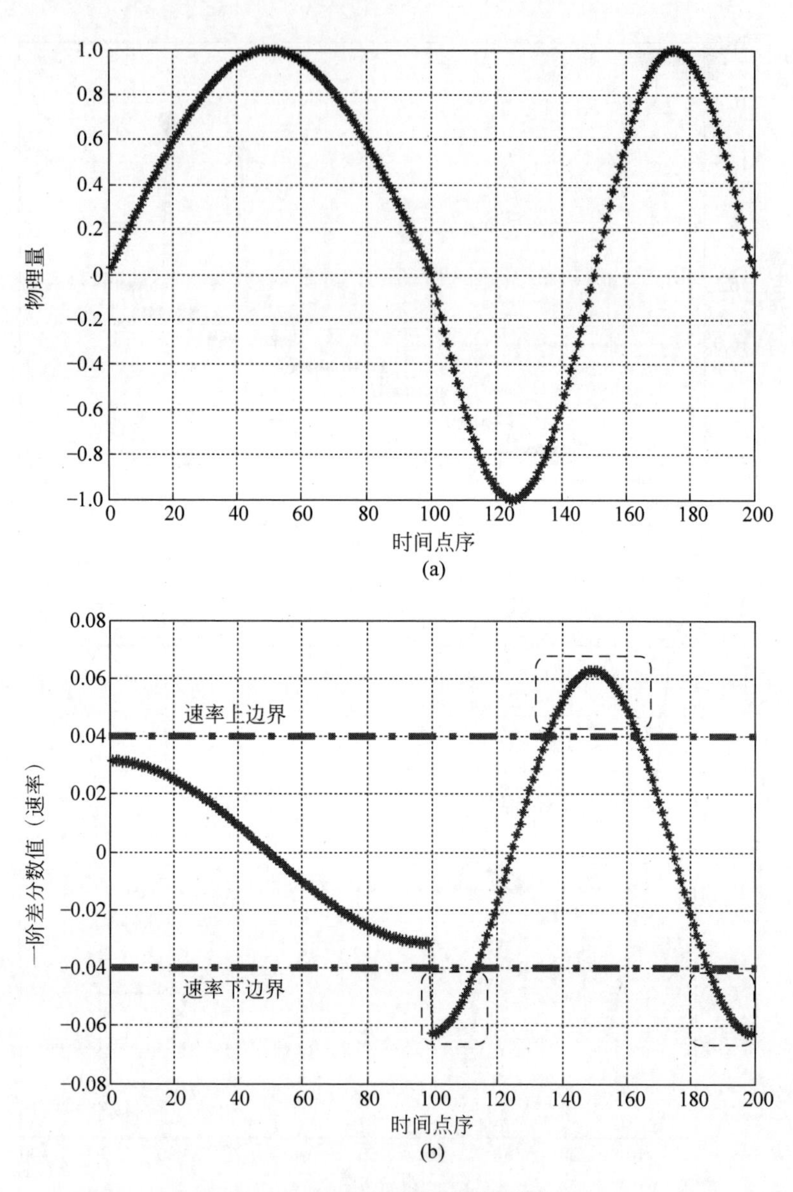

图 5.6 速率检测存在误检可能性

(a) 原始数据(无异常)；(b) 部分正常数据(矩形框内)速率超界

况，存在误判的可能，需研究符合时间序列相关性特征的算法。如图 5.7 所示，某数据点跳变，虽然与邻近节点差异较大，但是与间隔较远节点数值相当，其会被误认为是正常数据，存在漏检。

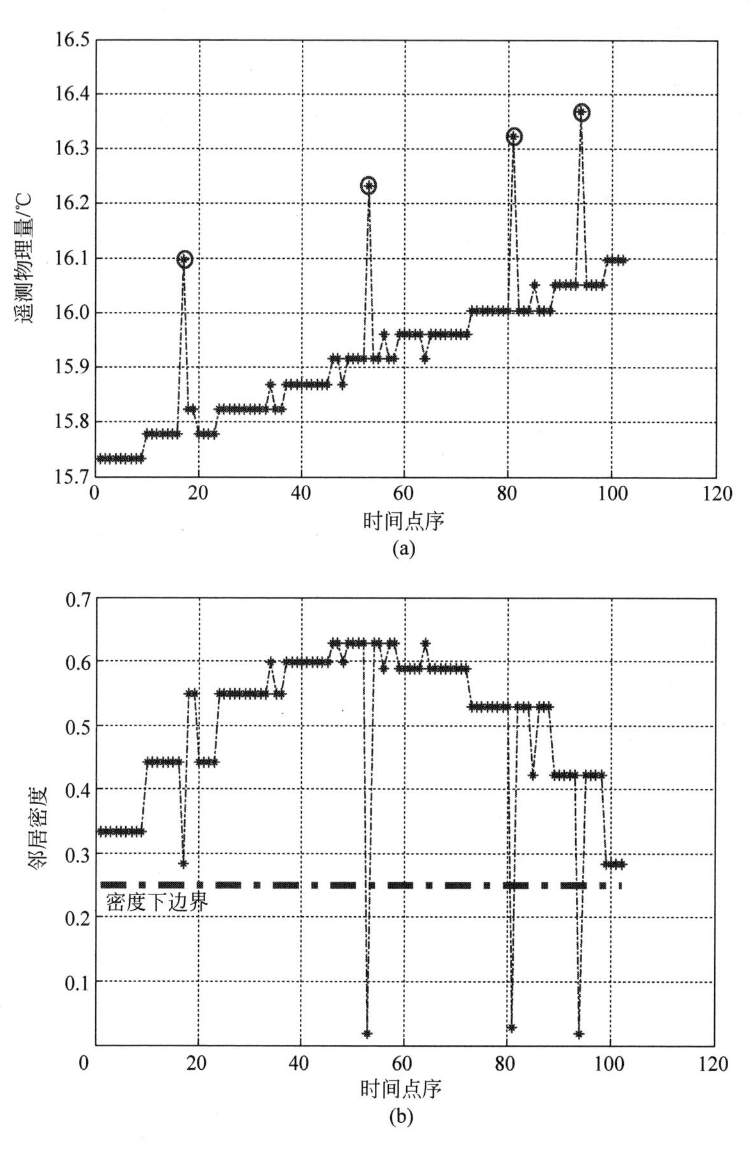

图 5.7 基于密度(距离)检测存在漏检可能性

(a) 原始数据(四个异常点)；(b) 某个异常点未被检出

5.3.2 异常检测清洗方法

本书提出了一种基于局部数据特征的飞行器遥测异常在轨检测与清洗方法，包括：

(1) 利用单位根检验法对少量先导遥测数据进行平稳性检验，若为平稳时间序列则利用边界检测法对后续实测数据进行异常检测；否则转入步骤(2)。

(2) 根据飞行器在轨处理能力选择算法Ⅰ(三点集同构映射异常检测)或算法Ⅱ(左右双陪集赋权映射异常检测)：

算法Ⅰ：对于在轨处理能力较弱的飞行器，依次计算当前时刻数据节点 x_i 与前后邻居节点(x_{i-1}, x_{i+1})构成的矢量夹角 A_i，若小于固定阈值 T_a 则将当前节点判为异常数据；

算法Ⅱ：对于在轨处理能力较强的飞行器，通过构建当前节点的左/右 k 元双陪集，并将集合内点按远近效应以幂指数(α_1, α_r)特性赋权映射到当前时刻，在距离 D(取决于陪集数据)范围内对陪集权值进行求和运算得到紧密因子 $C(k,D)$，若小于阈值 T(取决于期望的异常检测特性)则将当前节点判为异常数据。

(3) 利用邻居节点求均值对标记的异常点进行平滑，实现异常清洗。

异常检测与数据清洗的主要处理模块包括：

(1) 平稳性检验模块，用于单位根检验并输出平稳性判别结果；

(2) 模式判别选择模块，判别先导实测数据类别：若为平稳序列，则利用边界检测法对后续实测数据进行逐点异常检测；若为非平稳序列，则根据当前飞行器在轨处理能力，将后续实测数据送入异常检测算法Ⅰ模块或Ⅱ模块；

(3) 边界检测模块，利用各飞行器预设的上下边界对各遥测参数进行逐点检测，并对异常点进行标记；

(4) 异常检测算法Ⅰ模块，基于三点集同构映射异常检测法对实测数据进行逐点局部异常检测，并对异常点进行标记；

(5) 异常检测算法Ⅱ模块，基于左右双陪集赋权映射异常检测法对实测数据进行逐点局部异常检测，并对异常点进行标记；

(6) 数据清洗模块，利用异常点前后时刻的正常数据求均值，对异常点进行替代。

5.3.3 异常检测清洗流程

基于局部特征的异常检测与清洗流程如图 5.8 所示，具体包括：

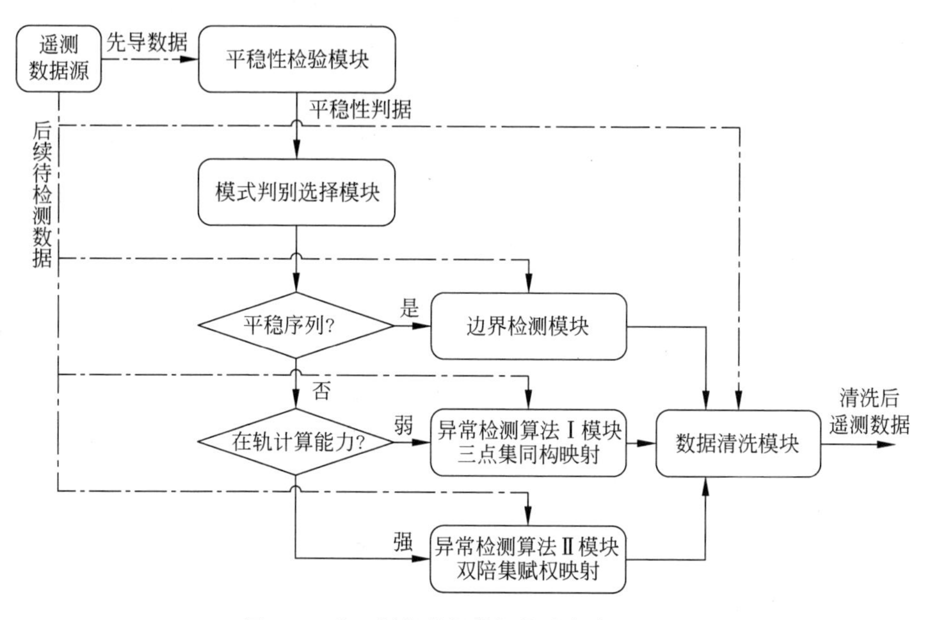

图 5.8 基于局部数据特征的异常清洗流程

(1) 平稳性检验模块：利用增广迪基-富勒[15](augmented Dickey Fuller,ADF)单位根检验法对固定点数的少量先导遥测数据进行平稳性检验，输出平稳性判据。

(2) 模式判别选择模块，判别先导实测数据类别：

① 若为平稳序列，将后续待检测数据送入边界检测模块，进行逐点异常检测，复杂度为 $O(L)$。

② 若为非平稳序列，根据当前飞行器在轨处理能力，将后续待检测数据按需送入异常检测算法Ⅰ模块或算法Ⅱ模块。

(3) 异常检测算法Ⅰ模块：三点集同构映射异常检测，复杂度为 $O(2 \cdot L)$，具体流程如下：

① 基于局部三点数据平滑线性假定，参考 3σ 原则，即正常点不应偏离理论值 3 倍子集内部差分均值，如图 5.9(a)所示，计算得到固定矢量夹角阈值 $T_a = 72°$。

② 计算当前时刻数据节点 x_i 与前后邻居节点(x_{i-1}, x_{i+1})构成的矢量夹角 A_i。

③ 若 A_i 小于固定阈值 T_a,则将当前节点判为异常数据,并进行标记。

④ 重复步骤②~③,直至遥测数据全部处理完毕。

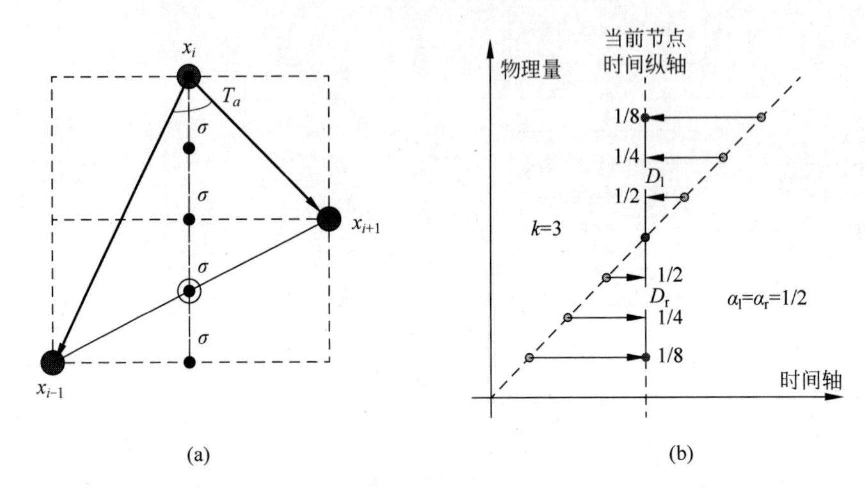

图 5.9 基于局部数据特征的异常检测范例示意图

(a) 局部三点集矢量夹角及阈值;(b) 局部左/右陪集内节点赋权

(4) 异常检测算法Ⅱ模块:双陪集赋权映射异常检测,复杂度为 $O(2k \cdot L)$,具体流程如下:

① 构建当前节点 x_n 的左/右 k 元双陪集(k 为正整数)。

② 分别计算左/右陪集对应的距离阈值(D_l, D_r),计算规则如式(5-5)所示,其取值取决于陪集数据:

$$D_l = k\frac{\sum_{l=2}^{k}(x_l - x_{l-1})}{k-1}, \quad D_r = k\frac{\sum_{r=2}^{k}(x_r - x_{r-1})}{k-1} \tag{5-5}$$

③ 将左/右陪集内节点按远近效应以幂指数(α_l, α_r)特性赋权映射到当前时刻,每个数据赋予权值,$p_j = (\alpha_l)^j$,$p_i = (\alpha_r)^i$,即时间上接近的点具有高权值,时间上远离的点具有低权值(远近效应),范例如图 5.9(b)所示。

④ 计算紧密因子比判阈值 T,其取决于邻域范围内可能存在的异常点数目,单点异常 T 为 1/2、双点异常 T 为 1/2+1/4,依次类推。默认为单点异常检测,即 $T=1/2$。

⑤ 在距离阈值(D_1,D_r)范围内对左右陪集权值进行求和运算得到紧密因子 $C(k,D_1,D_r)$,即统计前后 $2k$ 点数据集中距离当前点 x_n 的 1-范数不大于距离阈值的权值之和作为紧密度衡量指标“紧密因子”,如式(5-6)所示:

$$C(k,D_1,D_r)=\sum_{j=1}^{k}\{\alpha_1^j,\|x_n-x_{n-j}\|\leqslant D_1\}+\sum_{i=1}^{k}\{\alpha_r^i,\|x_n-x_{n+i}\|\leqslant D_r\} \tag{5-6}$$

⑥ 若紧密因子 $C(k,D_1,D_r)$ 小于阈值 T,则将当前节点判为异常数据,并进行标记。

⑦ 重复步骤 ①~⑥,直至遥测数据全部处理完毕。

(5) 数据清洗模块:根据异常标记列表,利用当前异常点前后近邻节点均值对标记的异常点进行替代,即 $x_i=(x_{i-1}+x_{i+1})/2$,实现异常清洗。

5.3.4 异常检测清洗测试

本书分别对卫星任务数据与模拟数据进行了异常清洗测试,其中卫星任务数据以清华大学 2014 年发射的灵巧通信试验卫星的任务遥测数据为例,遥测参数选择 2018 年 7 月 21 日当天卫星下传遥测数据“蓄电池组温度[+Y]”。

1. 卫星任务数据处理情况

算法Ⅰ:三点集同构映射

从图 5.10 所示任务数据异常检测过程可以看出,算法Ⅰ除了顺利检测出四个明显的异常数据之外,还检测出一些局部小跳变数据节点,存在一定的误检率。计算可知,该任务数据长度为 $L=102$ 点,算法Ⅰ的处理复杂度为 200,符合 $O(2L)$ 的理论分析推论。

算法Ⅱ:双陪集赋权映射

仿真参数:幂指数 $\alpha_1=\alpha_r=0.5$,陪集元素数目 $k=6$。

从图 5.11 所示任务数据异常检测过程可以看出,算法Ⅱ顺利检测出四个明显的异常数据,异常检测效果良好。计算可知,该任务数据长度为 $L=102$ 点,算法Ⅱ的处理复杂度为 1180,符合 $O(2k\cdot L)$ 的理论分析推论。

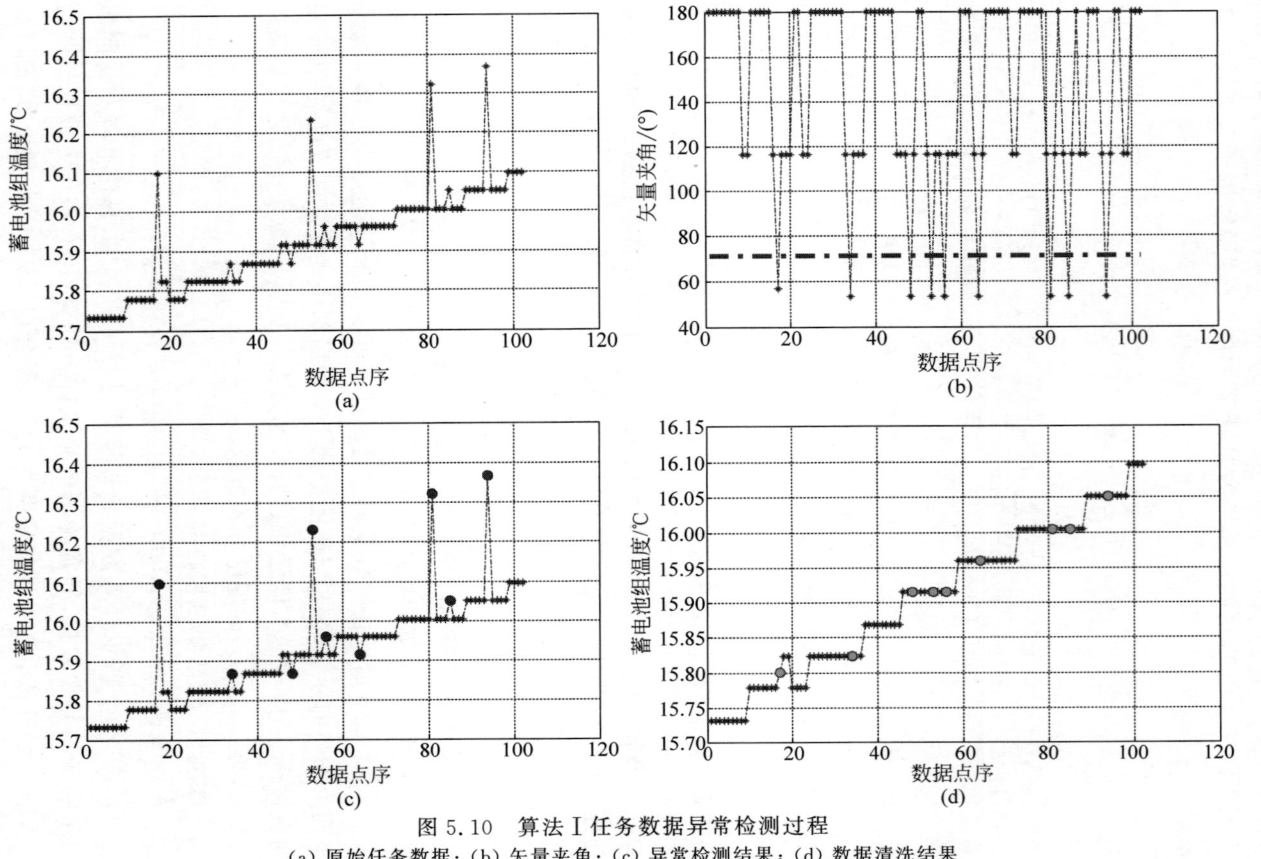

图 5.10　算法 I 任务数据异常检测过程

(a) 原始任务数据；(b) 矢量夹角；(c) 异常检测结果；(d) 数据清洗结果

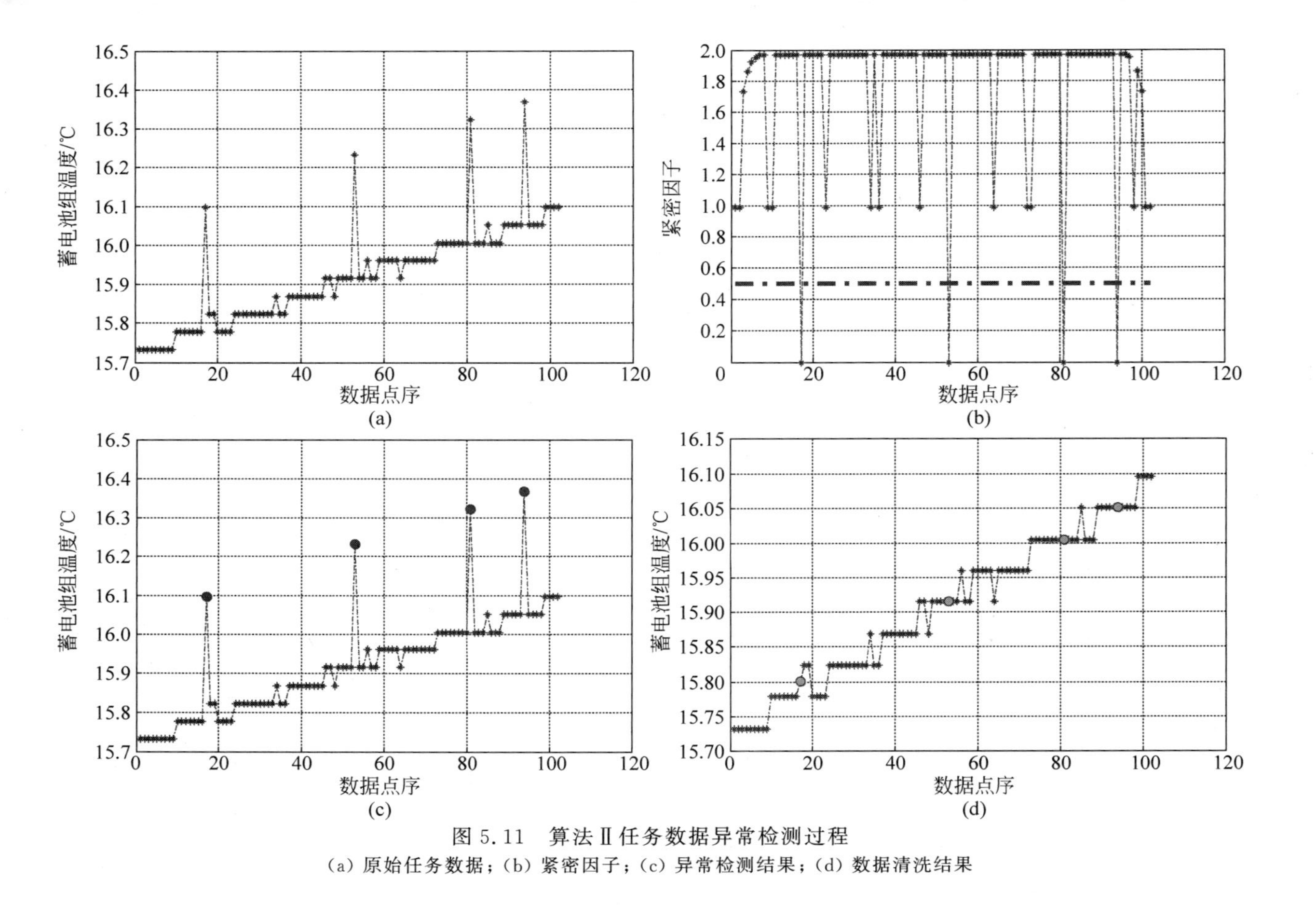

图 5.11 算法Ⅱ任务数据异常检测过程

(a) 原始任务数据；(b) 紧密因子；(c) 异常检测结果；(d) 数据清洗结果

2. 模拟数据处理情况

(1) 存在异常的非线性模拟数据

算法Ⅰ:三点集同构映射

从图5.12所示任务数据异常检测过程可以看出,算法Ⅰ除了顺利检测出三个明显的异常数据之外,还检测出一个局部小跳变数据节点(正弦曲线拐点),存在一定的误检率。计算可知,该任务数据长度为$L=200$点,算法Ⅰ的处理复杂度为396,符合$O(2\cdot L)$的理论分析推论。

算法Ⅱ:双陪集赋权映射

仿真参数:幂指数$\alpha_l=\alpha_r=0.5$,陪集元素数目$k=6$。

从图5.13所示任务数据异常检测过程可以看出,算法Ⅱ顺利检测出三个明显的异常数据,异常检测效果良好。计算可知,该任务数据长度为$L=200$点,算法Ⅱ的处理复杂度为2356,符合$O(2k\cdot L)$的理论分析推论。

(2) 无异常的非线性数据

算法Ⅰ:三点集同构映射

从图5.14所示任务数据异常检测过程可以看出,算法Ⅰ检测出三个局部小跳变数据节点(正弦曲线拐点),存在一定的误检率。计算可知,该任务数据长度为$L=200$点,算法Ⅰ的处理复杂度为396,符合$O(2\cdot L)$的理论分析推论。

算法Ⅱ:双陪集赋权映射

仿真参数:幂指数$\alpha_l=\alpha_r=0.5$,陪集元素数目$k=6$。

从图5.15所示任务数据异常检测过程可以看出,算法Ⅱ对正常数据的判别结果完全正确,异常检测效果良好。计算可知,该任务数据长度为$L=200$点,算法Ⅱ的处理复杂度为2356,符合$O(2k\cdot L)$的理论分析推论。

3. 异常清洗效果

本书提出的基于局部数据特征的异常清洗方法,可以实现遥测数据的低复杂度、高实时性异常检测,数据特性涵盖了飞行器测控领域遥测数据行为特征的主要范畴。数据清洗结果表明,本书所提方法克服了现有方法在遥测数据异常检测方面的不足,具有良好的异常检测效果,异常清洗后的遥测数据可作为后续特征提取与弹性压缩的输入数据。同时,算法复杂度较低,可有效应用于飞行器平台进行在轨异常检测,能够为我国未来行星际探测任务及行星际网络信息传输系统的发展提供技术支撑。

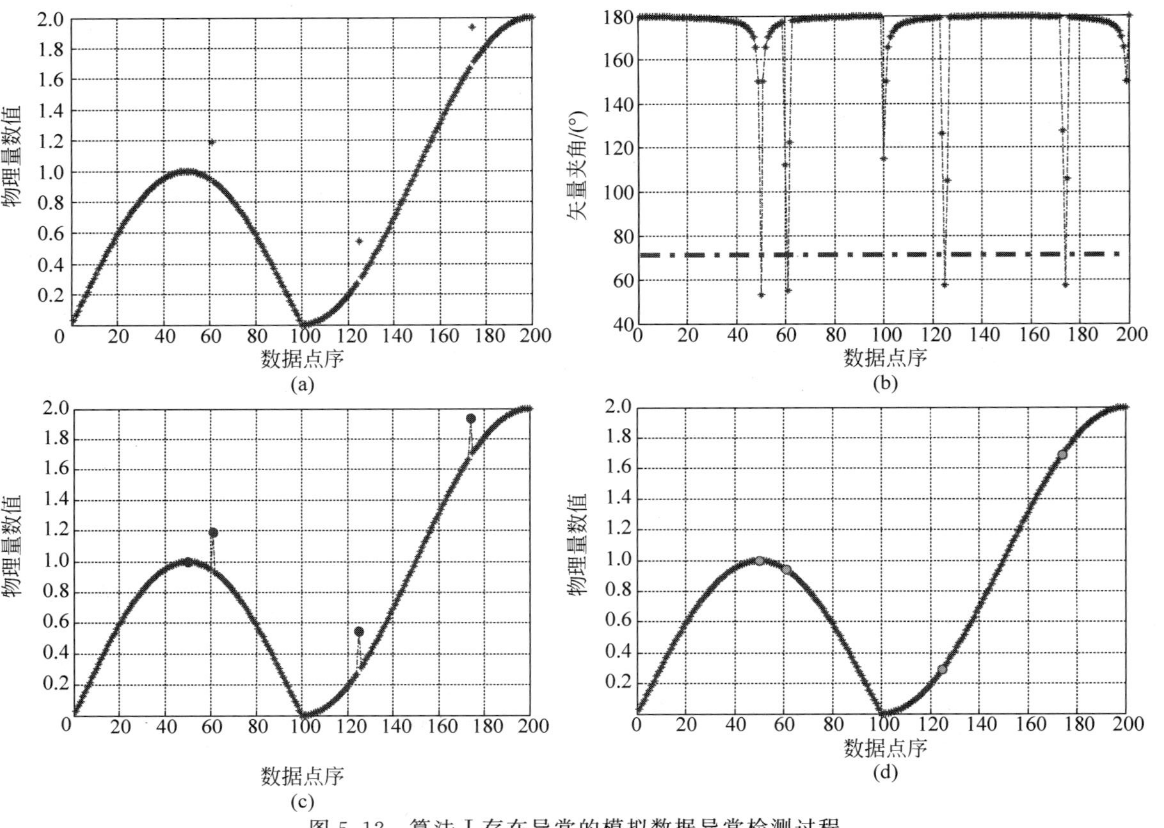

图 5.12 算法 I 存在异常的模拟数据异常检测过程

（a）原始模拟数据；（b）矢量夹角；（c）异常检测结果；（d）数据清洗结果

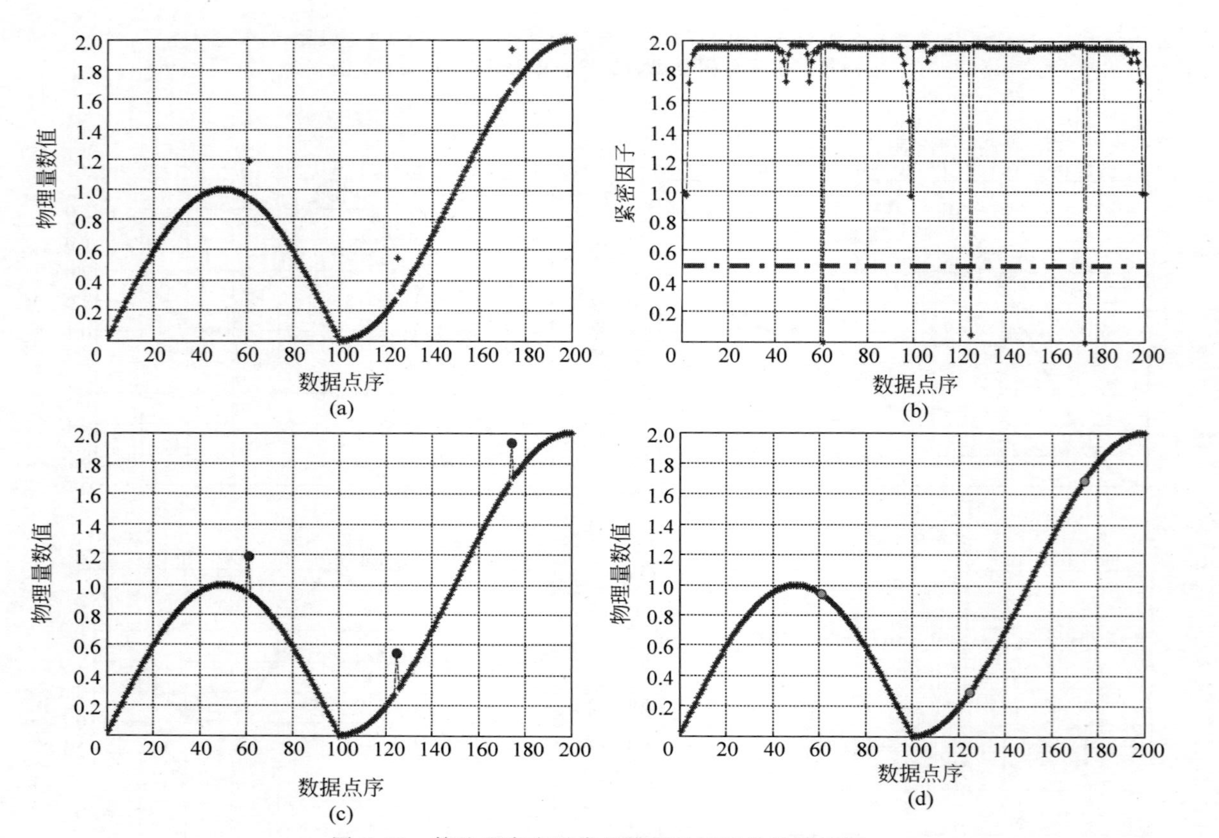

图 5.13　算法Ⅱ存在异常的模拟数据异常检测过程

(a) 原始模拟数据；(b) 紧密因子；(c) 异常检测结果；(d) 数据清洗结果

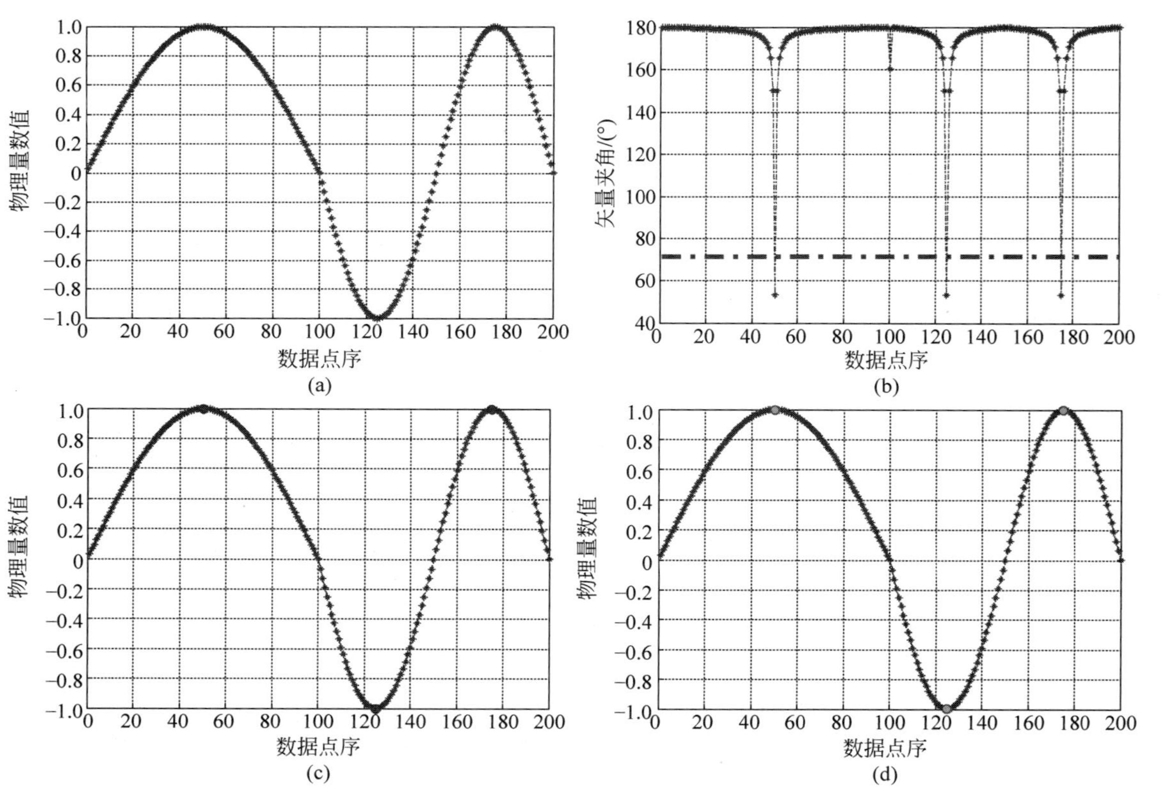

图 5.14　算法 Ⅰ 无异常的模拟数据异常检测过程

（a）原始模拟数据；（b）矢量夹角；（c）异常检测结果；（d）数据清洗结果

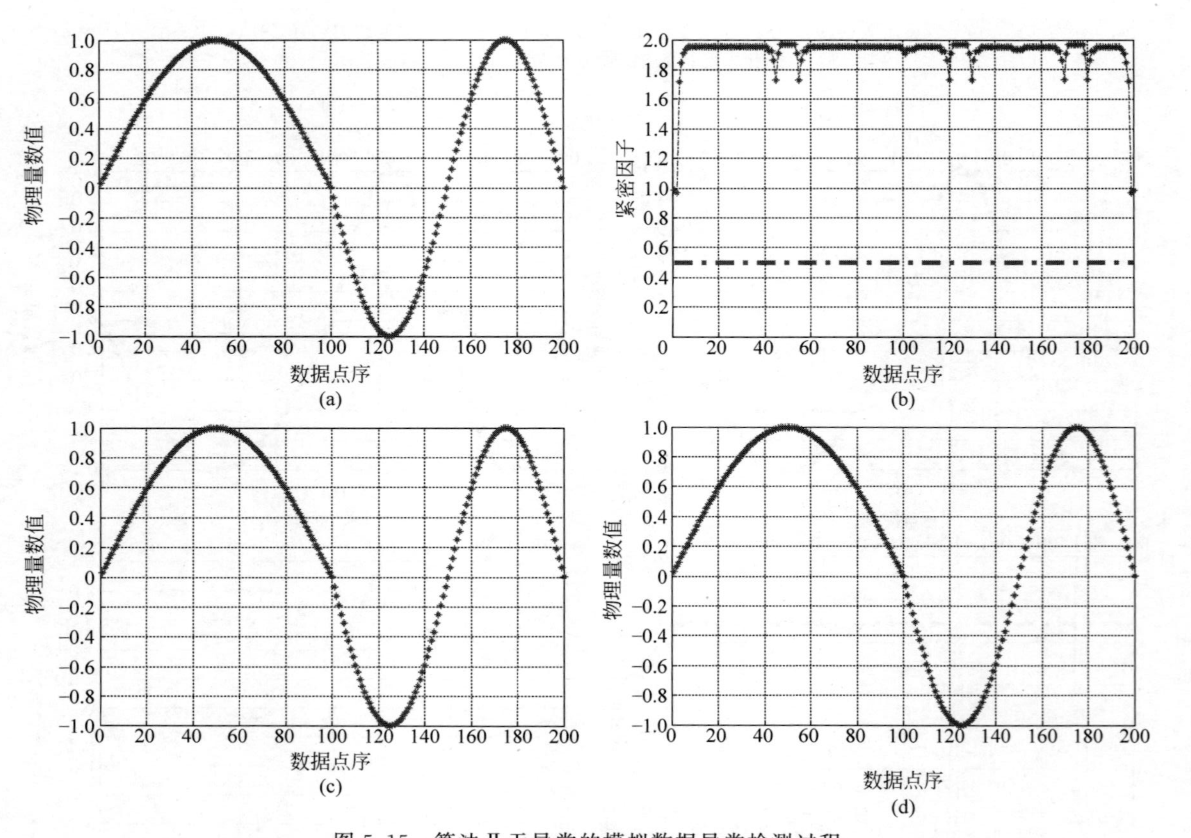

图 5.15　算法Ⅱ无异常的模拟数据异常检测过程

(a) 原始模拟数据；(b) 紧密因子；(c) 异常检测结果(无异常)；(d) 数据清洗结果(无需清洗)

5.4 遥测自学习分类

5.4.1 技术现状

作为近年来迅速发展的技术之一,机器学习(machine learning)已经在航天任务遥测数据处理领域获得了较为广泛的应用。Yairi 等[8,12-13]开展了卫星健康监测方面的研究工作,采用了概率聚类、降低维度、隐马尔可夫、回归决策树等机器学习方法。Tariq 等[14-16]开展了航天器异常检测方面的研究工作,采用了 K-近邻(KNN)、支持向量机(SVM)、长短期记忆网络(LSTM)等机器学习方法,并利用 CNES 的卫星遥测数据进行测试。Iverson 等[17-18]开展了航天器飞行控制辅助方面的研究工作,采用了数据驱动和基于模型的监测技术,并在多个航天任务中得到了应用。通过分析可知,当前在航天遥测数据处理领域中使用的机器学习方法主要侧重于趋势预测与异常检测,用于为飞行控制任务提供更加丰富的航天器状态信息,通常由地面任务控制中心(mission control center)实施,因此不必考虑计算资源占用情况与天地无线信道的信息传输效率。此外,当前的自学习方法研究聚焦于遥测数据行为预测,并没有考虑不同遥测参数时间序列行为特征方面的差异。

在传统时间序列分析方面,为进一步确定一般非平稳数据的行为特征,通常将时间序列划分为确定性序列与随机性序列两类,然后将非平稳序列转换为平稳序列进行数学建模。对于确定性非平稳序列,Box-Jenkins[2]提出采用 ARIMA(p,d,q)进行建模,如图 5.16 所示。即首先判断数据的平稳性,然后对非平稳序列不断差分迭代求解差分阶数 d 直至达到平稳。尽管如此,ARIMA 建模求解差分阶数 d 往往需要多次迭代、计算成本较大,不利于在轨数据处理;此外,该模型仅将遥测数据划分为确定性序列与随

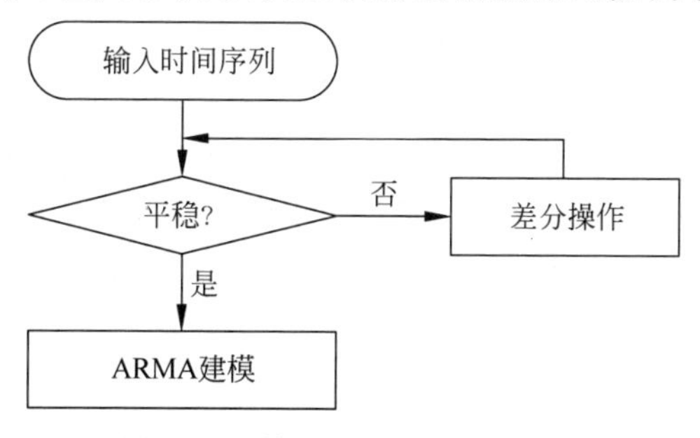

图 5.16 传统时间序列建模过程

机性序列，仍然较为粗糙，无法准确反映时间序列的行为特征。

在数据驱动的机器学习方法中，给数据打标签通常需要耗费大量的人力。对于动态变化的遥测时间序列而言，通常采用非监督聚类算法来分析时间序列的数据特征。然而，非监督聚类仅能对数据进行初级分类，不能有效识别并确定时间序列的特征参数，无法准确反映时间序列的行为特征。

综上可知，现有的ARIMA时间序列分析模型与非监督聚类机器学习方法并不能提供高准确度的分类特征提取，因此无法为后续遥测数据压缩提供有效的特征参数。

5.4.2 CP-WS分类模型

本书提出了一种面向遥测时间序列的嵌入式自学习分类方法：窗口步进优化分类概率(classification probability-window step，CP-WS)，其中CP分类识别算法对当前窗口规则化数据进行分布式检验，利用复合分类检验概率($cp_1 \sim cp_4$)来确定当前时间序列在每个基类中的归属程度；WS优化算法则嵌入到CP分类识别流程中，可实现分类模型参数在轨自学习优化，动态适应遥测数据时变行为特征，以此不断提高遥测数据的分类准确度。CP-WS分类结果可作为后续遥测弹性传输的输入条件。

CP-WS分类模型处理流程如图5.17所示，主要处理步骤如下：

(1) 航天器遥测系统采集遥测数据，生成遥测时间序列作为输入数据流。

(2) 对输入数据流进行预处理，包括异常清洗、数据流截断、数据规则化。

① 异常清洗：利用5.3节给出的基于局部特征的异常检测与清洗方法，对遥测时间序列中的异常数据进行识别、记录与清洗，用来提高数据分类的准确率。

② 数据流截断：遥测时间序列的行为趋势具有一致性和延续性，在跟踪弧段内截取少量有效数据，用来降低分类算法运行时间。

③ 数据规则化：利用公式$(X-\text{mean}(X))/(\max(X)-\min(X))$对原始数据$X$进行规则化处理，作为行为特征检验算法的输入数据。

(3) 对CP-WS分类模型进行参数初始化，基于ApEn算法计算结果设定窗口尺寸W_0与步进间隔的初始值S_0。

(4) 计算分类概率。

① 利用初始条件或WS算法优化得到系统参数，即窗口尺寸W_n与步

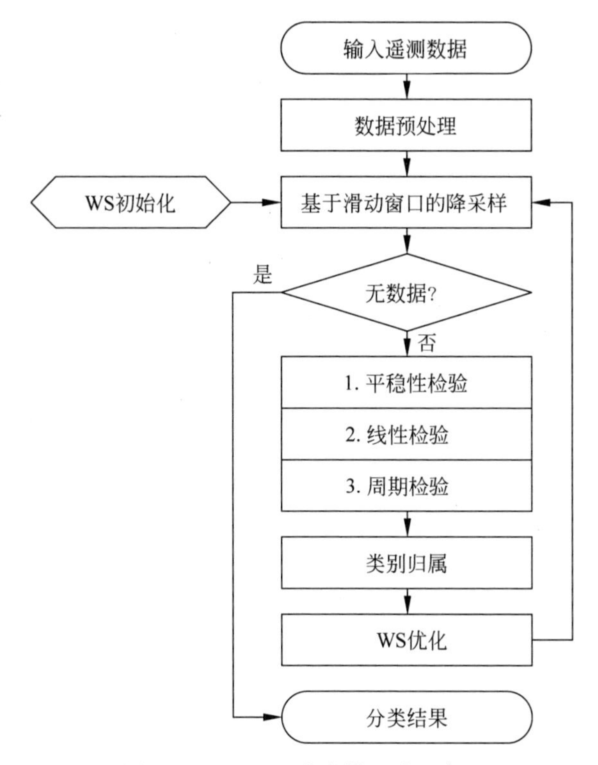

图 5.17 CP-WS 分类模型处理流程

进间隔 S_n,设定数据窗口的起始/结束时刻并获取待分类时间序列子集 Tel_n,n 为算法运行轮次;

② 如果待分类时间序列子集不为空集,即 $\mathrm{Tel}_n \neq \varnothing$,则依次执行平稳性检验、线性检验、周期检验,获取当前序列的分类概率向量 $\mathbf{CP}_n=\{\mathrm{cp}_1, \mathrm{cp}_2, \mathrm{cp}_3, \mathrm{cp}_4\}$;

③ 根据分类概率向量 $\mathbf{CP}_n$ 计算并确定当前时间序列子集 Tel_n 的类别归属;

④ 记录当前轮次的系统参数,包括类别归属、分类概率向量、窗口尺寸、步进间隔等。

(5) 通过最小化成本函数(含规则项)对窗口尺寸和步进间隔进行优化。

(6) 重复步骤(4)~(5),直至遥测时间序列处理完毕或分类识别率达到阈值条件要求。

5.4.3 CP分类

1. 平稳性检验

在平稳性检验中，本书利用增广迪基-富勒(ADF)方法[19]来获得假设检验结果 h_a：

① $h_a=1$ 表示拒绝单位根假设成立，即不存在单位根，时间序列为平稳序列；

② $h_a=0$ 表示拒绝单位根假设失败，即存在单位根，时间序列为非平稳序列。

本书将 h_a 设为平稳性检验判据，即该时间序列属于基类1平稳序列的概率为 $p_1=h_a$。

2. 线性检验

在线性检验中，本书利用线性拟合残差方法(residuals of linear fit)[20]来获得一阶变量的 p 值，该数值表示线性假设的拒绝概率。本书将$(1-h_p)$设为线性检验判据，即该时间序列属于基类2线性序列的概率为 $p_2=1-h_p$。

3. 周期检验

在周期检验中，本书基于组合经验模态分解方法(ensemble empirical mode decomposition，EEMD)[4]，结合自适应可控迭代停止条件来获得模态分解后的残差数据。本书将分解残差与数据极差(最大值减最小值)的比值设为数据具有非周期性的概率 rho，即时间序列属于基类3周期序列的概率为 $p_3=1-\text{rho}$。

4. 分类概率

令 cp_i 为第 i 个基类的分类概率，则有基类1～基类4的分类概率分别如下：

基类1：平稳序列概率 $\text{cp}_1=p_1$

基类2：线性序列概率 $\text{cp}_2=p_2(1-p_1)$

基类3：周期序列概率 $\text{cp}_3=p_3(1-p_2)(1-p_1)$

基类4：一般非线性序列概率 $\text{cp}_4=(1-p_3)(1-p_2)(1-p_1)$

5. 类别归属

通过CP-WS算法可以获得当前遥测数据时间序列的分类概率矩阵，如公式(5-7)所示，其中 $\text{cp}_{k,i}$ 表示第 k 轮计算得到该时间序列属于基类 i

的分类概率(i 为列序号)：

$$\mathbf{MCP}=\begin{pmatrix} \mathrm{cp}_{1,1} & \mathrm{cp}_{1,2} & & \mathrm{cp}_{1,3} & \mathrm{cp}_{1,4} \\ \mathrm{cp}_{2,1} & \mathrm{cp}_{2,2} & & \mathrm{cp}_{2,3} & \mathrm{cp}_{2,4} \\ & & \vdots & & \\ \mathrm{cp}_{k,1} & \mathrm{cp}_{k,2} & & \mathrm{cp}_{k,3} & \mathrm{cp}_{k,4} \end{pmatrix} \tag{5-7}$$

类别归属的确定规则为具有分类概率统计均值最大值的基类，即对分类概率矩阵的每一列求统计均值，列序号 $i=1,2,3,4$ 分别代表平稳序列、线性序列、周期序列、一般非线性序列，均值最大的列序号即为时间序列所属的基类序号。

5.4.4 WS 优化

1. 初始化

以可调参数 m 作为待求解变量迭代运算 ApEn 算法，满足停止条件的 m 值可作为 CP-WS 系统参数初始化的依据，即窗口尺寸可设置为 m 的倍数，不同基类或遥测参数可按需设置。以正弦函数时间序列仿真数据分析为例，通过 5.4.5 节计算结果可知，ApEn 熵的计算数值随着可调参数从 1 到 N 的增长而迅速下降。在该仿真中，停止条件为最大 ApEn 数值的 1%，即 ApEn 算法以不断增长的 m 值作为输入条件对当前时间序列求解信息熵，直至 ApEn 算法输出数值低于停止条件为止，则当前计算轮次的 m 值即可设置为 CP-WS 分类算法的初始窗口尺寸。在本书中，ApEn 算法的另一个参数 r 固定设置为时间序列极值差的 10%，该参数可根据不同基类或遥测参数按需设置。

2. 优化目标

为了提高 CP 算法的分类识别性能，本书将 WS 优化算法嵌入到 CP 算法中，用来提供当前轮次分类识别所需的最佳系统参数，即窗口尺寸和步进间隔。由于在轨航天器计算能力与资源受限，需要考虑计算复杂度与时间延迟带来的影响，因此引入了两个正则项对优化算法的效用函数进行约束。

WS 优化算法的效用函数可以表示为公式(5-8)：

$$J_i(X\mid W,S)=\frac{1}{N}\sum_{j=1}^{N}(1-p_{ij})+cWN+W/L \tag{5-8}$$

其中，

X：遥测时间序列，$X=\{x_n,n=1,2,3,\cdots\}$，$|x_n|<E$(表示 X 存在上、下边界，且其上、下边界为有限值)。

i：基类编号，$i=1,2,3,4$ 分别表示平稳序列、线性序列、周期序列、一般非线性序列。

L：当前数据集的最大窗口尺寸。

W：窗口尺寸，可调参数，取值范围 $W_0 \sim L$。

S：步进间隔，可调参数，取值范围 $1 \sim W$。

N：定义为 $N=\lceil (L-W)/S \rceil$，表示当前数据集内窗口滑动的次数。由于数据集长度有限，最后一步滑动可能无法获得满窗口数据而产生尾端失配，会在一定程度上影响算法执行效果。当 $L \gg S$ 时，尾端失配效应基本可以忽略不计。

j：窗口滑动序号，取值范围 $1 \sim N$。

p_{ij}：第 j 个滑动窗口数据计算得到当前序列属于第 i 个基类的概率。

c：计算复杂度正则项系数，对于 WS 算法具有重要意义，如果 c 取值过小，那么优化结果倾向于较大的窗口尺寸，反之倾向于较小的窗口尺寸。

公式(5-8)所示的效用函数主要包括以下三项：

① 第1项 $\frac{1}{N}\sum_{j=1}^{N}(1-p_{ij})$ 给出了分类不确定度的量化估值，取值范围为[0,1]，其数值随着 W、N 的增大而降低，优化目标是实现该项数值的最小化。

② 第2项 cWN 给出了计算复杂度的量化估值，是效用函数的正则项之一，优化目标是实现该项数值的最小化。为了实现与第1项的量级匹配，即取值范围为[0,1]，系数 c 应取值为 WN 最大值的倒数。WN 在 $W=L/2$，$S=1$ 的条件下获得最大值，因此系数 c 应取为 $4/L^2$。

③ 第3项 W/L 给出了时间延迟的量化估值，取值范围为[0,1]，其数值随着 W 的增大而增大，优化目标是实现该项数值的最小化。

公式(5-9)给出了当前时间序列效用函数的优化目标，即在4个基类中寻找具有分类不确定度、计算复杂度、时间延迟综合评估最小值的基类：

$$\underset{i}{\operatorname{argmin}}\left\{\underset{W^*,S^*}{\operatorname{argmin}} J_i(X \mid W,S)\right\} \tag{5-9}$$

3. 优化方法

穷举法与启发式算法是常用的优化算法，前者可以获得全局最优解，但是具有很高的计算复杂度，通常用于地面数据处理中心进行离线数据处理；后者计算复杂度较低，但是仅能求得局部最优解，如模拟退火(simulated annealing)、遗传算法(genetic algorithm，GA)、粒子群算法(particle swarm optimization，PSO)等，它们通常用于离线数据处理与在线静态数据处理。

作为一种动态时变时间序列，遥测数据处理对轻量化和实时性要求较高，穷举法和启发式算法都不适用于星载数据系统。

本书提出了一种基于可变窗口约束的步进式优化算法(window step, WS)。WS算法嵌入在分类概率计算过程中，通过在遥测数据流上以可调窗口连续滑动来自学习优化系统参数。如图5.18所示，优化过程主要包括以下步骤：

- 第0轮：初始化，利用初始窗口 W_0 来计算初始分类概率 $\mathbf{CP}_0=\{cp_{0,1},cp_{0,2},cp_{0,3},cp_{0,4}\}$；
- 第1轮：固定步进间隔 S_1，调整窗口尺寸 $W_0\sim L$ 对遥测数据分类进行迭代训练，直至找到具有优化函数最优解的窗口尺寸 W_1；
- 第2轮：固定窗口尺寸 W_1，调整步进间隔 $1\sim W_1$ 对遥测数据分类进行迭代训练，直至找到具有优化函数最优解的步进间隔 S_2；
- 后续奇数轮：轮次 $(2n+1)$，$n=1,2,3,\cdots$，与第1轮类似，固定步进间隔 S_{n+1}，调整窗口尺寸 $W_n\sim L$ 对遥测数据分类进行迭代训练，直至找到具有优化函数最优解的窗口尺寸 W_{n+1}；
- 后续偶数轮：轮次 $(2n+2)$，$n=1,2,3,\cdots$，与第2轮类似，固定窗口

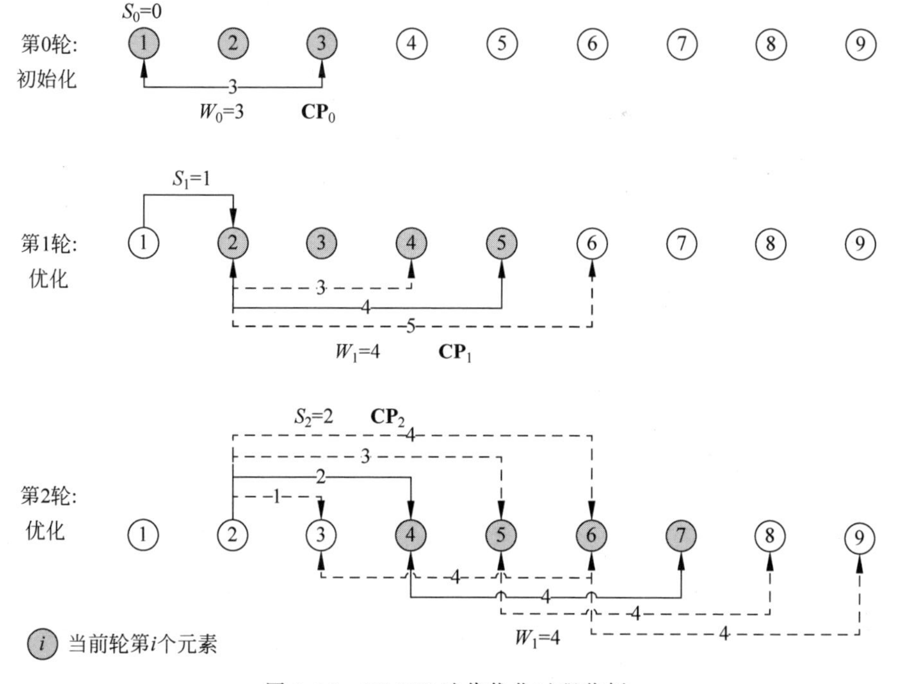

图5.18 CP-WS迭代优化过程范例

尺寸 W_{n+1}，调整步进间隔 $1\sim W_{n+1}$ 对遥测数据分类进行迭代训练，直至找到具有优化函数最优解的步进间隔 S_{n+2}。

- 迭代运行直至遥测数据处理完毕，整个算法在运行期间可以不断通过对于遥测时间序列的自学习实现系统参数的优化。

其中，S_n 表示第 n 个轮次的步进间隔优化结果；W_n 表示第 n 个轮次的窗口尺寸优化结果。

4. 复杂度分析

WS 优化算法的计算复杂度具有时变特性，其随着动态时变遥测时间序列的迭代递进处理过程而动态变化。给定当前时间序列最大窗口尺寸 L，下面对该算法的计算复杂度进行分析。

1）每个 CP 分类轮次的复杂度

在每个轮次的迭代分类中，将窗口尺寸 W 设为先验参数，用来表征一维时间序列的数据集大小。如前文所述，CP 分类算法由三个串行检验模块构成，其复杂度分析如下：

① 平稳性检验：采用 ADF 单位根检验法，其计算复杂度为 $O(W)$。

② 线性检验：采用线性拟合残差检验法，其计算复杂度与常规最小二乘法相同，为 $O(W)$。

③ 周期检验：采用组合经验模态分解（EEMD）方法，其计算复杂度为 $O(2kW)$，其中 k 表示本征模式函数（intrinsic mode function）。在本书的仿真分析中，k 的数值由 EEMD 算法终止条件约束的最大参数取值确定为常数 7。因此，EEMD 算法的计算复杂度为 $O(W)$。

综上可知，每个 CP 分类轮次的计算复杂度应为上述 3 个串行检验方法计算复杂度之和，即 $O(W)$。

2）嵌入 CP 分类过程中的 WS 优化算法的复杂度

嵌入 CP 分类过程中的 WS 优化算法的复杂度可以表示为 $O(W)N$，其中 N 表示当前时间序列中窗口滑动的轮次，定义为 $N=\lceil (L-W)/S \rceil$。据此可以计算得到该算法复杂度的上下边界。

① 上边界：计算复杂度上边界的数学表达形式为 $\max\{O(W)N\}$，则有 $\max\{O(W)N\}=\max\{O(WN)\}=O(\max\{WN\})$。$WN=W(L-W)/S$，在 $W=L/2$、$S=1$ 的条件下具有最大值 $L^2/4$（二次函数求极值），因此该算法计算复杂度的上边界为 $O(L^2)$。

② 下边界：计算复杂度下边界的数学表达形式为 $\min\{O(W)N\}$，则有 $\min\{O(W)N\}=\min\{O(WN)\}=O(\min\{WN\})$。$WN=W(L-W)/S$，

在 $W=L$、$S=0$ 的条件下具有最小值 L（洛必达法则），因此该算法计算复杂度的下边界为 $O(L)$。

综上可知，因 WS 优化算法对于时变遥测时间序列具有自学习特性，使得该算法的计算复杂度具有动态时变特性，其变化范围为 $O(L)\sim O(L^2)$。

5.4.5 实验结果

1. 仿真数据

1）数据生成

为了评估分类算法的分类效果，此处模拟生成了两组仿真数据对 CP-WS 算法进行测试，这两组数据分别属于基类 1 平稳序列与基类 3 周期序列，其行为特征与任务数据近似。

① 仿真序列 1：平稳序列

仿真序列 1 为采用整数高斯分布模拟生成的平稳序列，如图 5.19(a)所示，取值范围 1～24，序列长度 500，可模拟星载 GNC 分系统（导航、制导与控制）遥测参数“GPS 卫星观测数目”的行为特征。

② 仿真序列 2：周期序列

仿真序列 2 为采用正弦函数模拟生成的周期序列，如图 5.19(b)所示，取值范围 1～3，序列长度 500，可模拟某些星载分系统元器件有效电压值的行为特征。

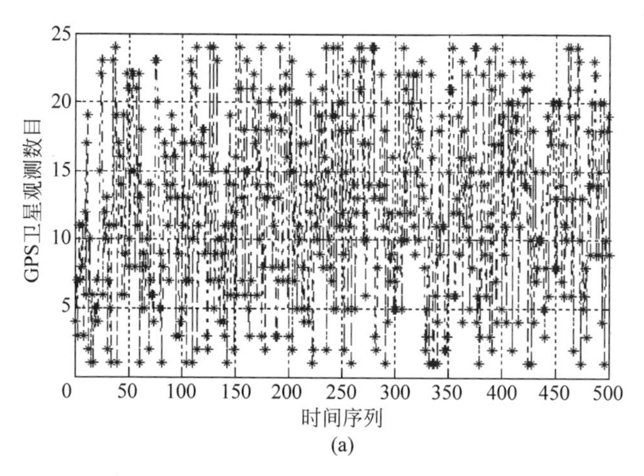

图 5.19 仿真数据

(a) 平稳序列；(b) 周期序列

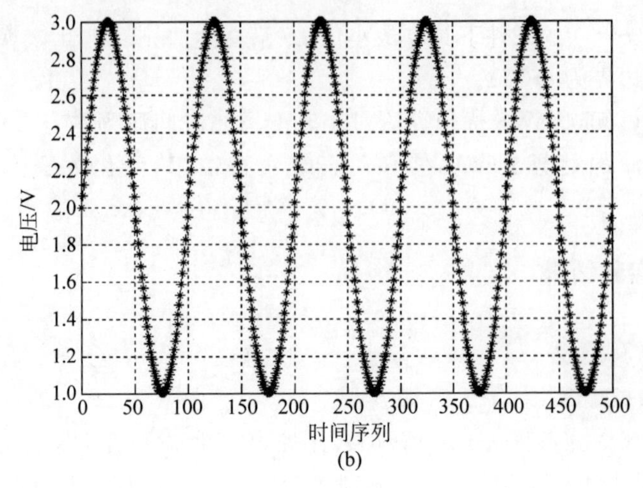

图 5.19(续)

2) ApEn 熵计算

① 仿真序列 1：平稳序列

给定参数 r 的数值为输入时间序列的均方根，计算参数 m 不同取值条件(1～10)下 ApEn 熵数值。图 5.20(a)给出了平稳序列的 ApEn 熵变化曲线，当 $m>5$ 后该曲线迅速下降，由此设 $m_{0,1}=5$。

② 仿真序列 2：周期序列

给定参数 r 的数值为输入时间序列的均方根，计算参数 m 不同取值条件(1～50)下 ApEn 熵数值。图 5.20(b)给出了周期序列的 ApEn 熵变化曲线，当 $m>45$ 后该曲线迅速下降，由此设 $m_{0,2}=45$。

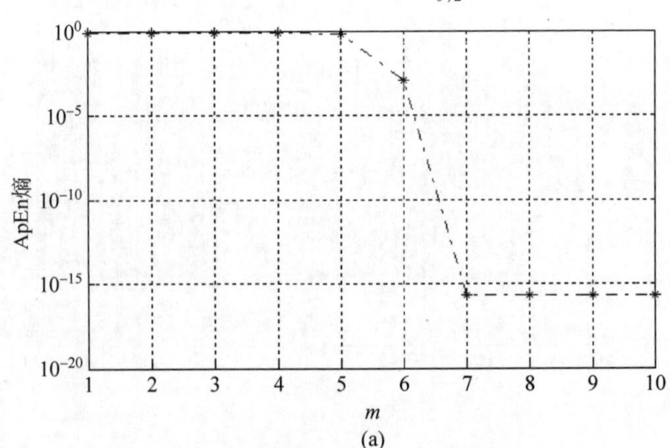

图 5.20 仿真数据 ApEn 熵(对数纵坐标)

(a) 平稳序列；(b) 周期序列

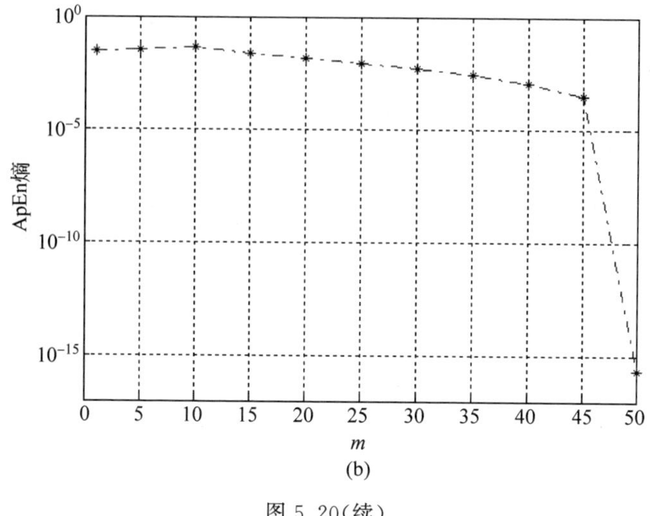

图 5.20(续)

③ 窗口尺寸初始化

为了获取足够数据分类使用的时间序列，WS 优化算法的窗口初值可以选择参数集合 $m_{0,i}(i=1,2)$的最大值，该仿真中参数集合 $m_{0,i}$ 的最大值为 45，为方便数据截取此处取 10 的整数倍有 $W_0=50$。

3）数据分类

① 仿真序列 1：平稳序列

仿真序列 1(平稳序列)的 CP 分类概率在不同窗口尺寸条件下的变化曲线如图 5.21(a)所示，其中 $S=1$。当窗口尺寸大于 50 后，如表 5.1 所示，基类 1 的分类概率取值已占据主导地位、数值接近 1，其中 W 代表窗口尺寸，$\mathrm{cp}_i(i=1,2,3,4)$表示第 i 个基类的分类概率。分类结果表明，仿真序列 1 在 CP 分类算法中以很高的置信度被判定为基类 1(平稳序列)，判别准则为 5.4.3 节给定的基于最大分类概率判断类别归属。为了进一步降低计算复杂度与时间延迟，CP 分类算法嵌入 WS 优化算法对分类性能进行优化，具体效果将在参数优化部分进行分析。

② 仿真序列 2：周期序列

仿真序列 2(周期序列)的 CP 分类概率在不同窗口尺寸条件下的变化曲线如图 5.21(b)所示，其中 $S=1$。当窗口尺寸大于 50 后，如表 5.2 所示，基类 3 的分类概率取值快速占据主导地位、数值逐步接近 1，其中 W 代表窗口尺寸，$\mathrm{cp}_i(i=1,2,3,4)$表示第 i 个基类的分类概率。分类结果表明，仿真序列 2 在 CP 分类算法中以很高的置信度被判定为基类 3(周期

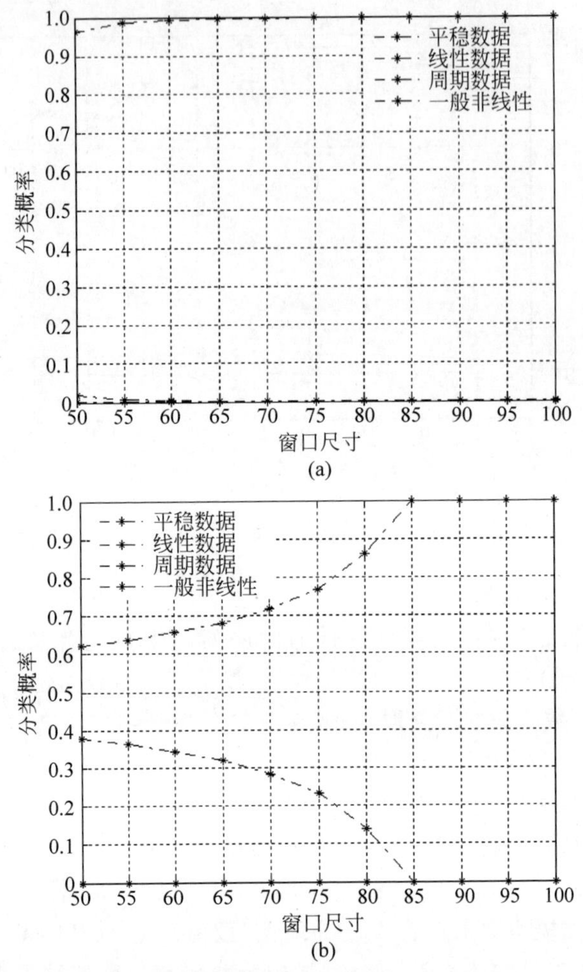

图 5.21 仿真数据的分类概率(后附彩图)

(a) 平稳序列；(b) 周期序列

注：由于各数据点是以先后顺序叠加在同一个二维平面上，因此在二者数值接近且分辨颗粒度较小的情况下，后绘制的点(cp_1 最早、cp_4 最晚)将覆盖在先绘制的点之上。以图 5.21(a)为例，因 cp_2 与 cp_4 数值接近，故前者被后者所覆盖。此处图片仅是对表格的一种形象补充，不影响本书结论。

表 5.1 基类 1 数据的分类概率(平稳序列)

W	cp_1	cp_2	cp_3	cp_4	分类结果
50	**0.9616**	0.0170	0.0001	0.0213	基类 1
55	0.9826	0.0076	0.0000	0.0097	基类 1
60	0.9919	0.0037	0.0000	0.0044	基类 1

续表

W	cp_1	cp_2	cp_3	cp_4	分类结果
65	0.9942	0.0025	0.0000	0.0034	基类 1
70	0.9957	0.0016	0.0000	0.0026	基类 1
75	0.9969	0.0011	0.0000	0.0020	基类 1
80	0.9978	0.0006	0.0000	0.0015	基类 1
85	0.9985	0.0003	0.0000	0.0011	基类 1
90	0.9991	0.0001	0.0000	0.0008	基类 1
95	0.9995	0.0000	0.0000	0.0004	基类 1
100	0.9998	0.0000	0.0000	0.0002	基类 1

序列),判别准则为 5.4.3 节给定的基于最大分类概率判断类别归属。与仿真序列 1 类似,WS 优化算法的优化效果将在参数优化部分分析。

表 5.2 基类 3 数据的分类概率(周期序列)

W	cp_1	cp_2	cp_3	cp_4	分类结果
50	0.0000	0.0000	0.6208	0.3792	基类 3
55	0.0000	0.0000	0.6368	0.3632	基类 3
60	0.0000	0.0000	0.6576	0.3424	基类 3
65	0.0000	0.0000	0.6812	0.3188	基类 3
70	0.0000	0.0000	0.7169	0.2831	基类 3
75	0.0000	0.0000	0.7676	0.2324	基类 3
80	0.0000	0.0000	0.8509	0.1401	基类 3
85	0.0000	0.0000	**1.0000**	0.0000	基类 3
90	0.0000	0.0000	1.0000	0.0000	基类 3
95	0.0000	0.0000	1.0000	0.0000	基类 3
100	0.0000	0.0000	1.0000	0.0000	基类 3

4) 参数优化

① 仿真序列 1:平稳序列

仿真序列 1 的各基类效用函数优化过程如图 5.22(a)所示。表 5.3 展示的仿真结果表明,当窗口尺寸 $W=50$ 时效用函数具有最小值 $J_{\min}=0.4984$,对应于表 5.1 中基类 1 的分类概率为 0.9616,说明在系统效用最优条件下,仿真序列 1 仍然能够以较高的置信度被准确判定为平稳序列。

② 仿真序列 2:周期序列

仿真序列 2 的各基类效用函数优化过程如图 5.22(b)所示。表 5.4 展示的仿真结果表明,当窗口尺寸 $W=85$ 时效用函数具有最小值 $J_{\min}=0.7344$,对应于表 5.2 中基类 3 的分类概率为 1.0000,说明在系统效用最优条件下,仿真序列 2 仍然能够以较高的置信度被准确判定为周期序列。

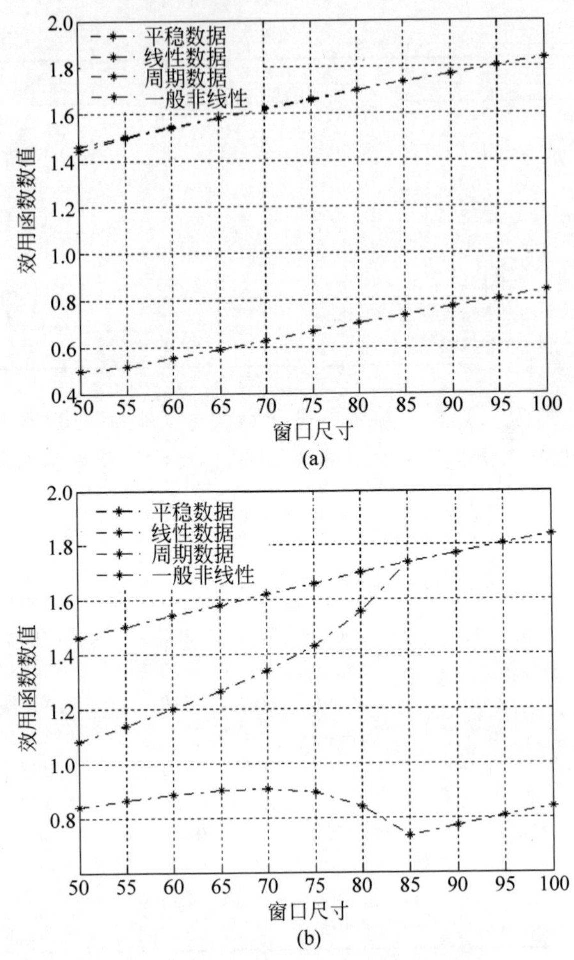

图 5.22 仿真数据参数优化过程(后附彩图)

(a) 平稳序列；(b) 周期序列

表 5.3 仿真序列 1 的各基类效用函数优化过程

W	J_1	J_2	J_3	J_4
50	**0.4984**	1.4430	1.4599	1.4387
55	0.5190	1.4940	1.5016	1.4919
60	0.5505	1.5387	1.5424	1.5380
65	0.5882	1.5799	1.5824	1.5790
70	0.6259	1.6200	1.6216	1.6190
75	0.6631	1.6589	1.6600	1.6580
80	0.6998	1.6970	1.6976	1.6961
85	0.7359	1.7341	1.7344	1.7333
90	0.7713	1.7703	1.7704	1.7696

续表

W	J_1	J_2	J_3	J_4
95	0.8061	1.8056	1.8056	1.8052
100	0.8402	1.8400	1.8400	1.8398

表 5.4 仿真序列 2 的各基类效用函数优化过程

W	J_1	J_2	J_3	J_4
50	1.4600	1.4600	0.8392	1.0808
55	1.5016	1.5016	0.8648	1.1384
60	1.5424	1.5424	0.8848	1.2000
65	1.5824	1.5824	0.9012	1.2636
70	1.6216	1.6216	0.9047	1.3385
75	1.6600	1.6600	0.8924	1.4276
80	1.6976	1.6976	0.8377	1.5575
85	1.7344	1.7344	**0.7344**	1.7344
90	1.7704	1.7704	0.7704	1.7704
95	1.8056	1.8056	0.8056	1.8056
100	1.8400	1.8400	0.8400	1.8400

2. 任务数据

1）数据来源

任务数据来源于清华大学灵巧通信卫星 2018 年 7 月 20 日下传的延时遥测数据，其中用于飞行控制任务的关键遥测参数总共有 31 个，本书以其中 2 个典型参数“MEMS 陀螺测量值 X(°/s)”和“帆板温度＋X(℃)”作为测试数据集，如图 5.23、图 5.24 所示，对 CP-WS 算法分类性能进行分析。

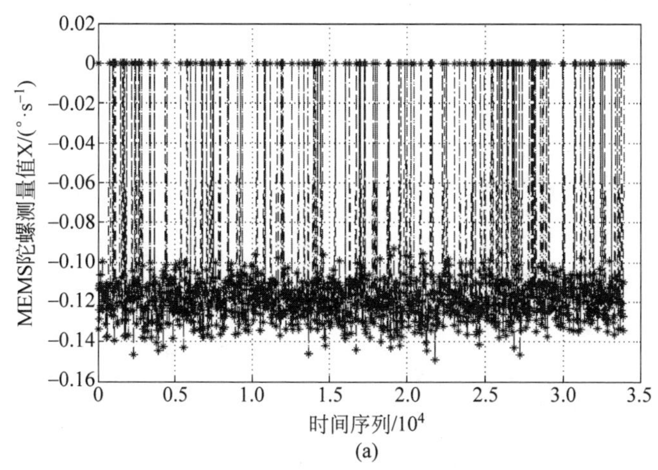

图 5.23 MEMS 陀螺测量值 X

(a) 原始数据；(b) 预处理数据

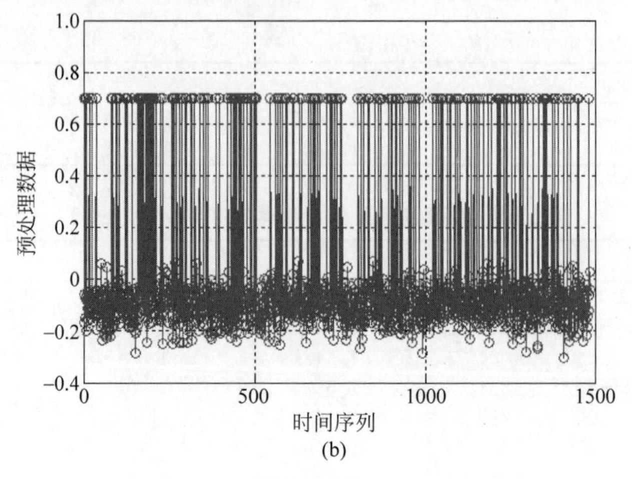

图 5.23(续)

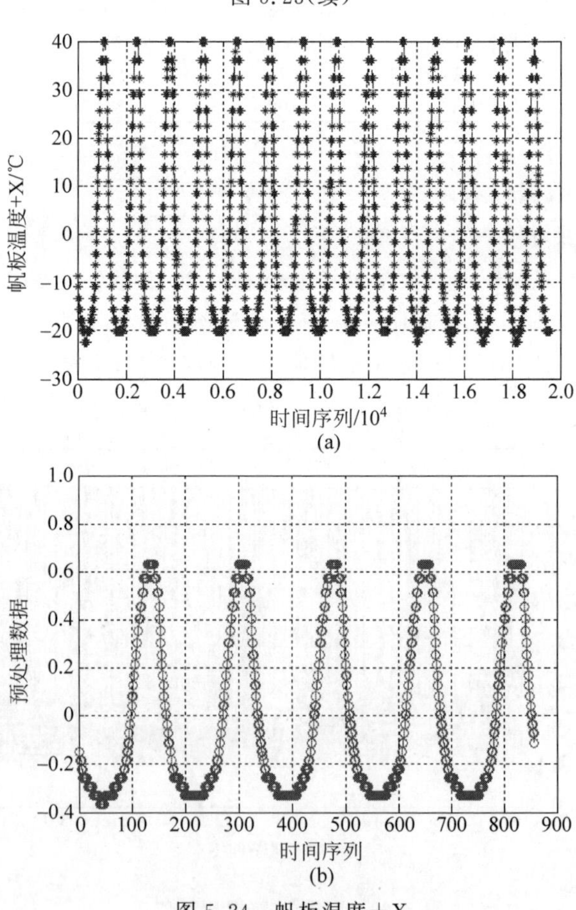

图 5.24 帆板温度＋X

(a) 原始数据；(b) 预处理数据

2）ApEn 熵计算

（1）遥测参数 1：MEMS 陀螺测量值 X 数据

给定参数 r 的数值为输入时间序列的均方根，计算参数 m 不同取值条件（5～45）下 ApEn 熵数值。图 5.25(a)给出了遥测参数 1 的 ApEn 熵变化曲线，当 $m>10$ 后该曲线迅速下降，由此设 $m_{0,1}=10$。

（2）遥测参数 2：帆板温度＋X 数据

给定参数 r 的数值为输入时间序列的均方根，计算参数 m 不同取值条件（5～200）下 ApEn 熵数值。图 5.25(b)给出了遥测参数 2 的 ApEn 熵变化曲线，当 $m>165$ 后该曲线迅速下降，由此设 $m_{0,2}=165$。

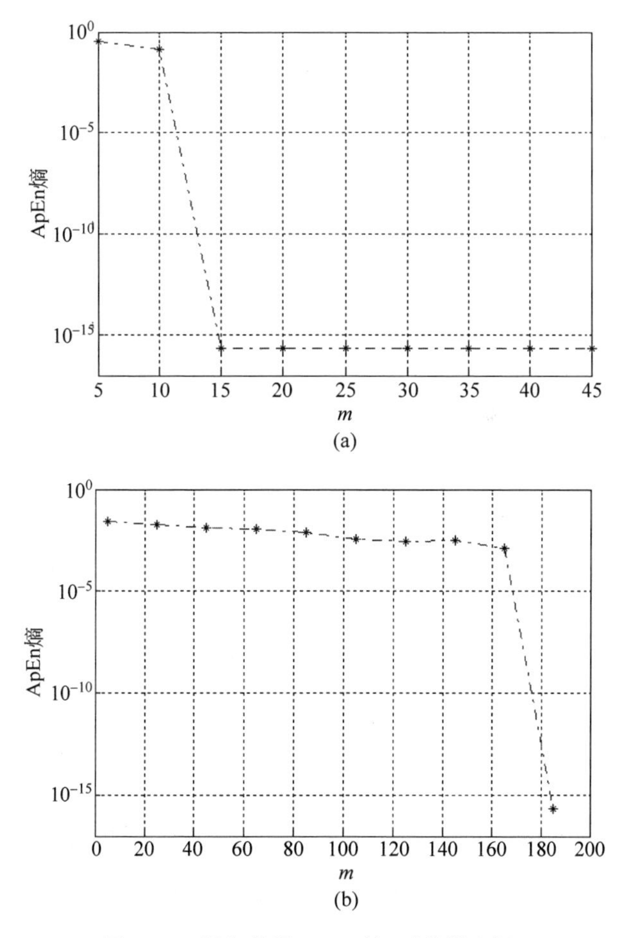

图 5.25 任务数据 ApEn 熵（对数纵坐标）

(a) MEMS 陀螺测量值 X；(b) 帆板温度＋X

(3) 窗口尺寸初始化

为了获取足够数据分类使用的时间序列，WS优化算法的窗口初值可以选择参数集合 $m_{0,i}$ ($i=1,2$)的最大值，该仿真中参数集合 $m_{0,i}$ 的最大值为165，为方便数据截取此处取50的整数倍有 $W_0=150$。

3) 数据分类

① 遥测参数1：MEMS陀螺测量值X

遥测参数1的CP分类概率在不同窗口尺寸条件下的变化曲线如图5.26(a)所示，基类1的分类概率渐进趋向于1。分类结果表明，遥测参数1在CP分类算法中以很高的置信度被判定为基类1(平稳序列)，判别准

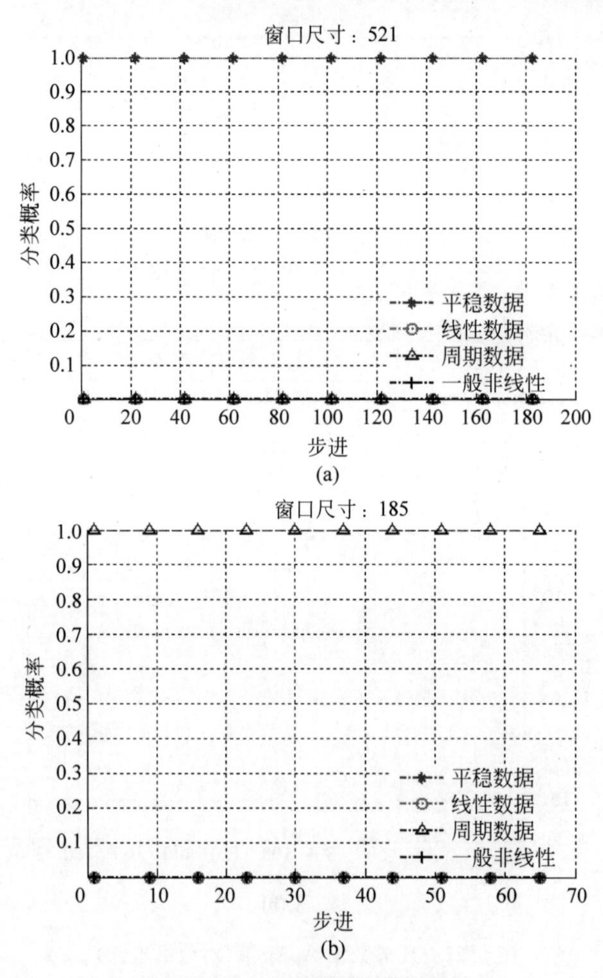

图5.26 任务数据分类概率

(a) MEMS陀螺测量值X；(b) 帆板温度+X

则为 5.4.3 节给定的基于最大分类概率判断类别归属。为了进一步降低计算复杂度与时间延迟，CP 分类算法嵌入 WS 优化算法对分类性能进行优化，具体效果将在参数优化部分中分析。

② 遥测参数 2：帆板温度+X

遥测参数 2 的 CP 分类概率在不同窗口尺寸条件下的变化曲线如图 5.26(b)所示，基类 3 的分类概率渐进趋向于 1。分类结果表明，遥测参数 2 在 CP 分类算法中以很高的置信度被判定为基类 3(周期序列)，判别准则为 5.4.3 节给定的基于最大分类概率判断类别归属。与遥测参数 1 类似，WS 优化算法的优化效果将在参数优化部分中分析。

4) 参数优化

① 遥测参数 1：MEMS 陀螺测量值 X

遥测参数 1 的各基类效用函数优化过程如图 5.27(a)所示。表 5.5 展示的仿真结果表明，当窗口尺寸 $W=521$、步进间隔 $S=183$ 时效用函数具有最小值 $J_{\min}=0.0057$，对应图 5.27(a)基类 1 分类概率为 1.0000，说明在系统效用最优条件下遥测参数 1 以高置信度被准确判定为平稳序列。

② 遥测参数 2：帆板温度+X

遥测参数 2 的各基类效用函数优化过程如图 5.27(b)所示。表 5.6 展示的仿真结果表明，当窗口尺寸 $W=185$、步进间隔 $S=65$ 时效用函数具有最小值 $J_{\min}=0.0138$，对应图 5.27(b)基类 3 分类概率为 1.0000，说明在系统效用最优条件下遥测参数 2 以高置信度被准确判定为周期序列。

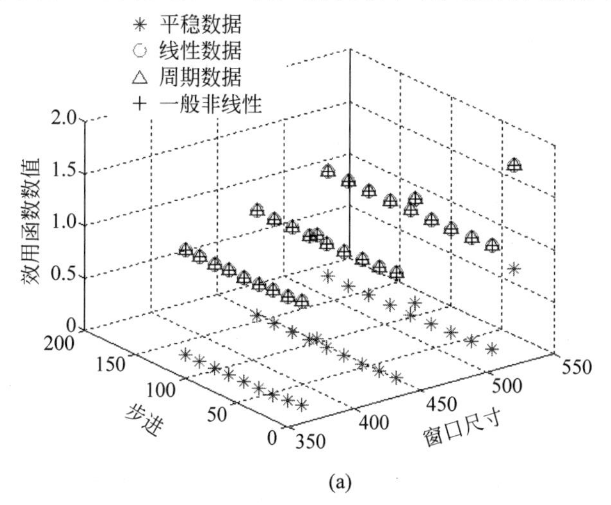

(a)

图 5.27 任务数据参数优化过程

(a) MEMS 陀螺测量值 X；(b) 帆板温度+X

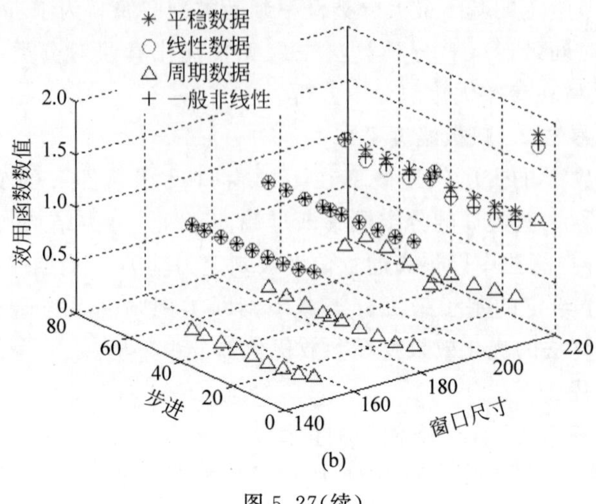

图 5.27(续)

表 5.5 遥测参数 1 的各基类效用函数优化过程

W	S	J_1	J_2	J_3	J_4
373	1	0.7524	1.7524	1.7524	1.7524
373	16	0.0474	1.0474	1.0474	1.0474
373	30	0.0257	1.0257	1.0257	1.0257
373	45	0.0169	1.0169	1.0169	1.0169
373	59	0.0129	1.0129	1.0129	1.0129
373	73	0.0108	1.0108	1.0108	1.0108
373	88	0.0088	1.0088	1.0088	1.0088
373	102	0.0074	1.0074	1.0074	1.0074
373	117	0.0068	1.0068	1.0068	1.0068
373	131	0.0061	1.0061	1.0061	1.0061
447	1	0.8416	1.8416	1.8416	1.8416
447	19	0.0446	1.0446	1.0446	1.0446
447	36	0.0235	1.0235	1.0235	1.0235
447	53	0.0162	1.0162	1.0162	1.0162
447	71	0.0122	1.0122	1.0122	1.0122
447	88	0.0097	1.0097	1.0097	1.0097
447	105	0.0081	1.0081	1.0081	1.0081
447	122	0.0073	1.0073	1.0073	1.0073
447	140	0.0065	1.0065	1.0065	1.0065
447	157	0.0057	1.0057	1.0057	1.0057
521	1	0.9110	1.9110	1.9110	1.9110

续表

W	S	J_1	J_2	J_3	J_4
521	22	0.0416	1.0416	1.0416	1.0416
521	42	0.0217	1.0217	1.0217	1.0217
521	62	0.0151	1.0151	1.0151	1.0151
521	82	0.0113	1.0113	1.0113	1.0113
521	102	0.0095	1.0095	1.0095	1.0095
521	122	0.0076	1.0076	1.0076	1.0076
521	143	0.0066	1.0066	1.0066	1.0066
521	163	0.0057	1.0057	1.0057	1.0057
521	**183**	**0.0057**	1.0057	1.0057	1.0057

注：当不同的优化参数组合具有相同的效用函数最小值时，应首先考虑优化过程中效用函数取值的平稳性，即同一窗口 W 下随着步进 S 的增加，效用函数取值是否单调递减，在效用函数最小值相同时应优先选择具有单调递减特性的窗口步进组合；其次，若不同优化参数组合均具有单调性，则以提高优化过程的计算效率、降低计算时延为原则，选择窗口尺寸与步进间隔更大的优化参数组合。

表 5.6 遥测参数 2 的各基类效用函数优化过程

W	S	J_1	J_2	J_3	J_4
154	1	1.7533	1.7533	0.7533	1.7533
154	7	1.1085	1.1085	0.1085	1.1085
154	13	1.0592	1.0592	0.0592	1.0592
154	19	1.0411	1.0411	0.0411	1.0411
154	25	1.0312	1.0312	0.0312	1.0312
154	31	1.0247	1.0247	0.0247	1.0247
154	37	1.0214	1.0214	0.0214	1.0214
154	43	1.0181	1.0181	0.0181	1.0181
154	49	1.0164	1.0164	0.0164	1.0164
154	54	1.0148	1.0148	0.0148	1.0148
185	1	1.8436	1.8436	0.8436	1.8436
185	9	1.0948	1.0948	0.0948	1.0948
185	16	1.0533	1.0533	0.0533	1.0533
185	23	1.0375	1.0375	0.0375	1.0375
185	30	1.0296	1.0296	0.0296	1.0296
185	37	1.0237	1.0237	0.0237	1.0237
185	44	1.0198	1.0198	0.0198	1.0198
185	51	1.0178	1.0178	0.0178	1.0178
185	58	1.0158	1.0158	0.0158	1.0158
185	**65**	1.0138	1.0138	**0.0138**	1.0138
216	1	1.9135	1.8062	1.0994	1.8349
216	10	1.0923	0.9837	0.2767	1.0165

续表

W	S	J_1	J_2	J_3	J_4
216	18	1.0507	0.9220	0.2499	0.9803
216	26	1.0369	0.9512	0.2123	0.9472
216	35	1.0277	0.9342	0.2051	0.9437
216	43	1.0231	1.0231	0.0231	1.0231
216	51	1.0185	0.9488	0.1354	0.9711
216	60	1.0161	0.9122	0.1722	0.9640
216	68	1.0138	0.9041	0.1840	0.9534
216	76	1.0138	1.0138	0.0138	1.0138

5.5 遥测弹性传输

5.5.1 弹性传输系统

基于分类特征的遥测数据弹性传输系统如图5.28所示，主要包括深空探测器遥测传感器、遥测发送端、深空通信设备、遥测接收端等部分。

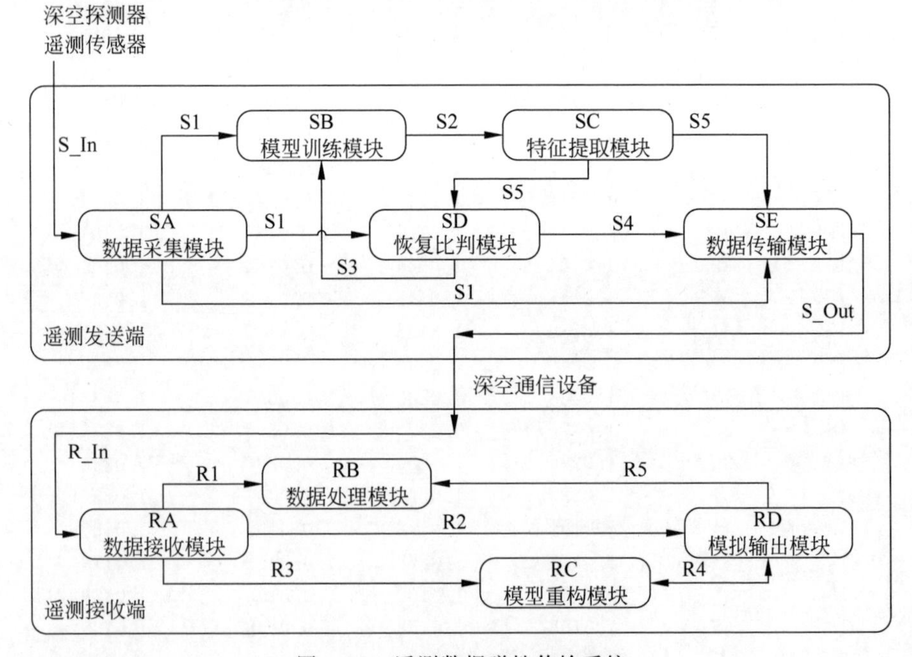

图5.28 遥测数据弹性传输系统

(1) 深空探测器遥测传感器

深空探测器遥测传感器负责完成平台设备及载荷单元工作状态与环境状态信息采集以形成遥测数据，并通过星载总线网络与遥测发送端进行数据交互。

(2) 遥测发送端

遥测发送端用于完成数据采集、模型训练、特征提取、恢复比判、数据传输等工作，主要包括：

① SA：数据采集模块，实时采集深空探测器各分系统传感器测得的遥测数据，并为模块 SB、模块 SD、模块 SE 提供输入数据；

② SB：模型训练模块，采用在轨自学习方法对模块 SA 提供的遥测数据进行数据预处理、异常检测清洗、自学习分类等迭代训练，并将分类结果提供给模块 SC；

③ SC：特征提取模块，对模块 SB 提供的输出参数进行处理，提取适用于构建遥测数据弹性传输模型的特征参数并送至模块 SD、模块 SE，不同遥测类型可用不同特征参数集表征；

④ SD：恢复比判模块，利用模块 SC 提供的特征参数构建本地恢复模型进行数据模拟输出，并与模块 SA 提供的实时遥测数据进行比判，根据比判结果形成允许恢复信息发送给模块 SE，或形成模型重置信息发送给模块 SE 并重启模块 SB；

⑤ SE：数据传输模块，接收模块 SA 的原始遥测数据、模块 SC 的分类特征参数、模块 SD 的允许恢复或模型重置信息，并按照预设逻辑规则向接收端发送。

(3) 深空通信设备

深空通信设备负责完成遥测发送端遥测数据与指示信息的编/译码、调制解调、信号传播等物理层与链路层工作，由高增益天线、高功率放大器、低噪声放大器、调制解调器、编/译码器等组成。

(4) 遥测接收端

接收端用于完成遥测接收、数据处理、模型重构、模拟输出等工作，主要包括：

① 模块 RA：数据接收模块，接收遥测发送端通过深空通信设备发送的原始遥测数据、分类特征参数或允许恢复指示信息，将原始遥测数据送往模块 RB、将分类特征参数或模型重置信息送往模块 RC、将允许恢复或模型重置信息送往模块 RD；

② 模块 RB：数据处理模块，处理模块 RA 或模块 RD 发送的遥测数据；

③ 模块 RC：模型重构模块，根据模块 RA 提供的分类特征参数与模型重置信息，构造/重构与发送端同构的遥测数据本地恢复模型，与模块 RD 交互模型可用信息与恢复输出结果；

④ 模块 RD：模拟输出模块，根据模块 RA 发送的允许恢复信息与模块 RC 发送的模型可用信息，启动遥测数据本地模拟输出流程，以时间驱动方式与模块 RC 交互恢复控制信息，获取模块 RC 发送的恢复结果并转发给模块 RB；根据模块 RA 发送的模型重置信息，中止本地模拟输出流程。

发送端各模块之间传递的信息如图 5.28 所示，主要包括：

- S_In：探测器遥测传感器测得的遥测数据；
- S1：原始遥测数据；
- S2：自学习分类结果；
- S3：模型训练模块重启指令；
- S4：允许恢复信息，模型重置信息；
- S5：分类特征参数；
- S_Out：原始遥测数据，分类特征参数，允许恢复信息，模型重置信息。

接收端各模块之间传递的信息如图 5.28 所示，主要包括：

- R_In：原始遥测数据，分类特征参数，允许恢复信息，模型重置信息；
- R1：原始遥测数据；
- R2：分类特征参数，模型重置信息；
- R3：允许恢复信息，模型重置信息；
- R4：模型可用信息，恢复控制信息，恢复结果；
- R5：模拟遥测数据。

5.5.2 弹性传输流程

本书采用基于分类特征的遥测数据弹性传输方法，有针对性地实现各类别遥测数据的特征提取、参数传递与本地恢复。发送端、接收端传输流程分别如图 5.29、图 5.30 所示，主要分为数据采集与训练学习、参数传递与数据模拟、恢复比判与训练重置 3 个阶段：

① 数据采集与训练学习阶段：发送端实时采集遥测数据并向接收端发送，同时在发送端同步开展数据预处理、异常检测清洗、遥测自学习分类、分类特征提取等模型训练学习，直至本地恢复数据与实时遥测数据的相关系数大于工程设定阈值(默认为 0.95)；

② 参数传递与数据模拟阶段：发送端将完成训练目标的分类特征参

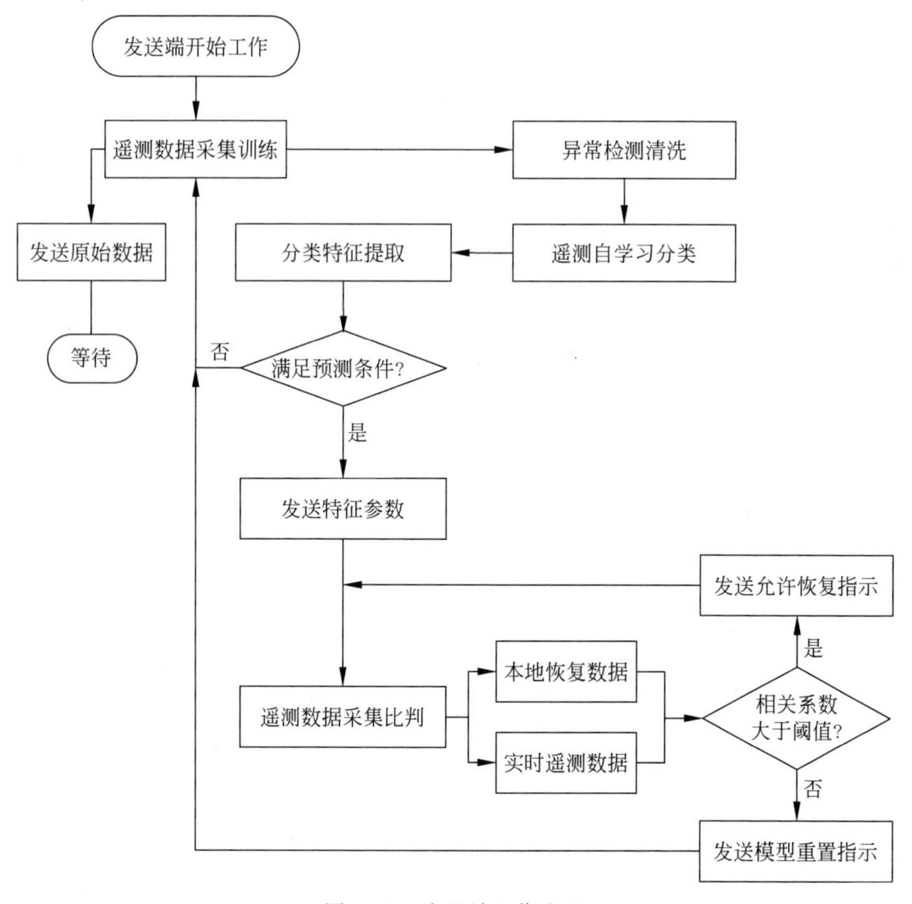

图 5.29 发送端工作流程

数传递给接收端,接收端据此构建预测模型并利用发送端发送的允许恢复指示信息产生模拟数据,进行遥测数据处理;

③ 恢复比判与训练重置阶段:发送端采集遥测数据并与本地恢复数据进行比判,若相关系数大于阈值则向接收端发送允许恢复指示,否则向接收端发送模型重置指示,并返回到数据采集与训练学习阶段。

在发送端工作流程中,异常检测清洗子流程见 5.3 节,遥测自学习分类子流程见 5.4 节,分类特征提取子流程如图 5.31 所示,具体如下:

第 1 阶段:平稳序列,特征参数:{空集},即输出原始数据。

第 2 阶段:线性序列,特征参数:{斜率、截距},即采用线性回归方法提取线性序列的斜率与截距。

第 3 阶段:周期序列,特征参数:{周期、多项式拟合参数},即采用快

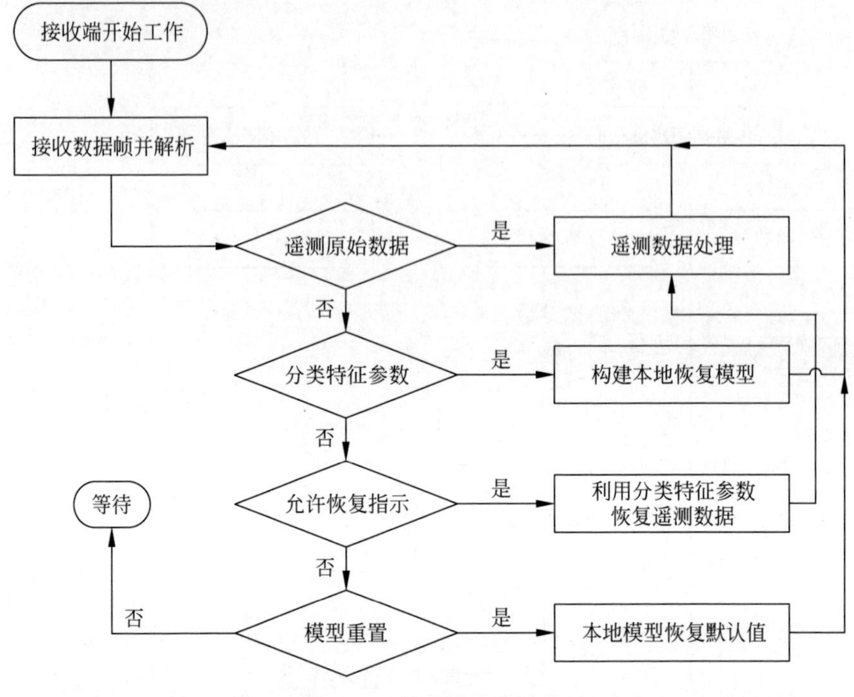

图 5.30 接收端工作流程

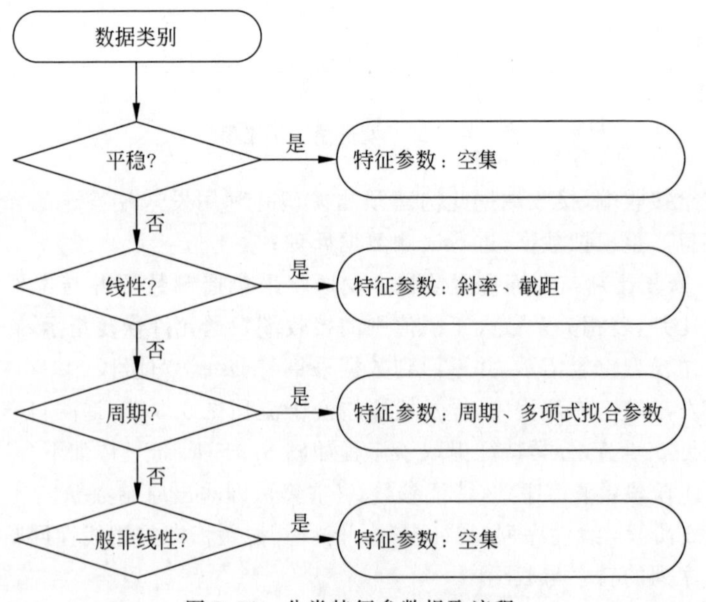

图 5.31 分类特征参数提取流程

速傅里叶变换获取周期参数，并通过 n 阶多项式拟合获取拟合参数（n 从 1 递增，直至相关系数满足阈值要求）。

第 4 阶段：一般非线性序列，特征参数：{空集}，即输出原始数据。

5.5.3 弹性传输测试

1. 测试程序

为了便于开展弹性传输性能测试，作者编制了图形用户界面，将数据预处理、异常检测清洗、自学习分类、分类特征提取等处理模块集成在弹性传输发送端测试程序中，如图 5.32 所示。

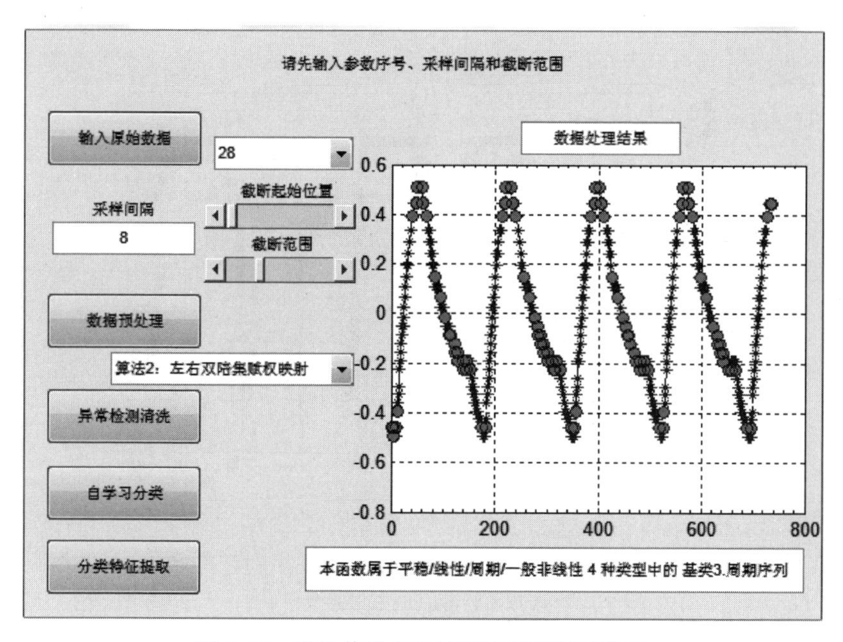

图 5.32 弹性传输发送端测试程序图形界面

2. 测试数据

在弹性传输测试中，本书选择周期类遥测参数作为典型测试数据。以清华大学 2014 年发射的灵巧通信试验卫星的任务遥测数据为样本，遥测参数选择 2018 年 7 月 21 日当天卫星下传遥测数据中的“帆板温度[－X]”（序号 27），原始数据及规则化预处理后的数据参见图 5.33。

3. 特征提取与数据恢复

遥测发送端需要向接收端传递周期序列的分类特征参数{周期、多项式

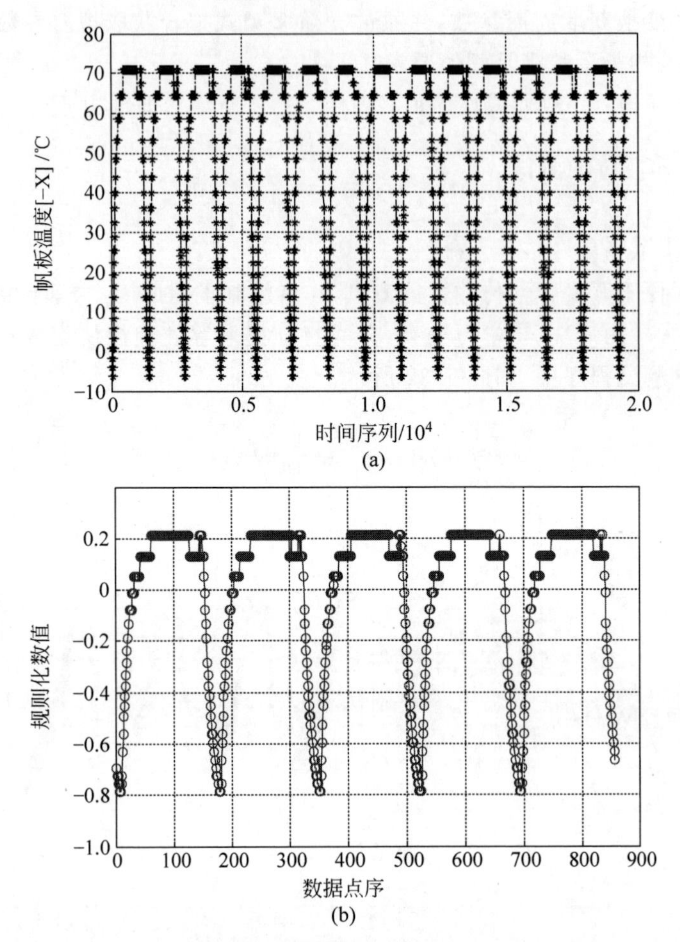

图 5.33 弹性传输发送端测试数据(帆板温度[-X])

(a) 原始数据;(b) 预处理数据

注:图(b)规则化数据是对图(a)原始数据进行 1∶8 抽取、均值归一化处理后的结果。

拟合参数}以及原始数据统计特征(可选项),主要处理步骤包括:

(1) 确定周期参数:采用快速傅里叶变换获取遥测时间序列 $\boldsymbol{X}$ 的周期参数。

(2) 构造数据子集:在遥测时间序列 $\boldsymbol{X}$ 中截取一个完整的周期数据子集 $\boldsymbol{X}_{\mathrm{sub}}$。

(3) 分类特征提取:通过 n 阶($n=4$)多项式拟合方法获取数据子集 $\boldsymbol{X}_{\mathrm{sub}}$ 拟合参数,即多项式系数 $p_i, i=1,2,\cdots,5$。

(4) 遥测发送端在轨生成遥测参数的分类特征参数并发送至接收端,

所需传递参数如下：

① 周期：4 字节，无符号二进制整数；

② 多项式系数 p_1：4 字节，单精度浮点数；

③ 多项式系数 p_2：4 字节，单精度浮点数；

④ 多项式系数 p_3：4 字节，单精度浮点数；

⑤ 多项式系数 p_4：4 字节，单精度浮点数；

⑥ 多项式系数 p_5：4 字节，单精度浮点数；

⑦ 数据子集最小值 $\boldsymbol{X}_{\min}$：4 字节，单精度浮点数，可选项；

⑧ 数据子集平均值 $\boldsymbol{X}_{\text{mean}}$：4 字节，单精度浮点数，可选项；

⑨ 数据子集最大值 $\boldsymbol{X}_{\max}$：4 字节，单精度浮点数，可选项。

(5) 遥测接收端利用周期与多项式系数重建一个完整周期的拟合子序列，然后不断重复该子序列以构建发送端原始遥测数据的拟合序列 $\boldsymbol{X}_{\text{fit}}$；该序列与发送端规则化预处理序列具有高相关性，可用于行为特征的预测与分析。

(6) 数据子集的统计特征 $\{\boldsymbol{X}_{\min}, \boldsymbol{X}_{\text{mean}}, \boldsymbol{X}_{\max}\}$ 是可选项。如果接收端需要将拟合序列恢复至原始数据量纲 $\boldsymbol{X}_{\text{original}}$，则可以利用如下公式进行恢复：$\boldsymbol{X}_{\text{original}} = \boldsymbol{X}_{\text{fit}} \times (\boldsymbol{X}_{\max} - \boldsymbol{X}_{\min}) + \boldsymbol{X}_{\text{mean}}$。

通过自学习分类算法确定该数据为周期序列，然后利用傅里叶变换与多项式拟合对该数据进行分类特征提取，得到特征参数为多项式系数 $\{p_1=0.0000, p_2=0.0000, p_3=-0.0010, p_4=0.0565, p_5=-0.9506\}$，多项式拟合结果见图 5.34(a)。接收端恢复结果与原始数据比较参见图 5.34(b)，两个离散序列的相关系数为 0.9809。可见二者具有显著的相关性，预测准

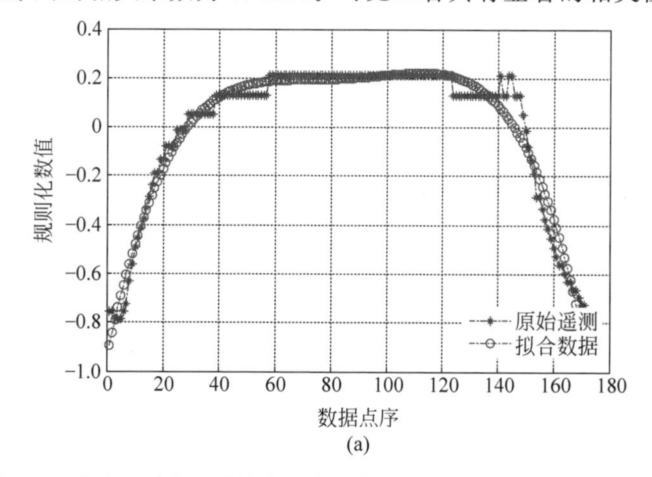

图 5.34 帆板温度[-X]的多项式拟合与恢复数据相关性分析示意图

(a) 多项式拟合；(b) 数据对比

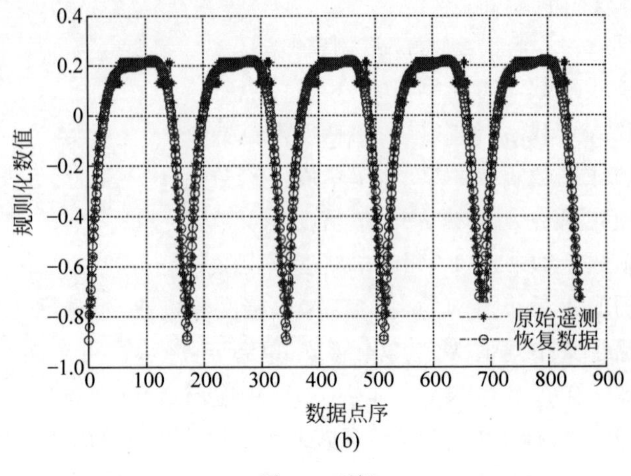

(b)

图 5.34(续)

确性良好。

对于数据压缩而言，卫星全天产生“帆板温度[－X]”原始数据量为 19 574 个采样点×1 字节/采集点＝19 574 字节，而本书的算法参数传递所需数据量为 36 字节/天，约为原始数据量的 0.2%，与最佳压缩率不优于 5%的“POCKET＋”[1]算法相比，本书的算法优势明显，可大幅降低遥测数据传输带宽需求。综上可知，基于分类特征的遥测数据弹性传输方法可以有效提升遥测数据的传输效率。

5.6 本章小结

本章介绍了基于在轨自学习的遥测数据弹性传输方法与实验平台，主要内容包括：

① 根据深空探测器遥测数据的时间序列特征，通过数学方程或逻辑表达式对遥测数据行为特征进行建模，给出遥测时间序列的 4 种基本类型，即平稳序列、线性序列、周期序列、一般非线性序列，进而给出各类数据的信息熵度量。

② 提出了一种基于局部数据特征的飞行器遥测异常检测与清洗方法[21]，根据飞行器性能与实时性要求选择三点集同构映射算法或左右双陪集赋权映射算法进行异常检测与标记；利用邻居节点对标记的异常点进行平滑，实现异常清洗。实测数据测试结果表明，该方法具有高检测率、低误检率、低复杂度等优点，可以实现探测器遥测数据的异常检测清洗。

③ 提出了一种基于在轨自学习的遥测数据分类方法[22]——CP-WS算法，通过将WS优化算法嵌入到CP分类识别流程中，可实现分类模型参数在轨自学习优化，动态适应遥测数据时变行为特征，以此不断提高遥测数据的分类准确度。实测数据测试结果表明，该方法具有高分类成功率、低复杂度等优点，可以实现探测器遥测数据的自学习分类。

④ 提出了基于分类特征的遥测数据弹性传输方法并搭建了测试平台[23]，对数据预处理、异常检测清洗、自学习分类、分类特征提取等模块进行了封装，给出了遥测发送端与遥测接收端的弹性传输工作流程。实测数据测试结果表明，该方法具有高压缩率、高恢复率等优点，所恢复数据与原始数据之间具有高相关性。

参考文献

[1] EVANS D J，DONATI A. The ESA POCKET+ housekeeping telemetry compression algorithm：Why make spacecraft operations harder than it already is? [C]. 2018 SpaceOps Conference. [S. l. ：s. n.]，2018.

[2] HAMILTON J. Time series analysis [M]. NJ，USA：Princeton University Press，1994.

[3] HUANG N E，SHEN Z，LONG S R，et al. The empirical mode decomposition and the Hilbert spectrum for nonlinear and non-stationary time series analysis[J]. Proceedings of the Royal Society of London Series A：mathematical，physical and engineering sciences，1998，454：903-995.

[4] WU Z，HUANG N E. Ensemble empirical mode decomposition：A noise assistant data analysis method[J]. Advances in adaptive data analysis，2009，1(1)：1-41.

[5] PINCUS S M. Approximate entropy as a measure of system complexity[J]. Proceedings of the National Academy of Sciences，1991，88(6)：2297-2301.

[6] BANDT C，POMPE B. Permutation entropy：A natural complexity measure for time series[J]. Physical review letters，2002，88(17)：174102.

[7] RICHMAN J S，MOORMAN J R. Physiological time-series analysis using approximate entropy and sample entropy[J]. American Journal of Physiology-Heart and Circulatory Physiology，2000，278(6)：H2039-H2049.

[8] YAIRI T，NAKATSUGAWA M，HORI K，et al. Adaptive limit checking for spacecraft telemetry data using regression tree learning [C]//2004 IEEE International Conference on Systems，Man and Cybernetics (IEEE Cat. No. 04CH37583). [S. l.]：IEEE，2004，6：5130-5135.

[9] 许寅. 基于机器学习方法的航天器在轨状态异变趋势预测算法研究[D]. 成都：电子科技大学，2017.

[10] SONG S,ZHANG A,WANG J,et al. Screen: Stream data cleaning under speed constraints [C]//Proceedings of the 2015 ACM SIGMOD International Conference on Management of Data. Melbourne:[s. n.],2015: 827-841.

[11] BREUNIG M M,KRIEGEL H P,NG R T,et al. LOF: Identifying density-based local outliers [C]//Proceedings of the 2000 ACM SIGMOD international conference on Management of data. Dallas: ACM,2000: 93-104.

[12] YAIRI T,TAKEISHI N,ODA T,et al. A data-driven health monitoring method for satellite housekeeping data based on probabilistic clustering and dimensionality reduction[J]. IEEE Transactions on Aerospace and Electronic Systems,2017,53(3): 1384-1401.

[13] YAIRI T,TAGAWA T,TAKATA N. Telemetry monitoring by dimensionality reduction and learning hidden Markov model[C]//Proceedings of the International Symposium on Artificial Intelligence, Robotics and Automation in Space. [S. l.: s. n.],2012: 1-7.

[14] TARIQ S,LEE S,SHIN Y,et al. Detecting anomalies in space using multivariate convolutional LSTM with mixtures of probabilistic PCA[C]//Proceedings of the 25th ACM SIGKDD international conference on knowledge discovery & data mining. Alaska:[s. n.],2019: 2123-2133.

[15] HUNDMAN K,CONSTANTINOU V,LAPORTE C,et al. Detecting spacecraft anomalies using lstms and nonparametric dynamic thresholding[C]//Proceedings of the 24th ACM SIGKDD international conference on knowledge discovery & data mining. London:[s. n.],2018: 387-395.

[16] FUERTES S,PICART G,TOURNERET J Y,et al. Improving spacecraft health monitoring with automatic anomaly detection techniques[C]//14th international conference on space operations. Daejeon:[s. n.],2016: 2430.

[17] IVERSON D L,MARTIN R,SCHWABACHER M,et al. General purpose data-driven monitoring for space operations[J]. Journal of Aerospace Computing, Information & Communication,2012,9(2): 26-44.

[18] ROBINSON P, SHIRLEY M, FLETCHER D, et al. Applying model-based reasoning to the fdir of the command and data handling subsystem of the international space station[C]. iSAIRAS 2003. [S. l.: s. n.],2003.

[19] HARRIS R I D. Testing for unit roots using the augmented Dickey-Fuller test: Some issues relating to the size, power and the lag structure of the test[J]. Economics letters,1992,38(4): 381-386.

[20] TSAY R S. Nonlinearity tests for time series[J]. Biometrika,1986,73(2): 461-466.

[21] 詹亚锋,万鹏,曾冠铭,等. 一种飞行器遥测数据的异常检测方法和装置: CN202010016293.8[P]. 2020-09-18.

[22] WAN P,ZHAN Y,JIANG W. Study on the satellite telemetry data classification based on self-learning[J]. IEEE Access,2019,8: 2656-2669.

[23] 詹亚锋,万鹏,解得准,等. 基于机器学习的遥测数据弹性传输方法及装置: CN201811052935.9[P]. 2019-09-17.

第6章 总结与展望

6.1 本书总结

6.1.1 主要内容

本书围绕行星际网络信息传输性能优化技术，首先介绍了深空通信面临的技术挑战与国内外主流解决方案，总结分析了空间组网方面的研究现状，并从骨干网络拓扑结构、接入链路接纳控制、遥测信源数据传输三个层面研究提升行星际网络信息传输性能的途径和手段。本书主要内容总结如下：

① 在行星际骨干网络扩容优化层面，针对现有拓扑结构设计中存在的不足，如骨干节点间通信链路具有的超距特性限制了信道容量提升、高速中继双层模型节点数庞大且构型单一等，本书提出了基于距离约束的太阳系公转轨道数据中继星座，构造了二维极坐标系下太阳系公转轨道星座结构化时变图，分析了地-火通信场景下公转轨道环数与节点数的边界范围，给出了不同优化目标下公转轨道中继星座的网络拓扑结构与端到端多跳中继链路通信容量边界。结果表明，与现有地-火直接通信链路相比，所设计的多跳中继网络可显著提升端到端信息传输容量。

② 在地外天体接入链路智能接入层面，针对现有火星中继通信技术在接入公平性、智能选择性、资源配置全局性方面存在的问题，以及地球轨道卫星星座多址接入技术应用于火星中继场景中存在的不足，本书研究了基于多属性决策的地外行星巡视器多址接入优化方法，给出了单星多车队列均衡比例公平调度算法、多星单车博弈优化接入优选算法、多星多车组合双边匹配方法。结果表明，与现有接入调度方法相比，所设计的多址接入优化方法在吞吐量、公平性、存储成本、传输成本等方面综合性能最佳，可有效提升地外行星接入链路多址接入通信能力。

③ 在地外天体表面设施高效传输层面，针对探测器遥测数据冗余度较大、信道利用率较低的问题，以及现有无损压缩算法存在压缩率提升难度较大、未对不同参数进行分类处理等不足，本书研究了基于在轨自学习的遥测数据弹性传输方法，给出了基于局部特征的异常检测清洗方法、嵌入式自学习分类算法、基于分类特征的弹性传输方法。结果表明，与现有航天器遥测数据处理方法相比，所设计的弹性传输方法具有高异常检测准确率、高分类成功率、高压缩率、高恢复率、低复杂度等优势，可确保在不丢失关键信息的条件下有针对性地提高遥测数据的传输效率。

综上，本书针对行星际网络中存在的信道容量不高、链路接入能力不强、数据传输效率较低等问题，开展了行星际骨干网络扩容优化、地外天体接入链路智能接入、地外天体表面设施高效传输等方面的研究工作，并通过计算机模拟仿真、搭建测试平台等手段对本书研究内容进行了技术验证。

6.1.2 下一步工作

作为深空探测系统的组成部分，行星际网络信息传输性能优化对于进一步提升深空探测任务的工程效益具有重要作用。结合本书内容与工程实施阶段的技术要求，作者认为在现有工作基础上，尚可在以下几个方面进行进一步的探讨：

① 开展适用于太阳系行星探测任务的公转轨道中继星座设计：本书提出的基于距离约束的太阳系公转轨道中继星座中最优拓扑结构设计与源/目的行星相关联，而地-火通信适用的最优扑结构对于其他行星之间通信场景不一定最优，这进一步提高了系统成本。为此，在未来深空探测工程论证阶段，可以结合中远期深空探测规划，构造可同时满足多颗行星探测任务需求的太阳系公转轨道中继星座。

② 开展适用于机构间合作的接入资源加权调度技术研究：本书提出的近距无线链路多址接入优化方法中假设各巡视器具有相同的任务优先级。然而在实际工程任务中，不同机构的轨道器为本机构或其他机构的火星车提供服务时往往具有一定倾向性，适用于机构间合作的接入资源加权调度技术对于国际合作具有重要意义。

③ 开展适用于跨类别联合优化的多遥测弹性传输技术研究：本书提出的基于在轨自学习的遥测数据弹性传输方法适用于单一遥测数据场景，对多个遥测数据的分类特征参数需要并行运算、串行封装发送，接收端分别对各遥测数据进行恢复预测；而随着遥测参数的不断增多以及遥测数据量的不断增加，探索一种适用于跨类别联合优化的多遥测弹性传输算法对于工程应用具有重要意义。

6.2 未来展望规划

6.2.1 载人探月通信网络

国内有学者研究提出了载人探月探测通信网络需求与初步构想[1]，其网络体系架构是工程中各系统进行信息获取、信息传输、信息交互、信息应用的纽带，其设计方案是相关各系统开展信息层面接口设计和接口协调时所应遵循的标准。对载人探月网络的总体需求主要包括以下几点：

① 确保完成载人月球探测期间对各任务目标、各飞行阶段的信息交互、跟踪测量、通信与导航定位、飞行控制和运行管理等任务；

② 充分考虑载人月球探测高可靠性要求，开展系统冗余设计，同时兼顾可行性和经济性，确保航天员在轨飞行安全；

③ 充分考虑技术先进性、指标先进性、体系扩展性、数据安全性等因素，合理选取物理层、数据链路层、网络层、传输层、应用层信息传输协议；

④ 采用国际通用标准体系，尽量符合 CCSDS、IOAG 相关标准，便于开展国际合作，并有助于提高应急测控支持能力；

⑤ 充分利用已有新技术建立地月一体化信息系统，同时考虑技术发展和未来大规模探测应用的需求，为载人月球探测提供安全、高效、可靠、先进、灵活的一体化测控通信支持。

载人月球探测通信网络体系架构初步构想是采用"一干线、两网络"的设计思想，包括地月空间主干网（一干线）、地球空间信息网和月球空间信息网（两网络）。其中月基网络的通信节点至少应该包括载人飞船、着陆器、月球车、航天员；地基网络的通信节点至少应该包括任务中心、地面测控站。此外还可以考虑在任务中利用导航卫星、中继卫星等为探测器提供测控支持。

6.2.2 行星际网络发展方向

现阶段，行星际网络技术还存在诸多局限性，如空间资源的有限性、网络协议的不完善等，后续需要运用新技术和新理论逐步完善，主要包括如下三个方向[2]：

① 提升资源能力：在行星际网络中，探测器是网络体系的重要组成部分。由于探测器的空间位置按一定运动规律不断变化，网络拓扑结构也会随之发生变化。此外，探测器通信设备是实现网络互联的核心要素，但相比地球环境而言，深空的环境更加恶劣，导致相关设备无法完全发挥其性能，大大降低了整个系统的性能。探测器节点数量的增加与单点通信能力的提升是通信网络传输能力的基础保障。因此，后续应持续加强核心元器件的研发力度以提升单点通信能力，有序增加探测器节点、优化网络拓扑结构、适当开展国际联网合作以提升网络整体性能。

② 优化网络协议：就空间通信网络协议而言，国际上普遍采用的协议簇可分为三类：CCSDS 协议簇、空间 IP 协议簇、DTN 协议簇，而根据业务需求与网络环境的不同，这三类协议簇的不同层协议之间可以通过特定的接口适配层组合使用。尽管如此，上述网络协议仍存在应用范例少、测试网

络规模小、部分协议选项兼容性差等问题，在运行中尚无法直接与地面互联网的TCP/IP协议进行有效融合，其科学化、专业化和体系化有待进一步检验。行星际网络协议是关系到通信网络总体效能的核心要素，必将成为未来网络技术研究的一个重点方向。因此，后续应深入开展协议体系的论证分析，研究其外部约束、通信需求与协议选项之间的耦合关系，持续加强网络协议的研发与测试，实现全网通信协议的优化。

③ 完善管理体系：网络管理是行星际网络有效运转的必要手段，目前尚未引起足够的重视。由于行星际网络的结构复杂、通信距离远，在开展网络管理时会存在很多不确定因素。因此，后续应结合资源能力与网络协议的科研工程进展，积极开展网络管理方面的研究工作，形成与之配套的科学、合理、系统的行星际网络管理体系。

6.2.3 我国行星际网络建设演进路线构想

我国开展行星际网络建设可采用“三步走”的发展策略[2]，具体演进路线构想如下：

① 围绕我国深空探测任务需求，构建全稀疏动态网络。网络节点以执行核心探测任务为主、部分节点兼顾数据中继任务，典型应用为自主火星无人探测任务，典型架构为“地面站网-火星轨道器-着陆器”。

② 结合国际联网合作与任务拓展，构建半稀疏协同网络。网络节点增加协同通信手段、部分节点分化为仅承担数据中继任务，典型应用为太阳系无人探测任务，典型架构为“地面站网-拉格朗日点卫星-行星轨道器星座-着陆器”。

③ 面向太阳系互联网多媒体综合业务服务，构建分布式异构互联网络。按区域构建专属子网，不同区域之间的互联互通互操作通过大型骨干节点完成，典型应用为未来载人登火星任务，典型架构为“地面站网-拉格朗日点卫星-行星网”。

参考文献

[1] 黄磊，李海涛，李赞，等. IOAG 月球通信体系建议及对我国的启示[C]. 第七届全国航天飞行动力学技术研讨会. 重庆：重庆大学，2021(延期)：FXDLX-03-002.

[2] WAN P，ZHAN Y，PAN X. Solar system interplanetary communication networks：Architectures，technologies and developments [J]. Science China Information Sciences，2018，61(1)：1-26.

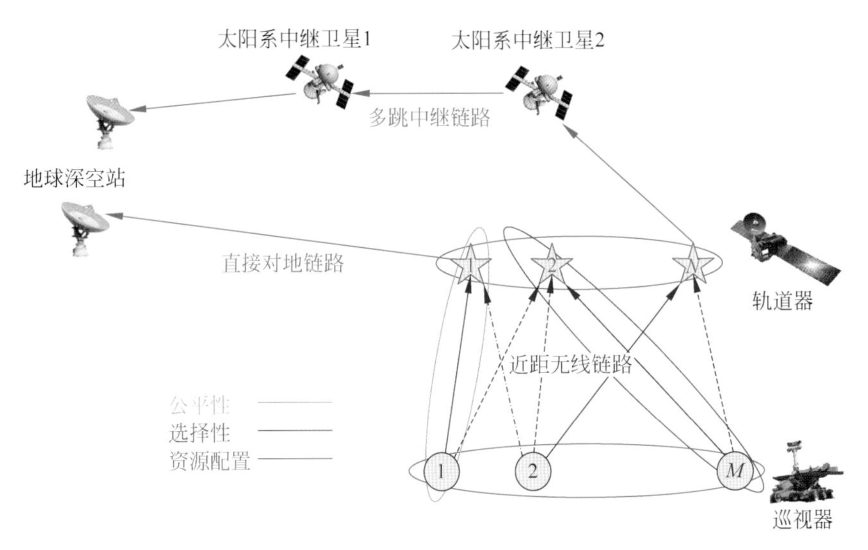

图 2.9　火星中继通信应用场景

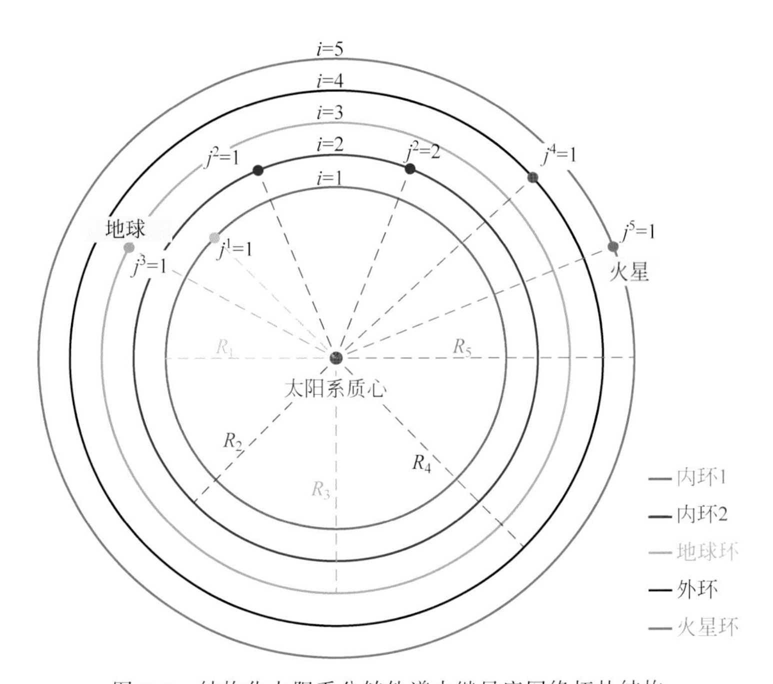

图 3.3　结构化太阳系公转轨道中继星座网络拓扑结构

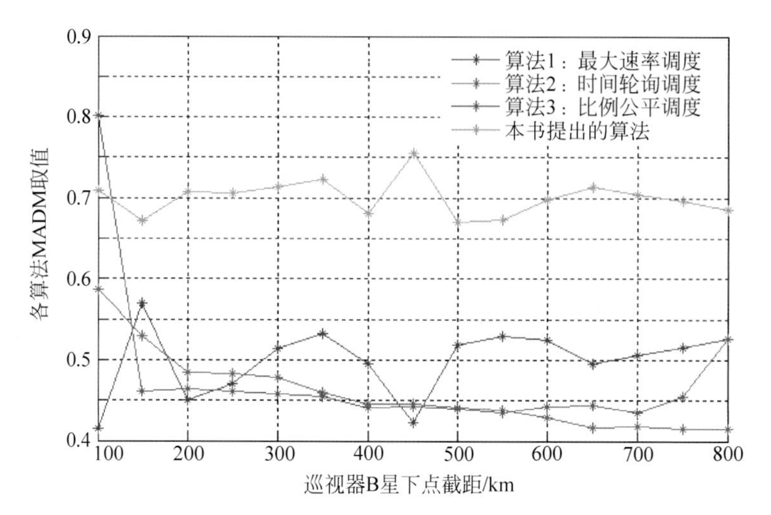

图 4.7　火星中继通信任务场景的各算法 MADM 仿真曲线
（$H=300\text{km}$，$\beta=60°$，r_{1B} 变化）

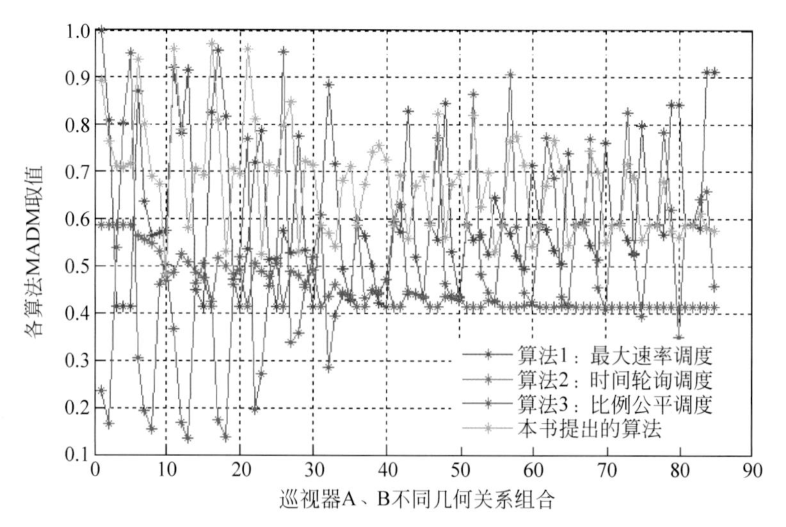

图 4.8　火星中继通信任务场景的各算法 MADM 仿真曲线
（$H=300\text{km}$，不同 β 与 r_{1B} 组合）

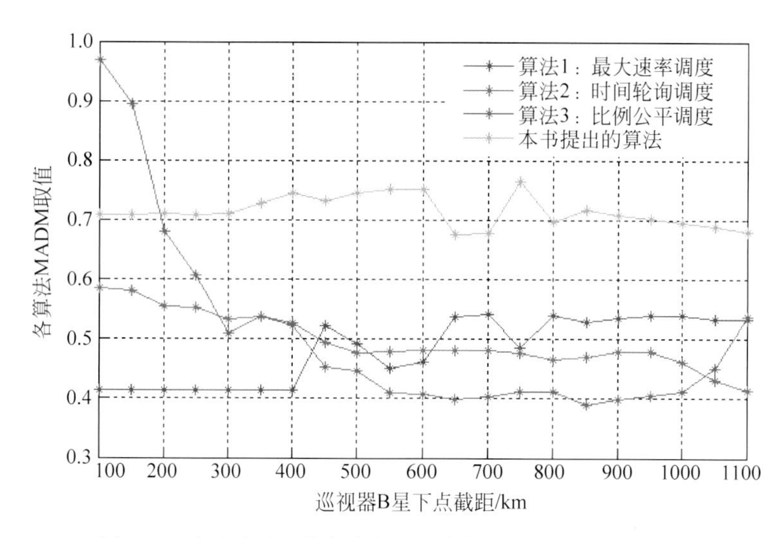

图 4.9　火星中继通信任务场景的各算法 MADM 仿真曲线
（$H=400$km，$\beta=60°$，r_{1B} 变化）

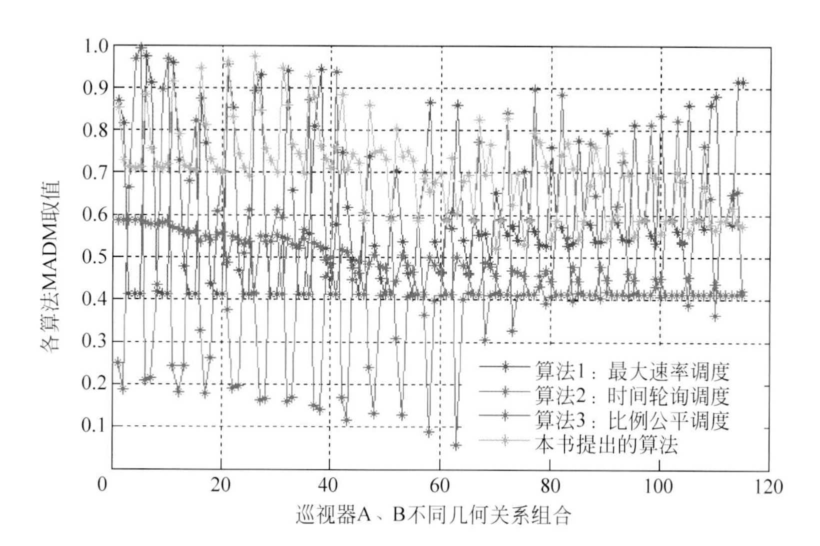

图 4.10　火星中继通信任务场景的各算法 MADM 仿真曲线
（$H=400$km，不同 β 与 r_{1B} 组合）

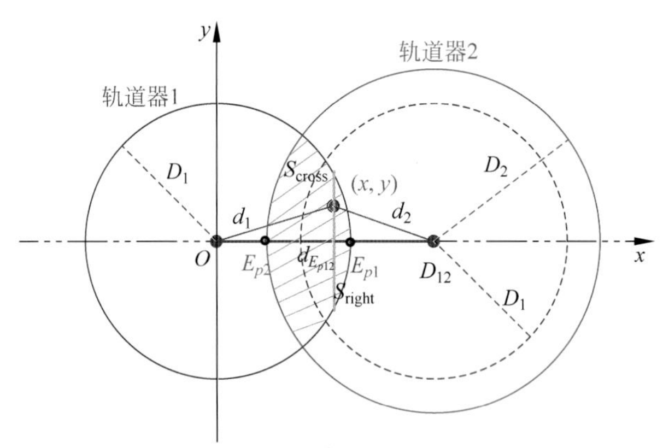

图 4.20　阶段 2 几何覆盖示意图

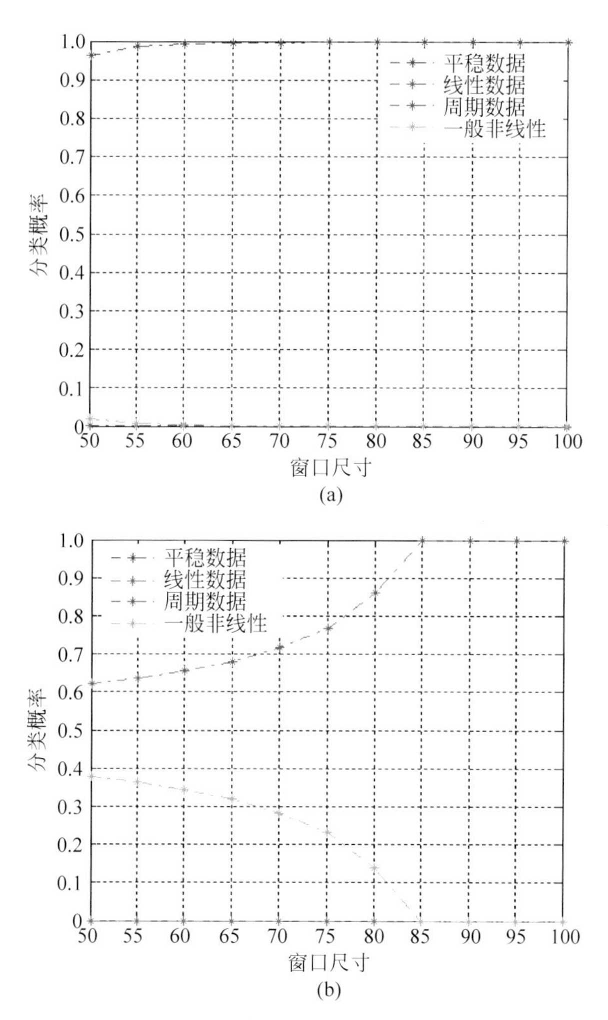

(a)

(b)

图 5.21　仿真数据的分类概率

(a) 平稳序列；(b) 周期序列

注：由于各数据点是以先后顺序叠加在同一个二维平面上，因此在二者数值接近且分辨颗粒度较小的情况下，后绘制的点(cp_1 最早、cp_4 最晚)将覆盖在先绘制的点之上。以图 5.21(a)为例，因 cp_2 与 cp_4 数值接近，故前者被后者所覆盖。此处图片仅是对表格的一种形象补充，不影响本书结论。

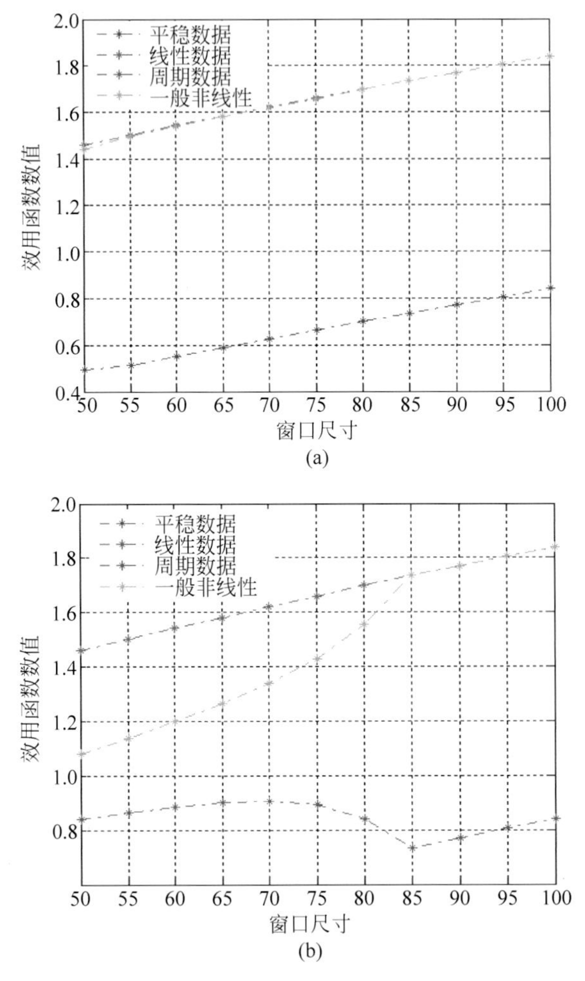

图 5.22 仿真数据参数优化过程

(a) 平稳序列；(b) 周期序列